普通高等教育“十二五”规划教材

画法几何及机械制图习题集

第 2 版

（机械类、近机械类专业适用）

主　编　范思冲
副主编　陈炳发
参　编　张建润　周建平　刘元湛　张承翼
　　　　陈仲超　钱志峰　卜林森
主　审　杨钟藩

机 械 工 业 出 版 社

本书是《画法几何及机械制图》（第2版）教材的配套习题集。本习题集具有与主教材配合密切，习题数量恰如其分，习题难度恰到好处，习题题目准确，图形精美和全面采用最新国家标准等一系列的优点（详见前言）。

本书基于二十大报告中关于“深入实施科教兴国战略、人才强国战略、创新驱动发展战略”的要求，主要注重工程实际训练，以增强学生的自信心和创造力，即通过实际练习促进学生活跃思维、敢于创新，尽可能地将新思路在实践中进行创造性的转化，推动科学技术实现创新性发展。

本习题集的内容包括：制图的基本知识和基本技能，投影的基本知识，点、直线、平面的投影，直线、平面的相对位置，投影变换，立体的投影，轴测投影图，机件常用的表达方法，标准件和常用件，零件图，装配图和计算机绘图基础。

本教材适合于大学本科机械类和近机械类专业使用，也可供其他各种类型的高等院校本（专）科同类专业使用，还可供工厂、科研、设计等部门的工程技术人员参考。

图书在版编目（CIP）数据

画法几何及机械制图习题集/范思冲主编. —2版. —北京：机械工业出版社，2014.4（2025.6重印）

普通高等教育“十二五”规划教材

ISBN 978-7-111-45787-9

Ⅰ.①画… Ⅱ.①范… Ⅲ.①画法几何-高等学校-习题集 ②机械制图-高等学校-习题集 Ⅳ.①TH126-44

中国版本图书馆CIP数据核字（2014）第025315号

机械工业出版社（北京市百万庄大街22号 邮政编码100037）

策划编辑：余 皞 责任编辑：余 皞 张丹丹 版式设计：霍永明

责任校对：刘志文 封面设计：张 静 责任印制：李 昂

天津市光明印务有限公司印刷

2025年6月第2版第9次印刷

370mm×260mm · 13.25印张 · 318千字

标准书号：ISBN 978-7-111-45787-9

定价：39.80元

电话服务 网络服务

客服电话：010-88361066 机 工 官 网：www.cmpbook.com

010-88379833 机 工 官 博：weibo.com/cmp1952

010-68326294 金 书 网：www.golden-book.com

封底无防伪标均为盗版 机工教育服务网：www.cmpedu.com

前　言

本书是《画法几何及机械制图》（第2版）教材的配套习题集，此次与主教材同时修订出版。

本书的显著特点是：

1. 本习题集与主教材的同一章均由同一人所编，从而保证了两者的密切配合、相辅相成、相得益彰。

2. 习题的数量恰如其分，在“少而精”的原则下，适当增加了部分备用题，以满足学有余力的学生的需要和教师布置作业时选择的需要。

3. 习题的难度恰到好处，以基本题为主，并选有少量的提高题，以满足因材施教的需要。

4. 本书由长期从事教学工作、具有丰富教学实践经验的老教师编写而成。对所采用的习题都经过了精心设计和选择，反复校对和修改，确保了题目的正确性和典型性，并采用了AutoCAD绘制，保证了习题图形的清晰和精美。

5. 本书全面采用了最新国家标准，保证了教材的先进性和科学性。

本习题集第一版的编者有：范思冲、陈炳发、刘元湛、张承翼、陈仲超、钱志峰、卜林森和周建平，由杨钟藩审稿。参加此次修订的有：陈炳发（第二、三、四章）、周建平（第五、十二章）、张建润（第十、十一章）和范思冲（其余各章以及前言、内容简介、目录等），并由范思冲任主编，陈炳发任副主编。

本书的成功出版可以说是众人智慧的结晶，集体劳动的成果。在此谨向为本书的出版付出过心血和劳动，作出过努力和贡献的所有工作人员表示最衷心和诚挚的感谢！

真诚希望各院校老师在使用过程中，对本书的错误和不妥之处提出宝贵意见，以便不断改进和提高，以不辜负广大读者的期望和厚爱。

编　者

目　　录

1-1　字体　按照字体示例，在空格中临摹长仿宋体汉字、字母及数字（请用铅笔书写）

1. 长仿宋体汉字示例

字体工整笔画清楚间隔均匀排列整齐

横平竖直注意起落结构均匀填满方格

汉字应写成长仿宋体字并应采用中华人民共和国国

务院正式公布推行的汉字简化方案中规定的简化字

机件的图形按正投影法绘制并且采用第一角投影法

本标准规定汉字字母数字的结构形式及基本尺寸适用于技术图样

2. 字母及数字示例

ABCDEFGHIJKLMNOPQRSTUVWXYZ

abcdefghijklmnopqrstuvwxyz

0 1 2 3 4 5 6 7 8 9

I II III IV V VI VII VIII IX X

1-2　图线　在 A3 图纸上按 1:1 抄画下列图线和平面图形（要求：线宽适当，线型分明，图形正确，布局合理，图面整洁）

姓名		图　线	材料	
班级			数量	
学号		（单　位）	比例	1:1
教师			图号	

1-3 尺寸注法

1. 在图中各尺寸线两端画出箭头，并填上尺寸数值 20（注意字头方向）

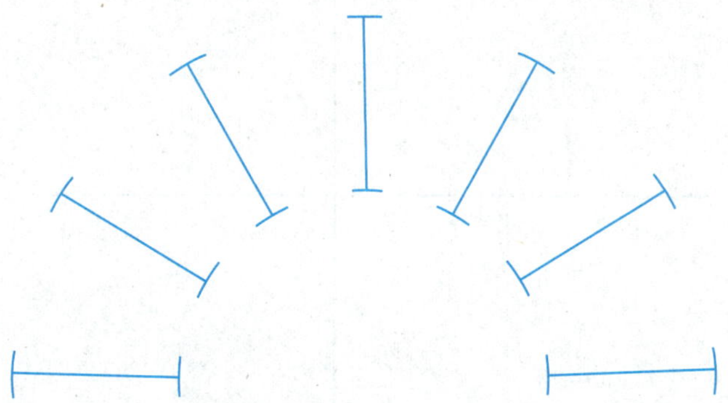

2. 在图中注出各角度尺寸，角度数值从图中量取，并取整数（注意字头方向）

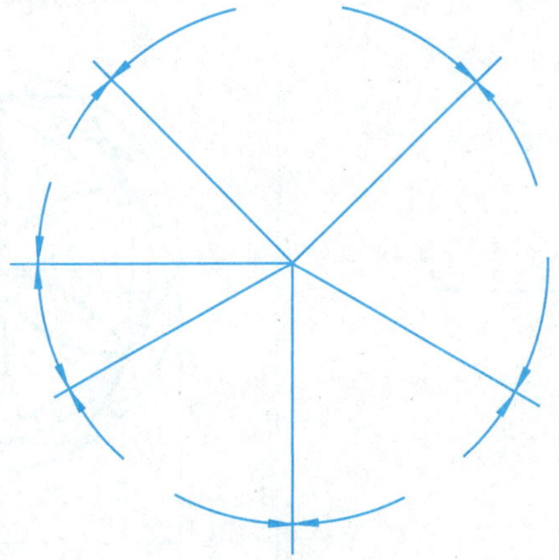

3. 标注下列圆和圆弧的尺寸（尺寸数值按 1:1 从图中量取，并取 mm 整数；大圆弧尺寸 *R*80 采用折弯标注）

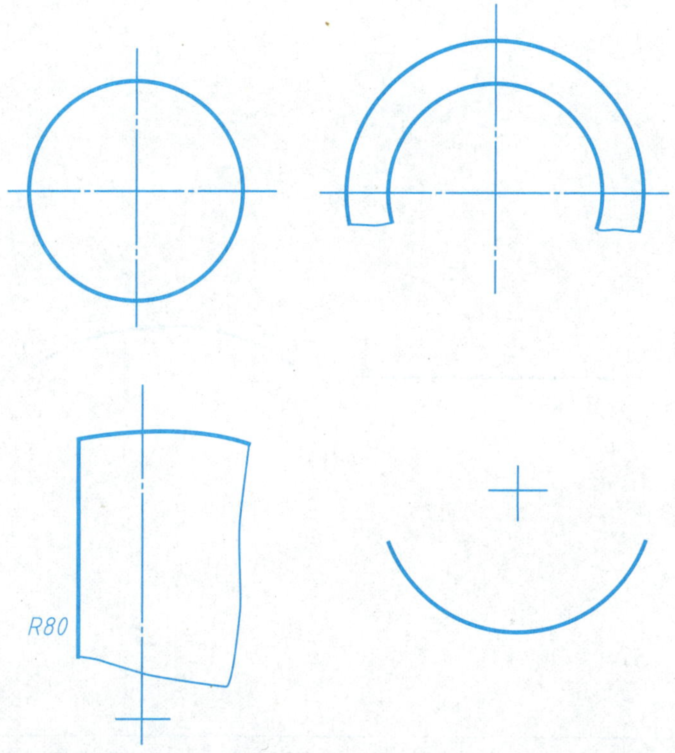

4. 根据小间距尺寸注法，标注下列线性尺寸（长为 3mm）、圆弧尺寸（半径为 5mm）和圆的尺寸（直径分别为 10mm 和 5mm）

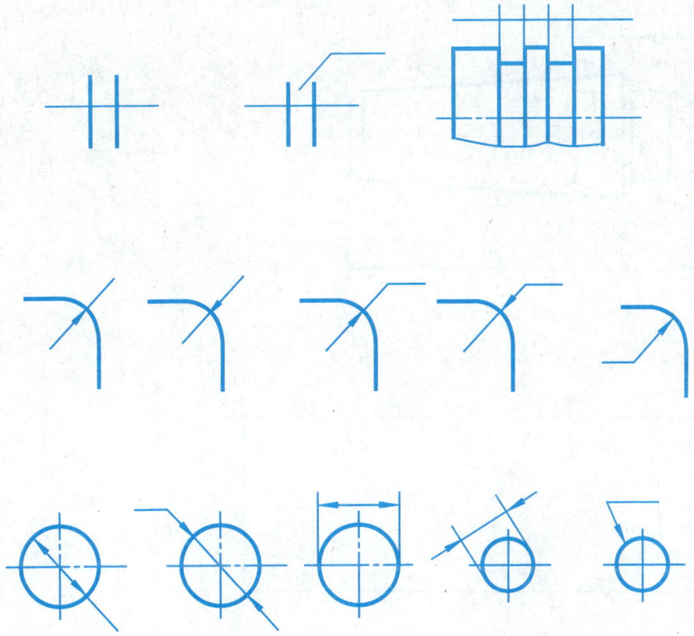

5. 在左图所示的平面图形中，找出缺口长度尺寸 20 的三种正确注法，并分别单独标注在右图中

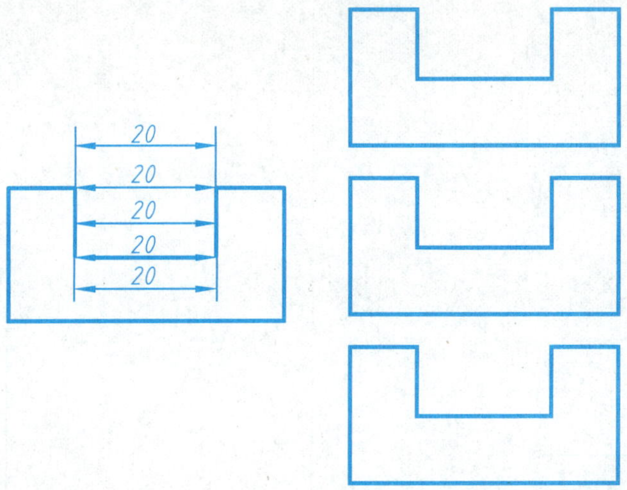

6. 标注下列平面图形的尺寸（尺寸数值按 1:1 从图中量取，并取 mm 整数；角度尺寸取整数）

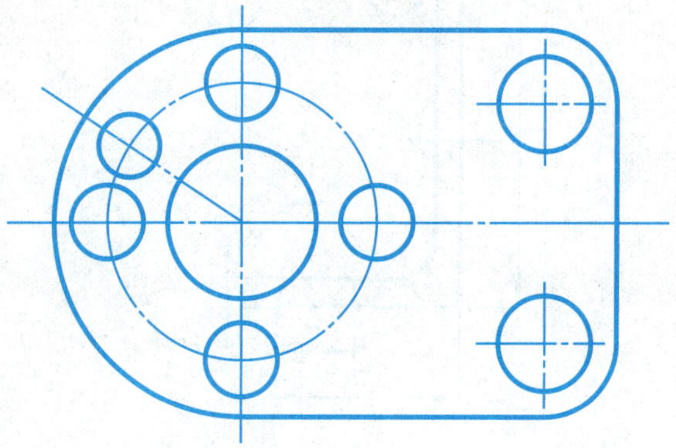

1-4　几何作图

1. 完成下列作图：（1）画出线段 *AB* 的垂直平分线；（2）确定$\overset{\frown}{CD}$的圆心 *O* 和半径 *R*；（3）将线段 *EF* 三等分（保留作图线）

3. 按 1:1 在右面指定位置画出左图所示的平面图形

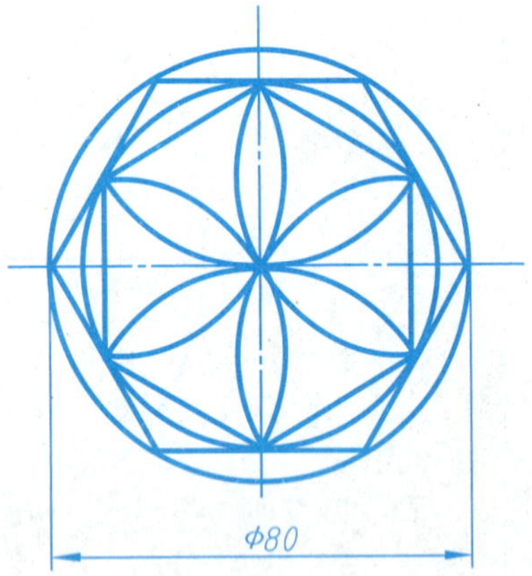

2. 按 1:1 在右边指定位置画出左图所示 No. 8 标准槽钢的横断面图，并抄注尺寸（画斜度时，单位长度推荐取为 6mm）

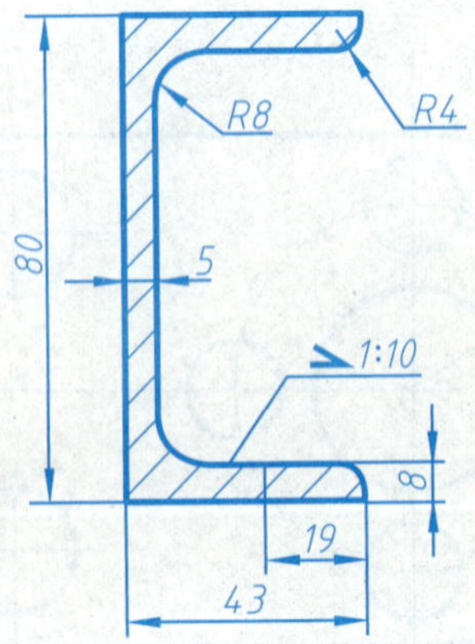

4. 按 1:1 在下面指定位置画出上图所示的车（磨）床顶尖的平面图形，并抄注尺寸（画锥度时，单位长度推荐取为 6mm）

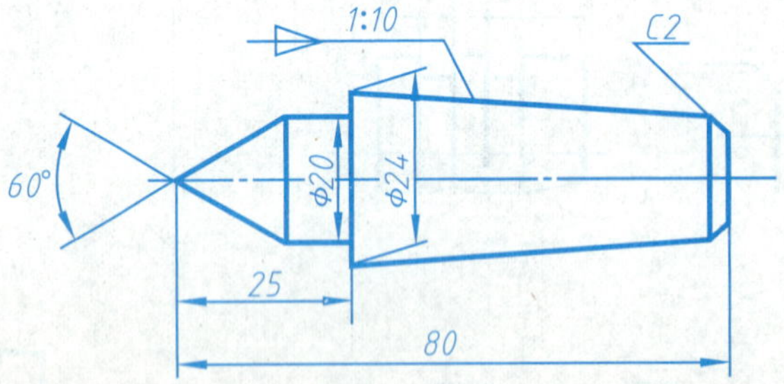

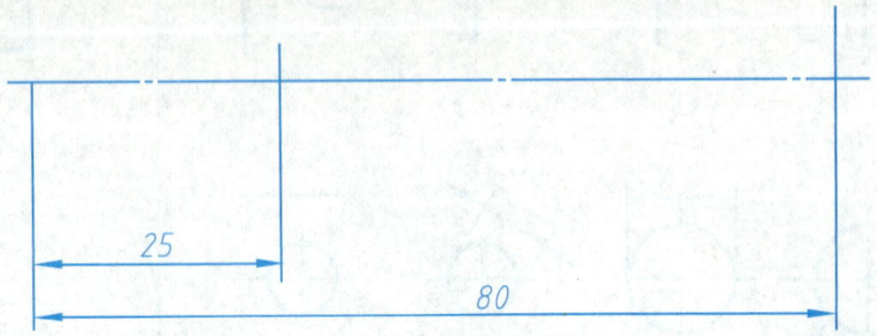

1-5 圆弧连接 根据左边小图（1:2）和所注尺寸，用1:1 画全右边大图中的连接圆弧，并抄注全部尺寸

1.

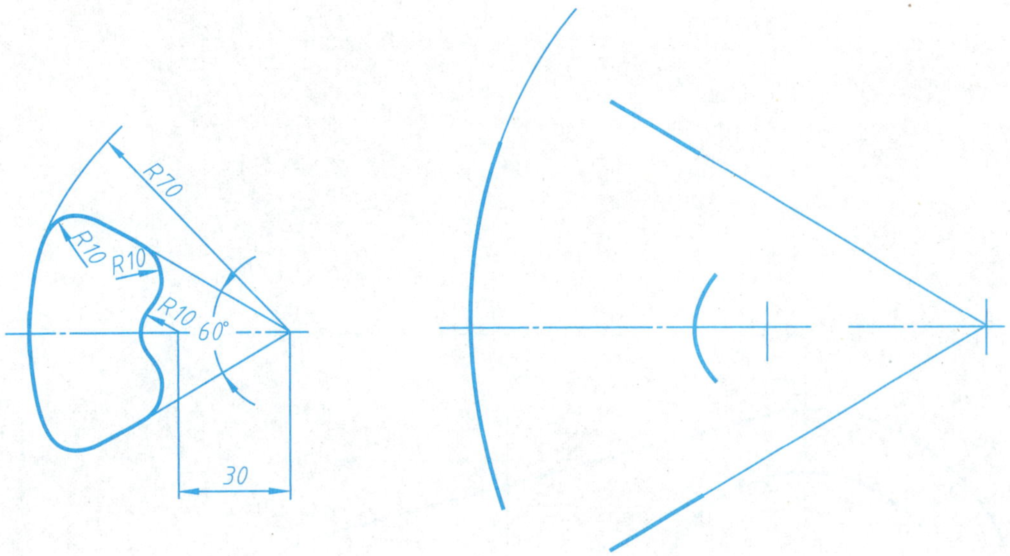

3.

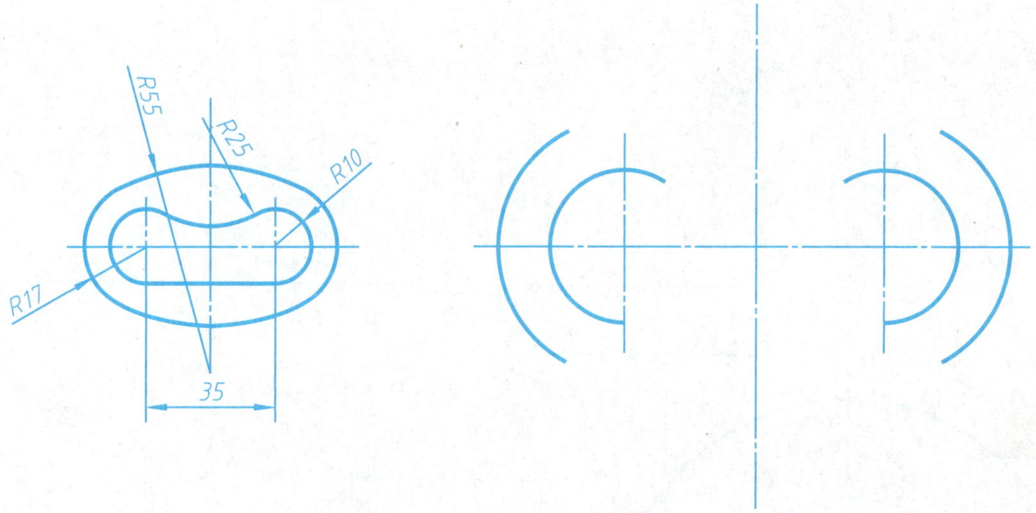

2.

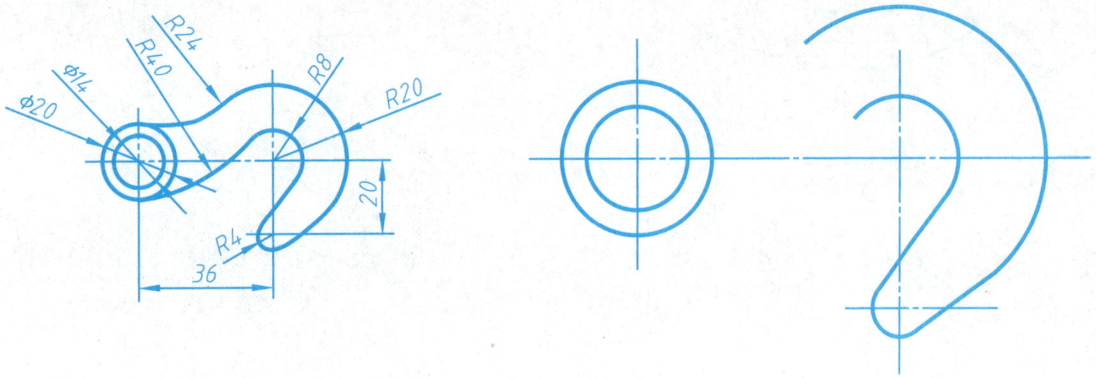

4.

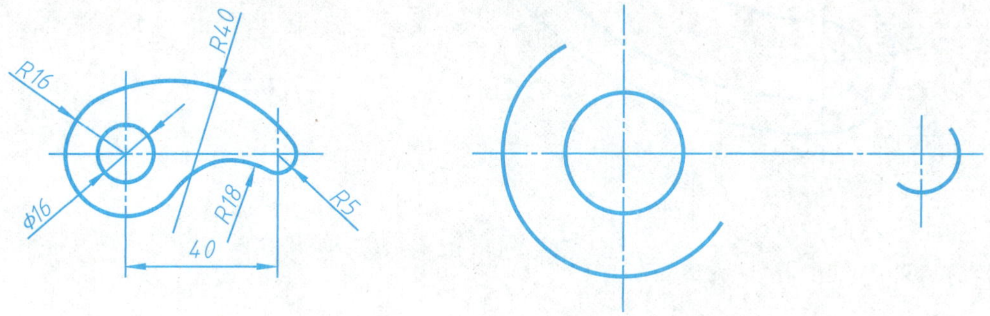

1-6　平面图形的画法　在 A3 图纸上按 1:1 画出其中一个车床交换齿轮架的平面图形，并抄注尺寸（任选或由教师指定一题）

1.

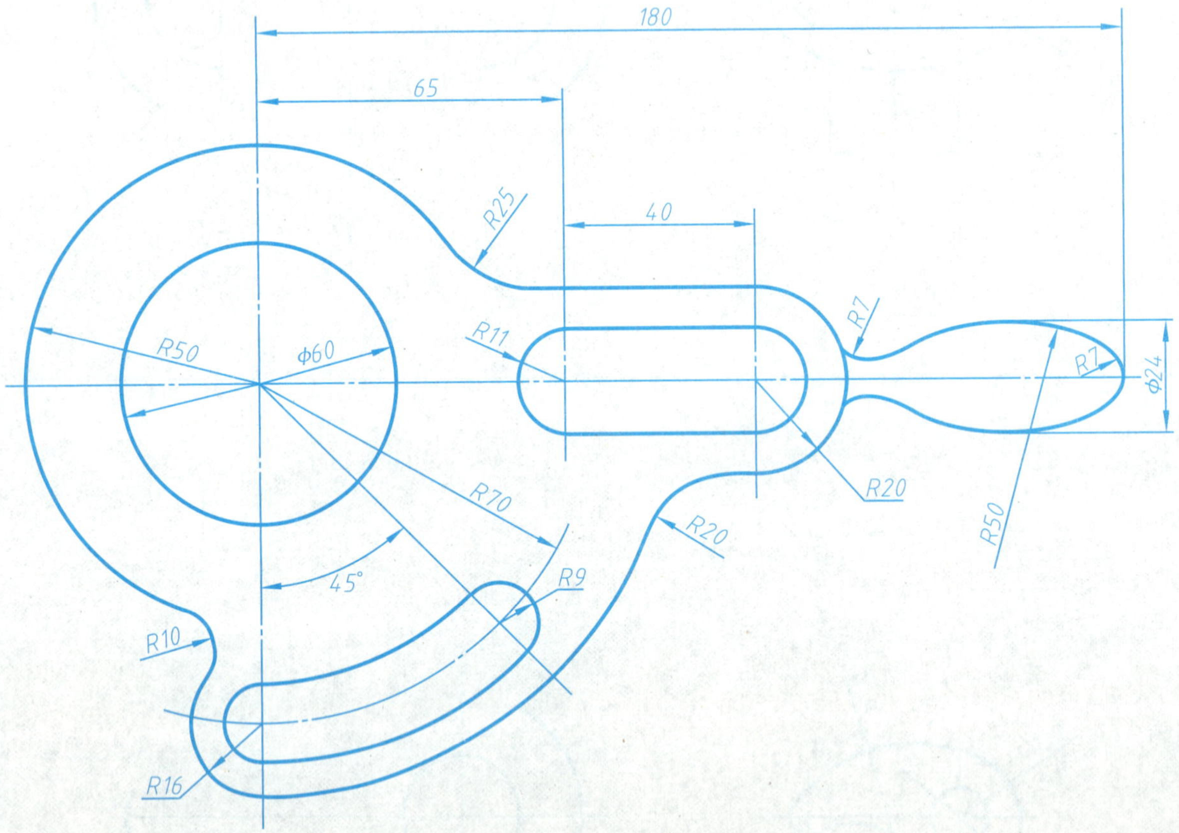

2.

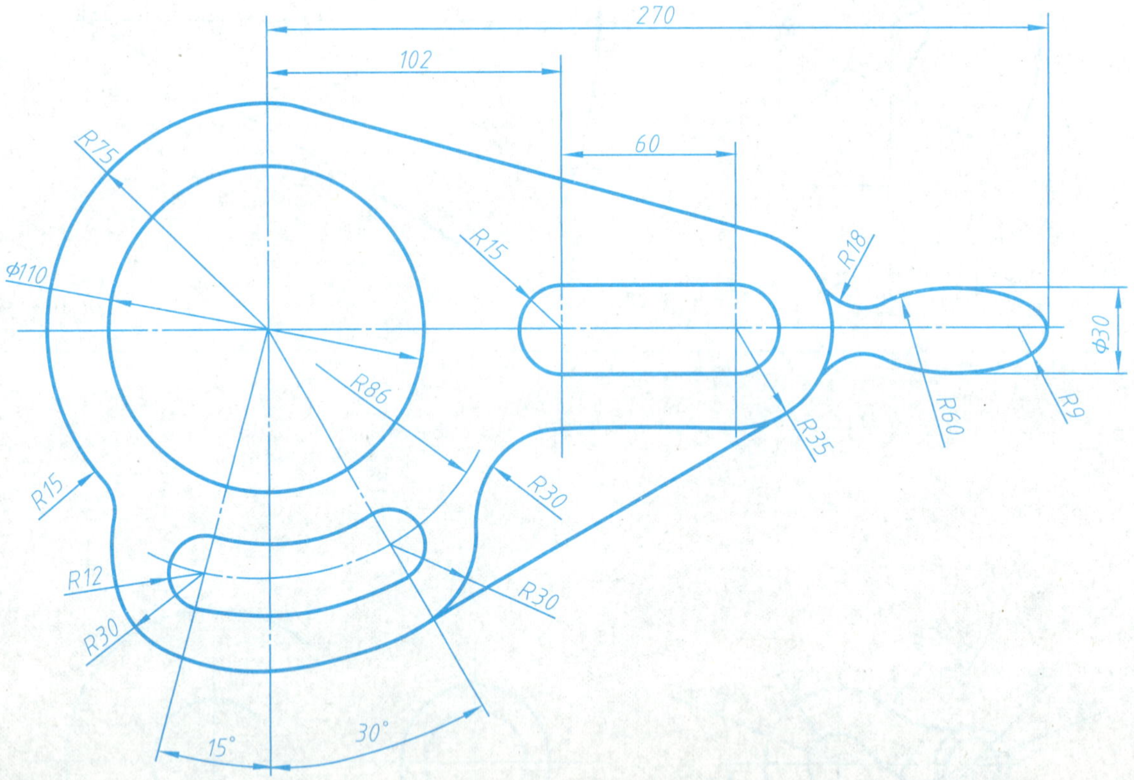

1-7 平面图形的尺寸注法 标全下列平面图形的尺寸（数值按 1:1 在图中量取，并取整数）

1.

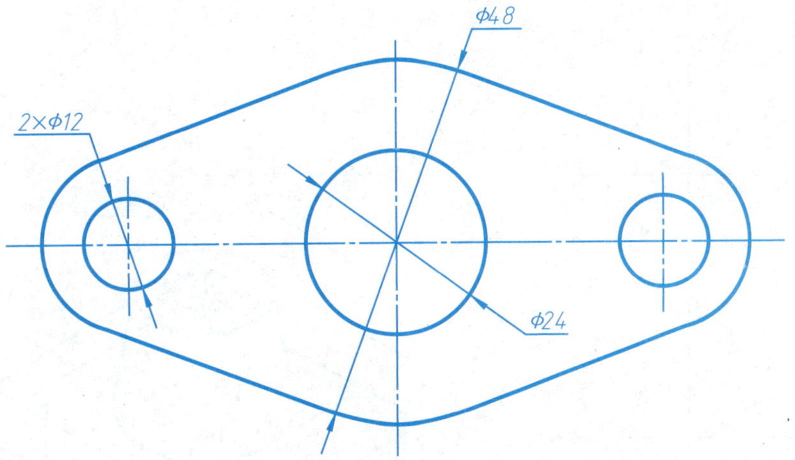

3.

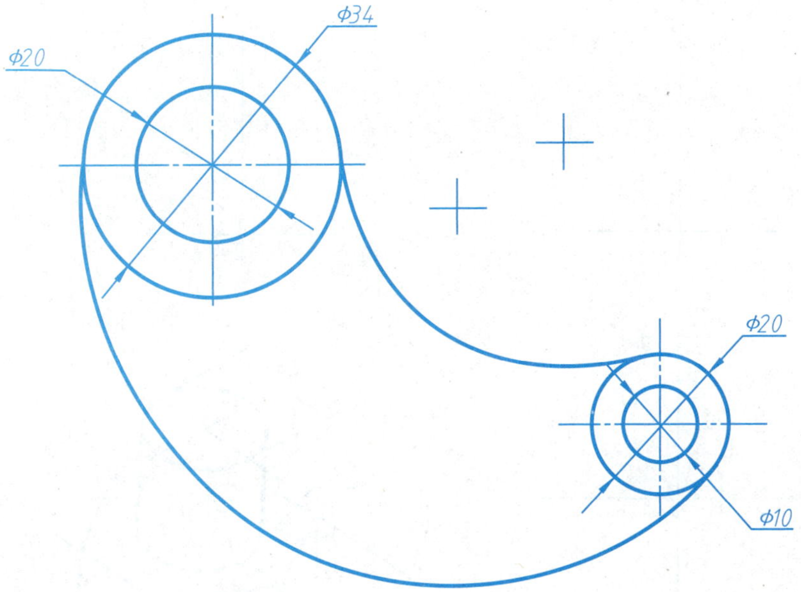

2.

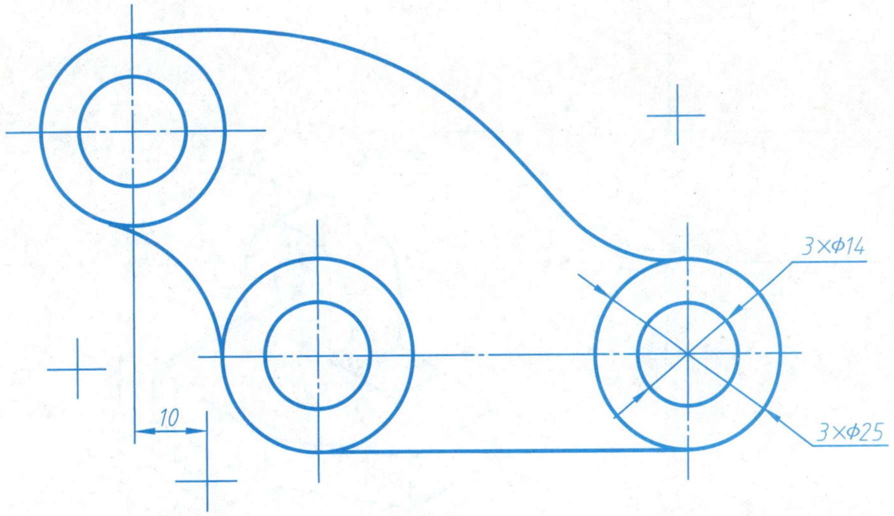

4.

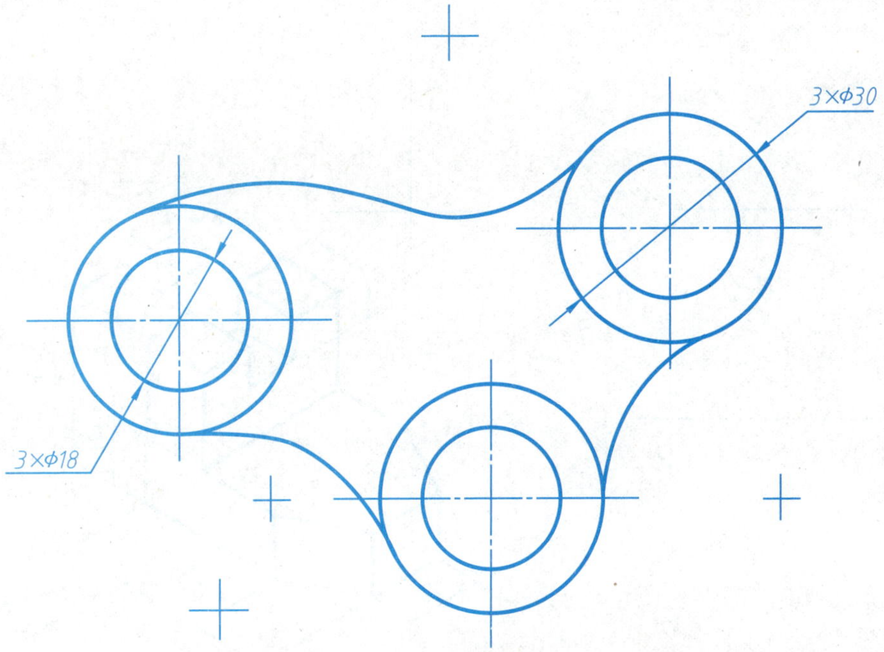

2-1　根据轴测图及其尺寸，画三视图　一、在指定位置画出三视图（箭头指向为主视图的投射方向）

1.

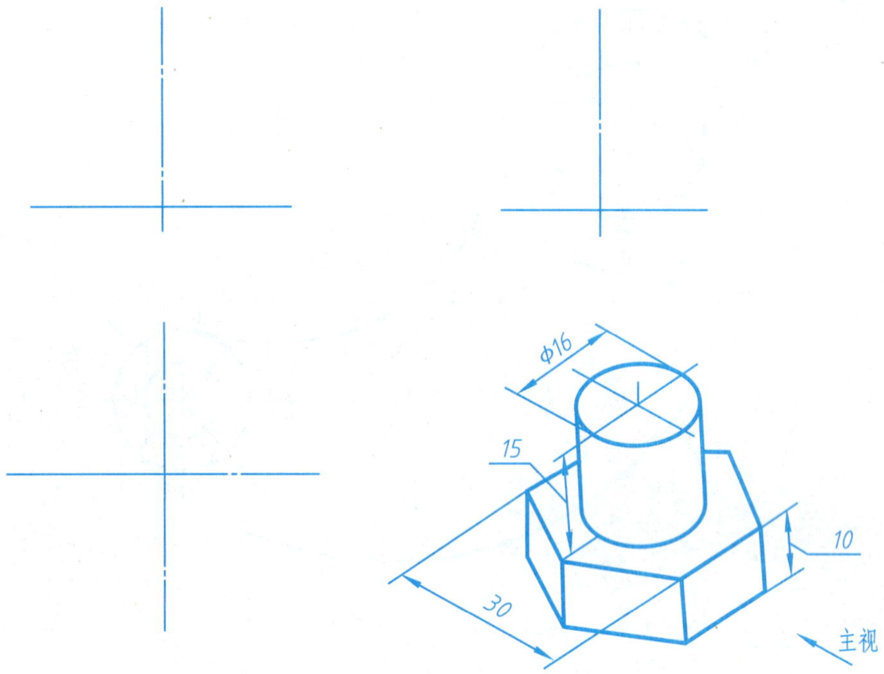

3.

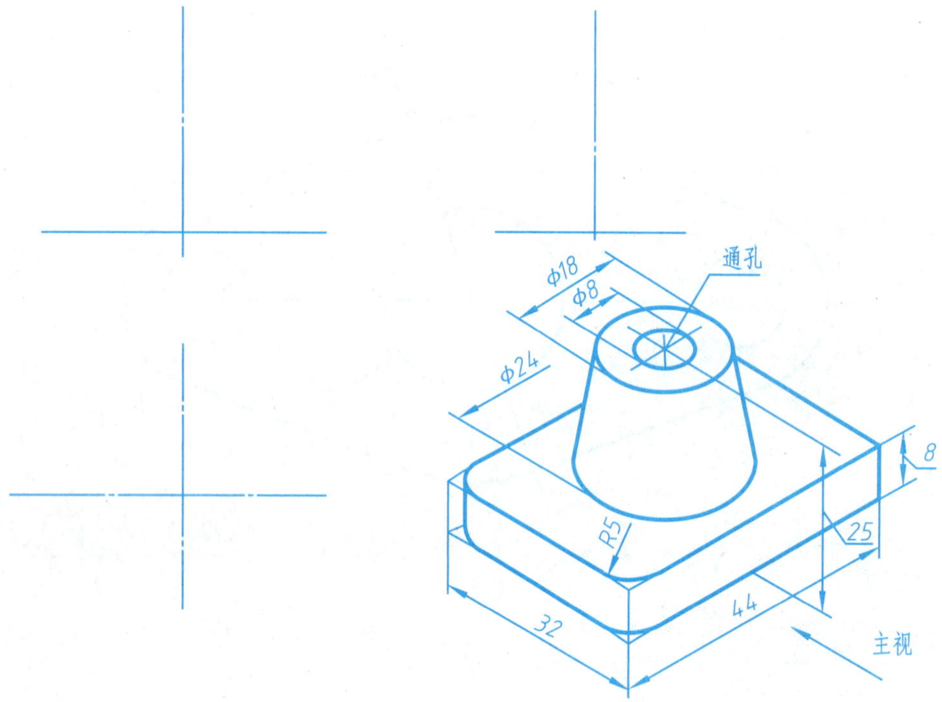

2.

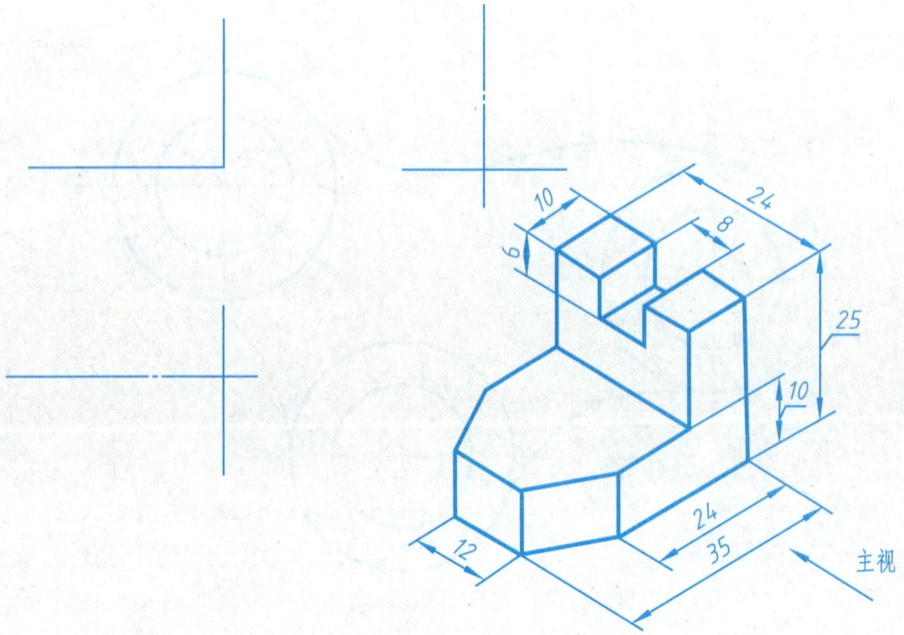

4.

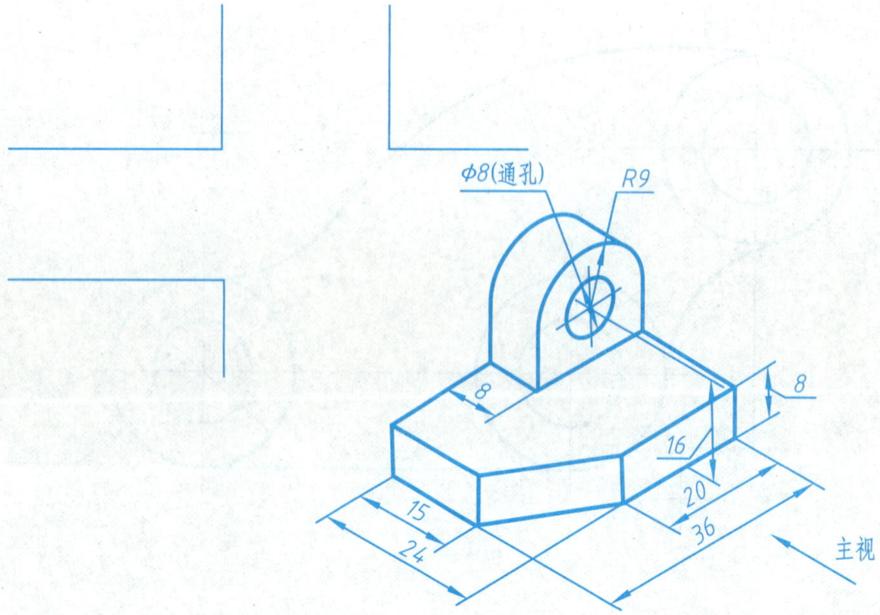

　二、在 A3 图纸上，用比例 2:1 画出其中一个物体（任选或教师指定）的三视图（箭头指向为主视图的投射方向）

1.

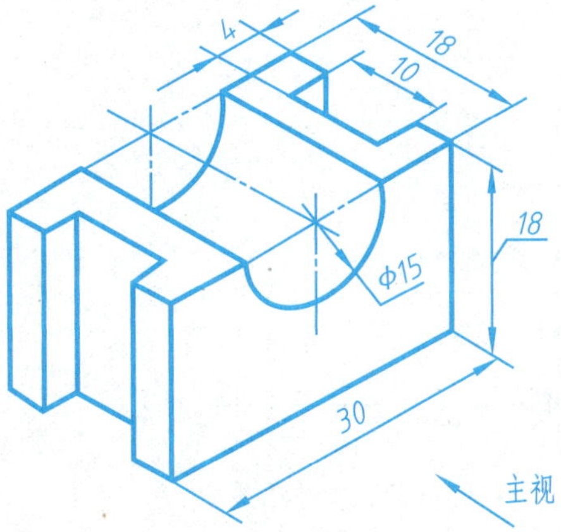

3.

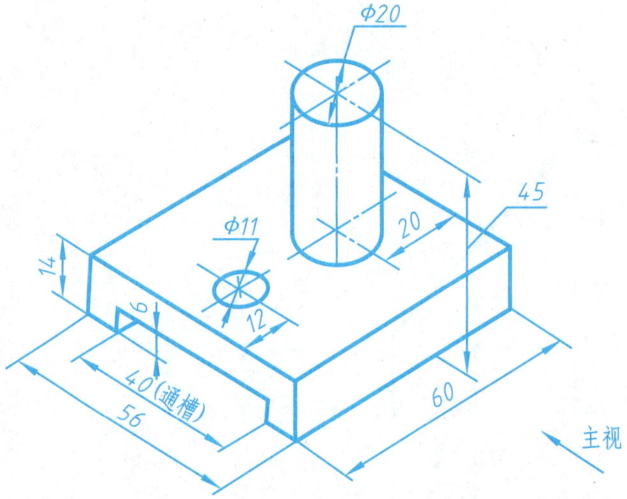

5.

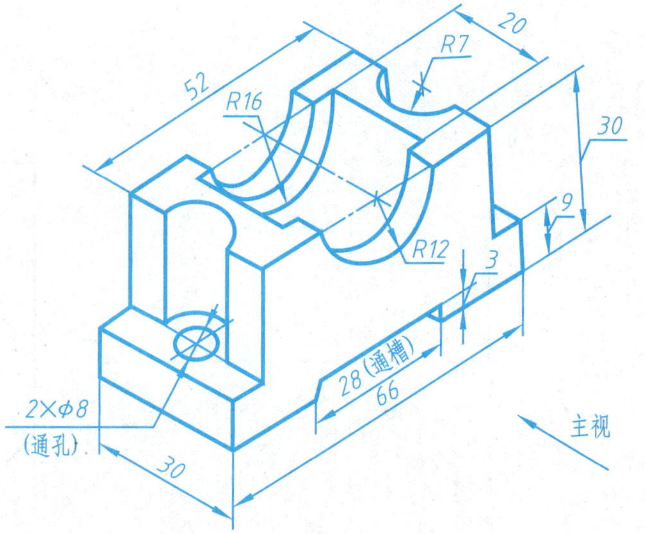

2.

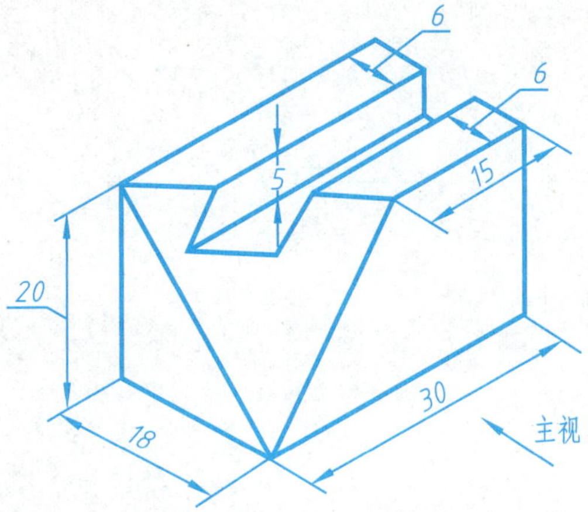

4.

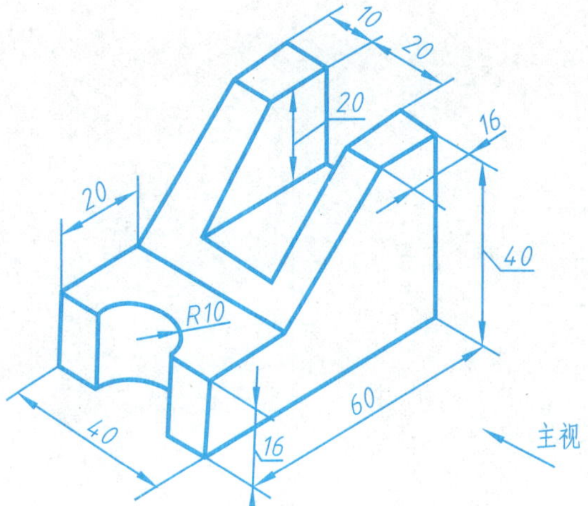

6.

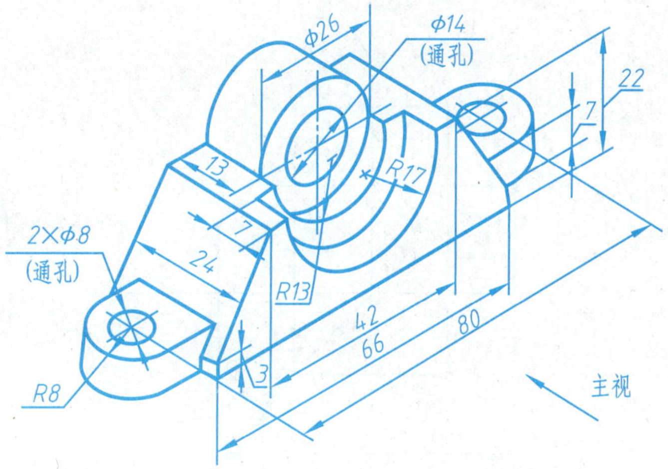

第三章　点、直线、平面的投影

3-1　点的投影

1. 已知 *A*、*B*、*C* 各点的两面投影和空间位置，画出它们的第三投影，并从投影图中量出各点的坐标值，填入下面的括弧内

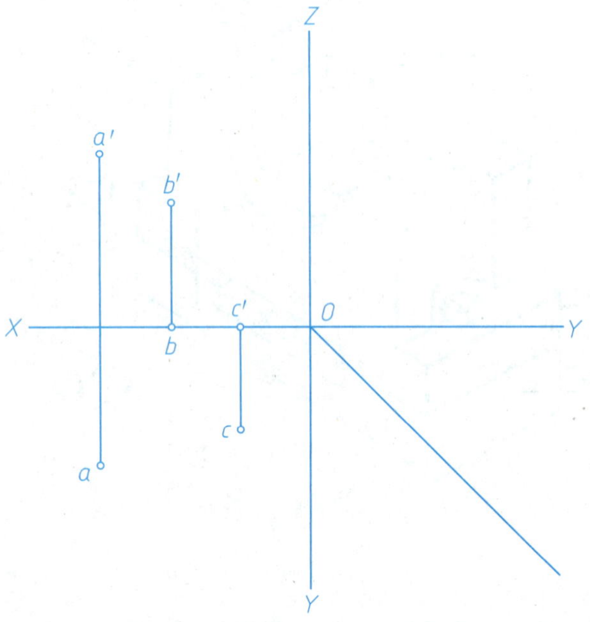

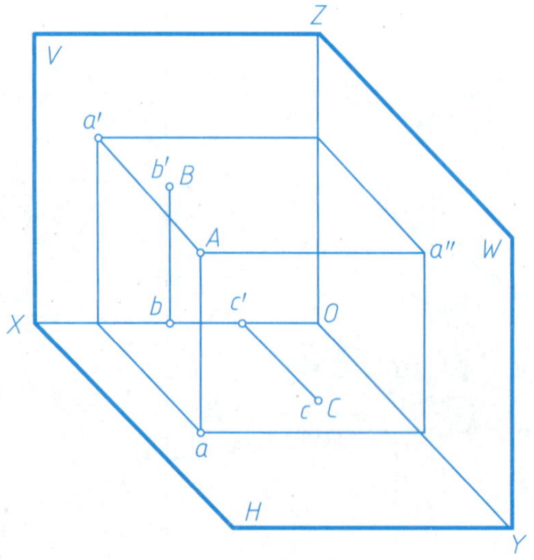

A（　　，　　，　　）；*B*（　　，　　，　　）；*C*（　　，　　，　　）。

2. 已知 *A*、*B* 两点的三面投影图，试说明它们的相对位置

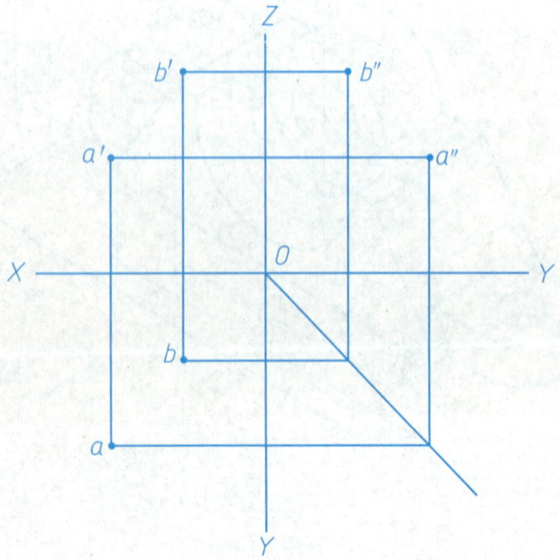

A 在 *B*（上或下）______

A 在 *B*（左或右）______

A 在 *B*（前或后）______

3. 已知各点的坐标：*A*（20，20，15），*B*（20，0，10），*C*（0，20，15），试按 1:1 画出它们的三面投影图

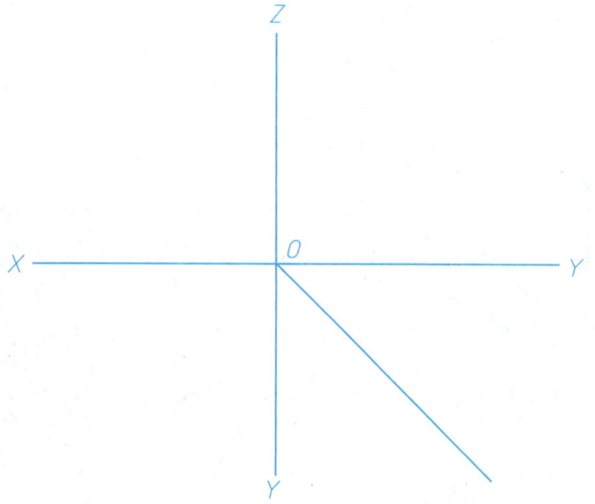

4. 已知 *B* 点与 *A* 点同高，且在 *A* 点的左方 20mm，后方 15mm，*C* 点在 *A* 点的正上方 20mm，试画出 *B*、*C* 点的三面投影

3-2 直线的投影 一、直线的名称及其投影

1. 画出各直线的第三面投影，并写出各直线的名称

（1）

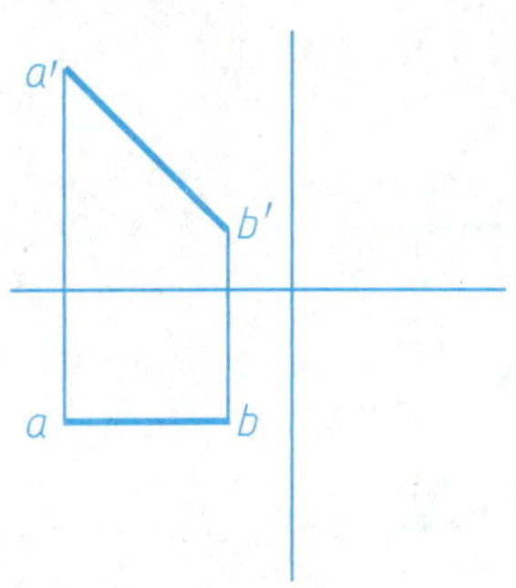

AB 是________线

（2）

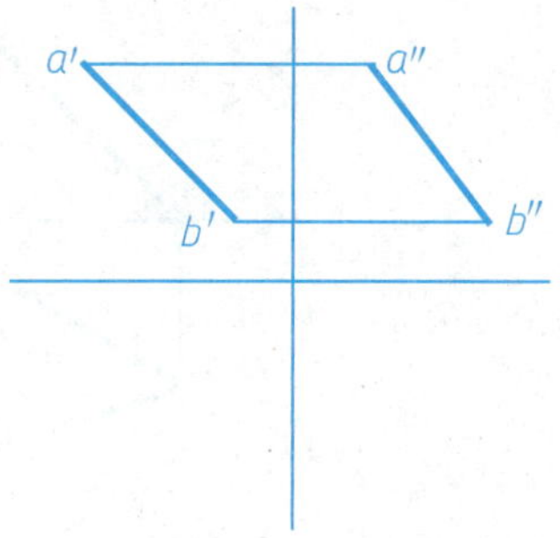

AB 是________线

（3）

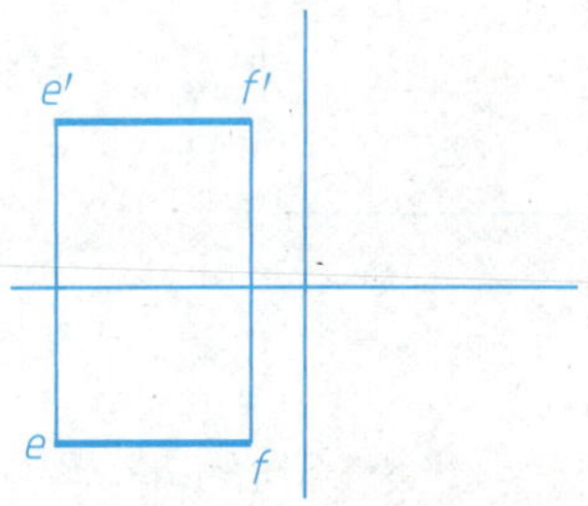

EF 是________线

（4）

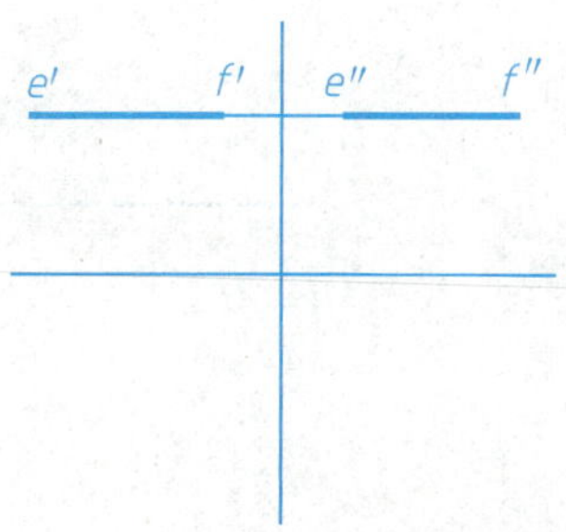

EF 是________线

（5）

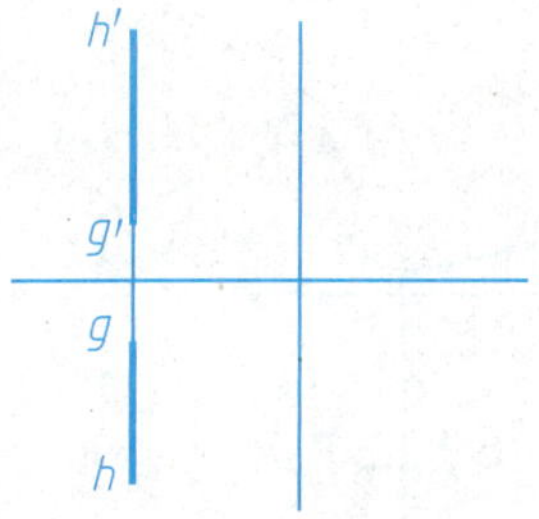

HG 是________线

（6）

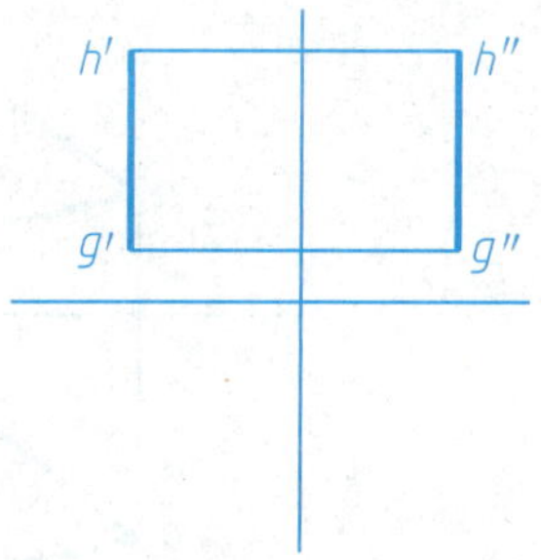

HG 是________线

2. 过 *A* 点按给定条件画出直线 *AB* 的三面投影，说明有几解，只画出一解

（1）$AB /\!/ V$ 面，$AB = 20\text{mm}$，$\gamma = 30°$

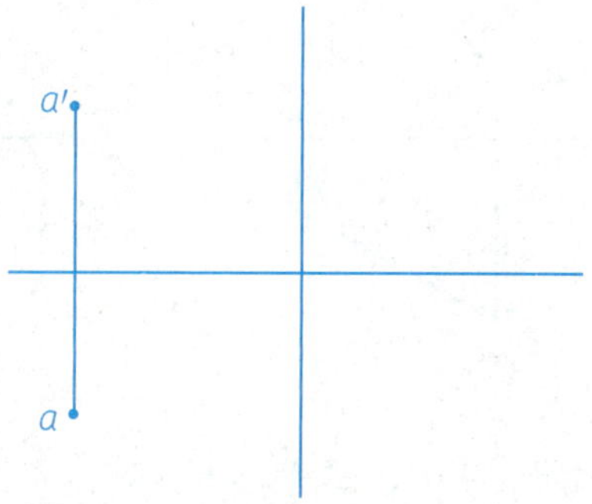

有____解

（2）$AB /\!/ H$ 面，$AB = 20\text{mm}$，$\beta = 30°$

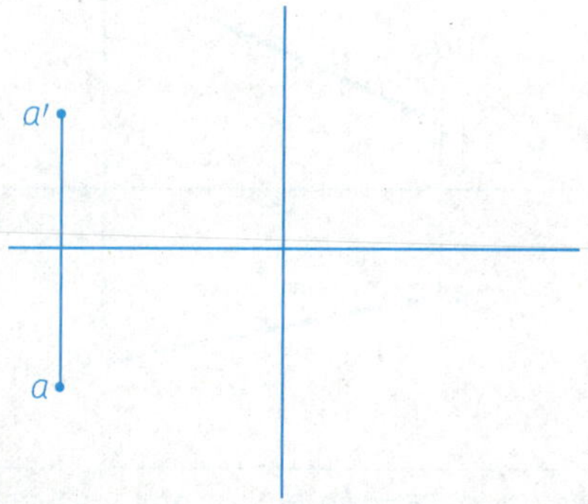

有____解

（3）$AB /\!/ W$ 面，$AB = 20\text{mm}$，$\alpha = 30°$

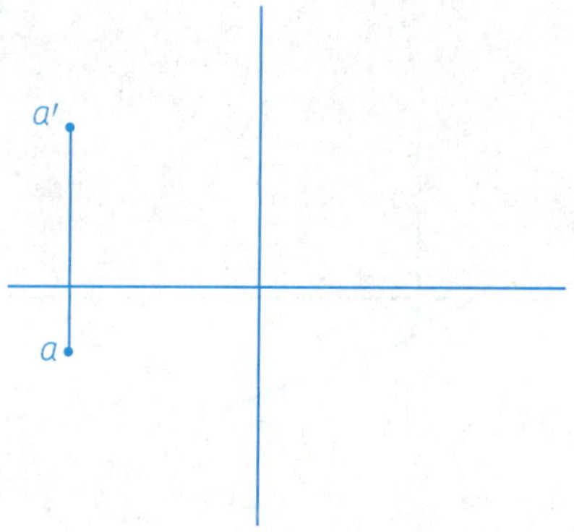

有____解

3. 画出三棱锥的侧面投影，并判明各棱线是什么直线

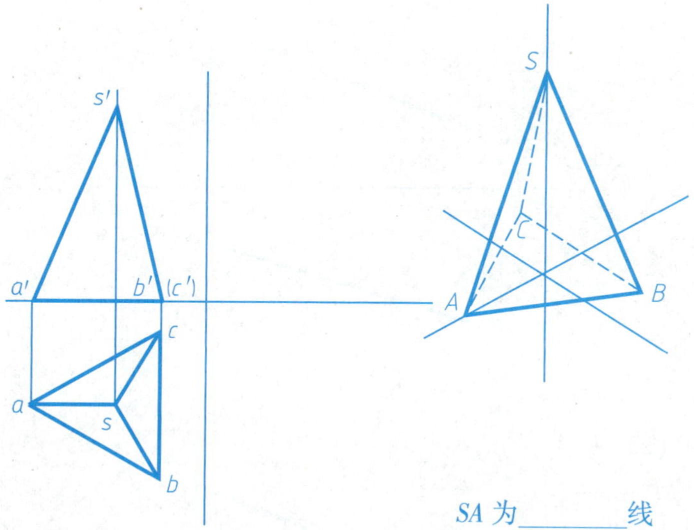

SA 为________线

SB 为________线

AC 为________线

BC 为________线

4. 在直线 *AB* 的两投影上，找出 *C* 点的投影

（1）$AC : CB = 2 : 1$

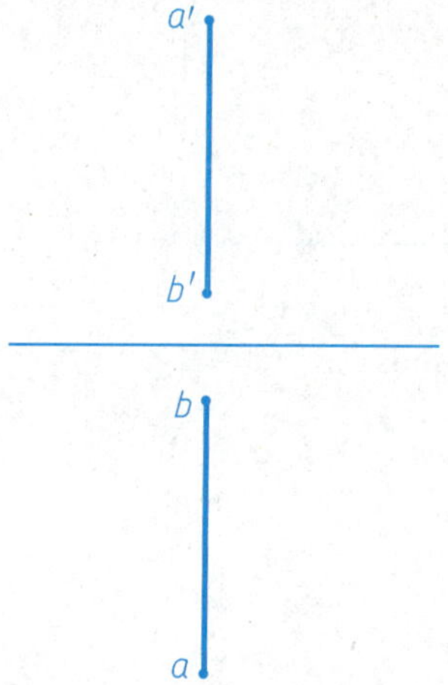

（2）*C* 点与 *H*、*V* 面等距

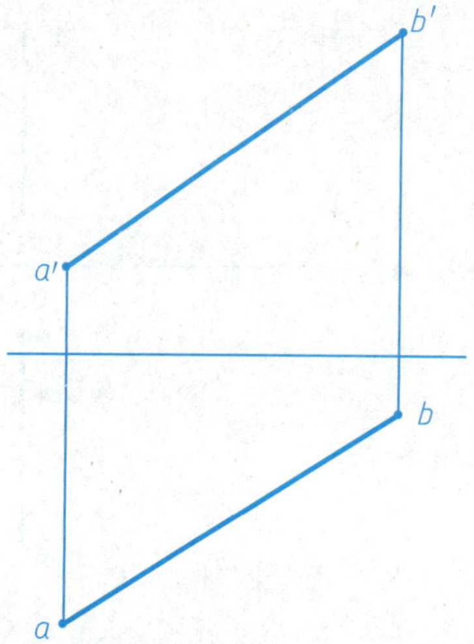

续 3-2 直线的投影 二、求线段的实长及其对投影面的倾角

1. 求直线 AB 的实长，及 AB 对 H 面的倾角 α，对 V 面的倾角 β

（1）

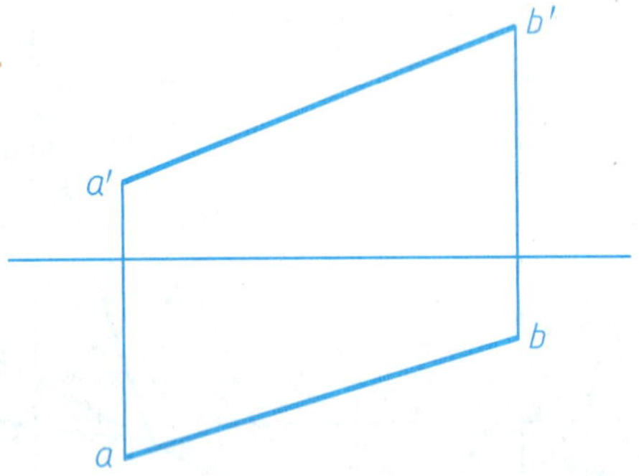

（2）

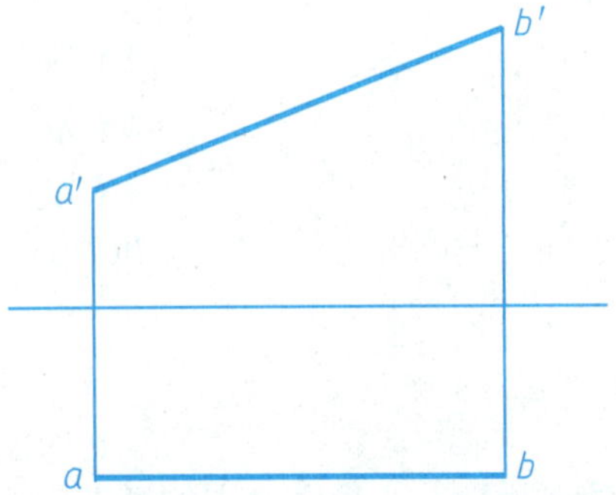

（3）

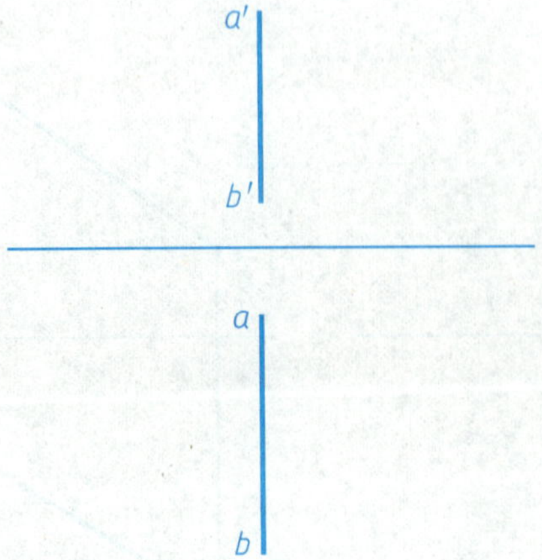

2. 已知直线 AB 和 BC 实长相等，并知 AB 的两面投影及 BC 的正面投影，求 BC 的水平投影

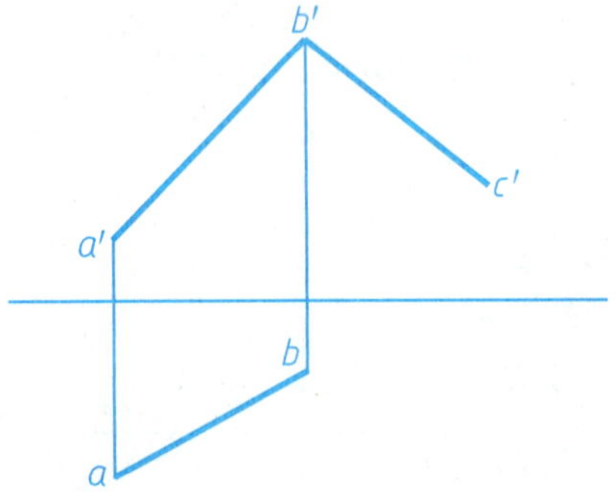

3. 在直线 AB 上定一点 C，使 $AC=15$mm

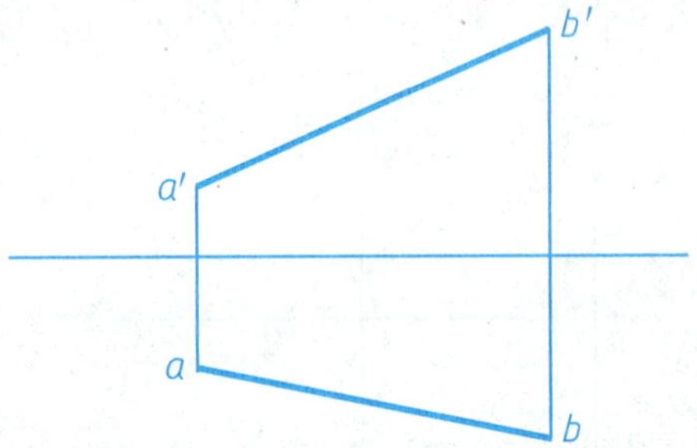

4. 已知线段 AB 与 H 面的倾角 $\alpha=30°$，试完成 AB 的两面投影图

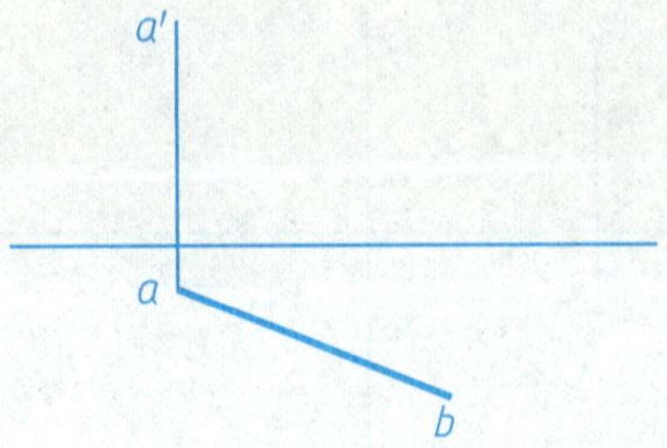

5. 求△ABC 中∠BAC 的分角线 AD 的投影

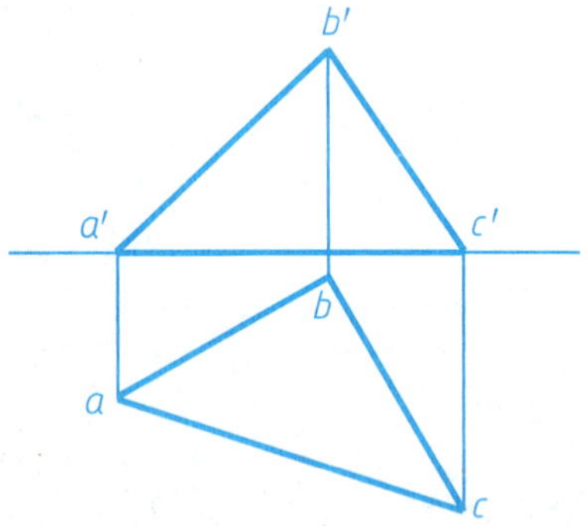

6. 试过 A 点作一直线 AB，使 $AB=24$mm，且对 H 面的倾角 $\alpha=30°$，对 V 面的倾角 $\beta=45°$（说明有几解，只需画出一解）

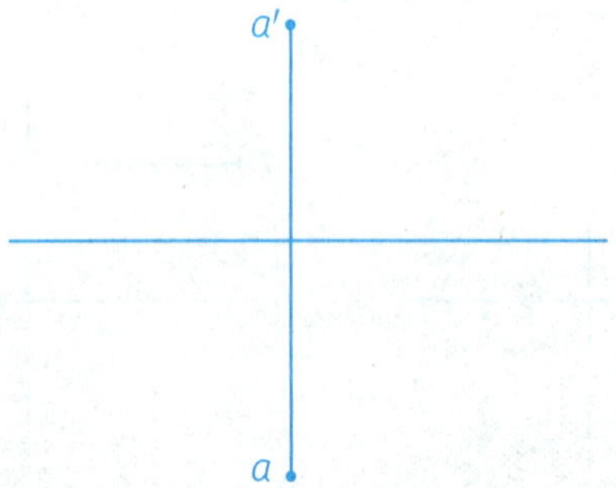

7. 已知△ABC 为等腰三角形，腰 AC 在直线 AD 上，试完成△ABC 的两面投影图

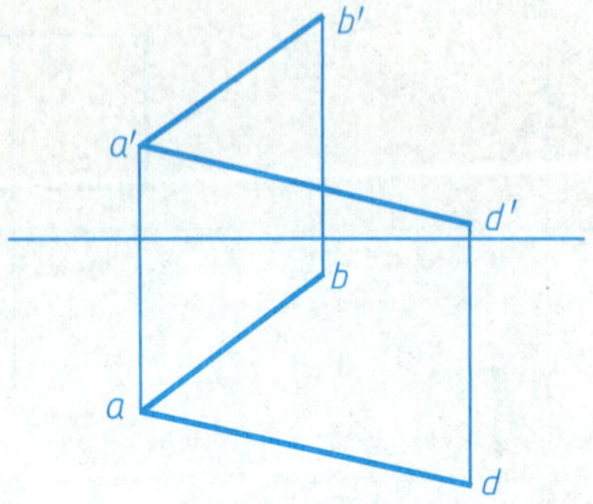

续 3-2 直线的投影 三、两直线的相对位置

1. 已知 *AB* 和 *CD* 相交，试完成各投影图

（1）

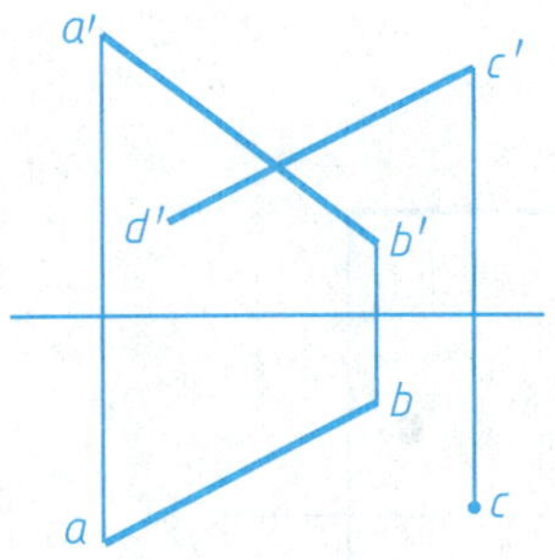

（2）

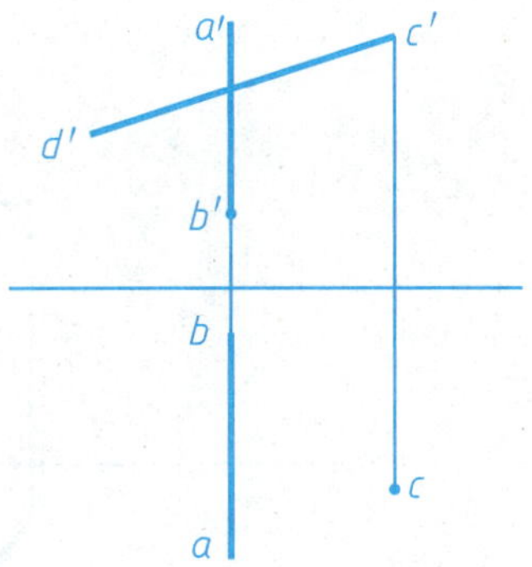

4. 作一直线与 *CD*、*EF* 相交，且平行于 *AB*

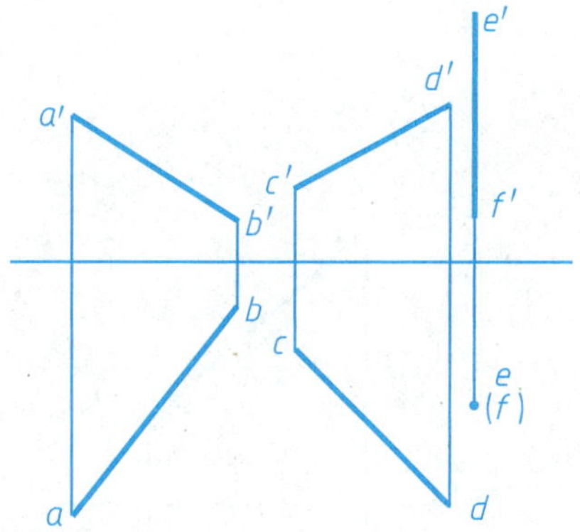

2. 作一直线与 *AB*、*CD* 两直线相交，并分别满足条件：

（1）离 *H* 面为 15mm

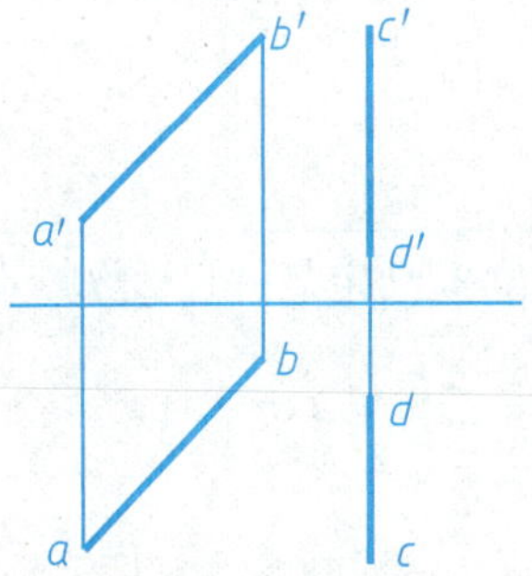

（2）平行于 *OX* 轴

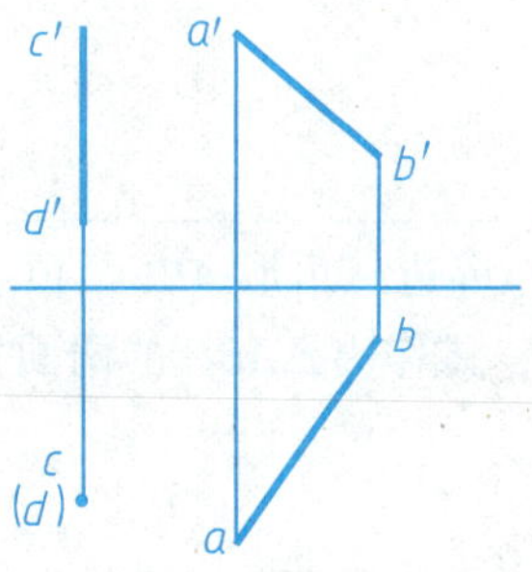

5. 作一直线与 *AB* 平行，和 *CD* 相交，且交点距 *V*、*H* 面等距

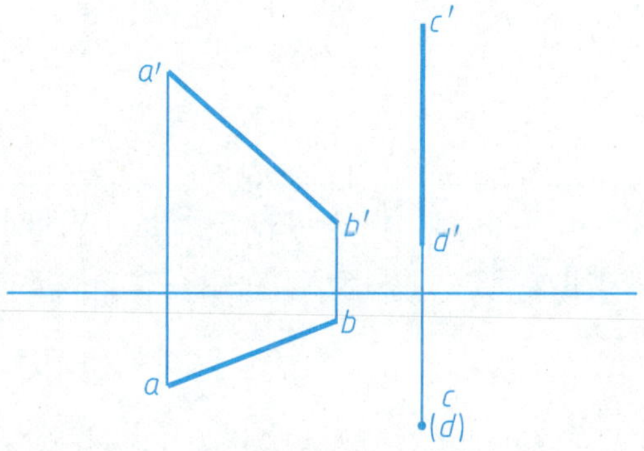

3. 过 *A* 点作直线 *AB* 和 *CD* 相交，并分别满足条件：

（1）*AB* 为正平线

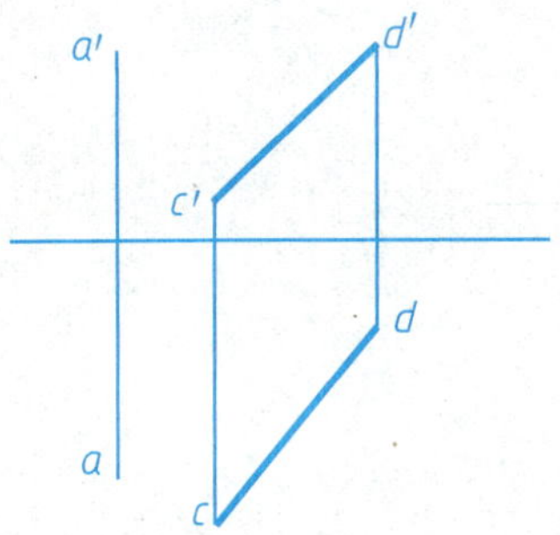

（2）*AB* 为水平线

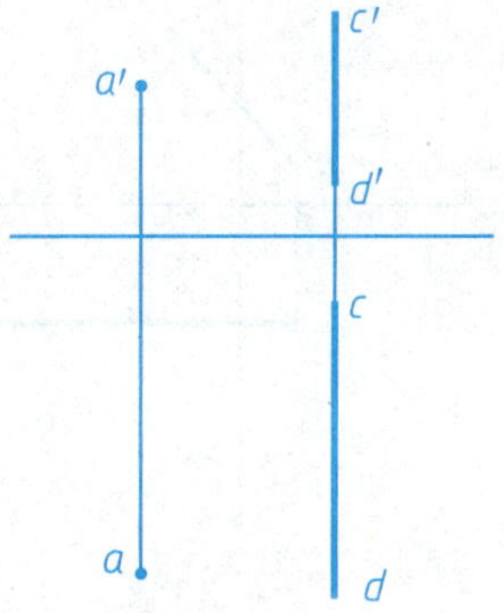

6. 标出图中重影点的投影

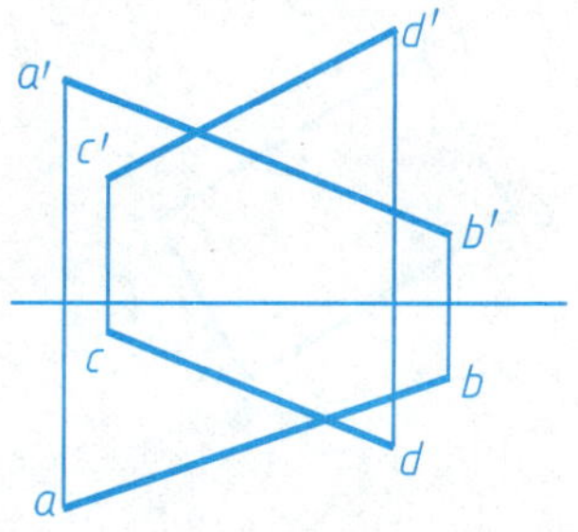

7. 判别两直线的相对位置

（1）________

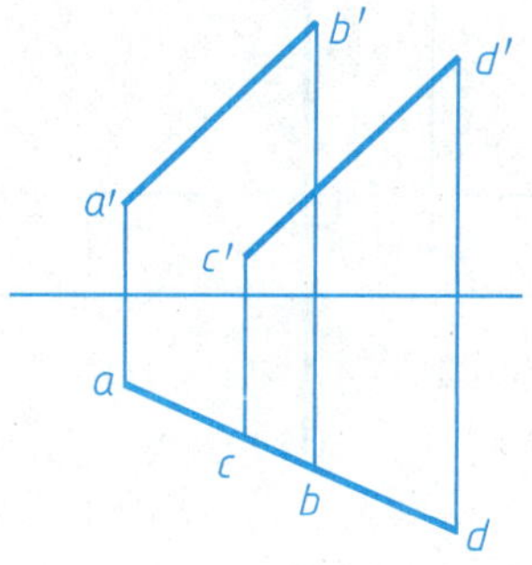

（2）________

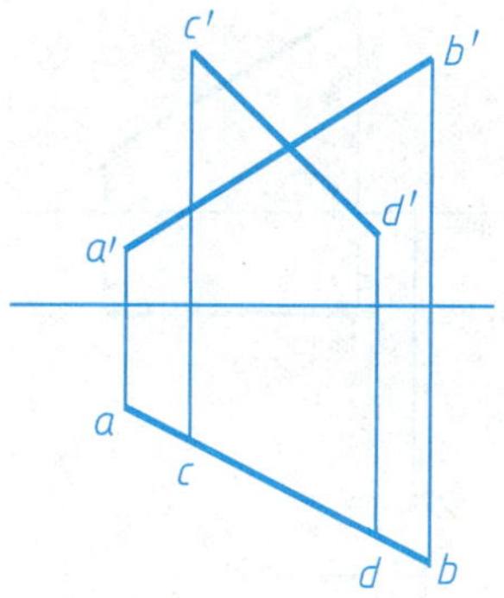

（3）________

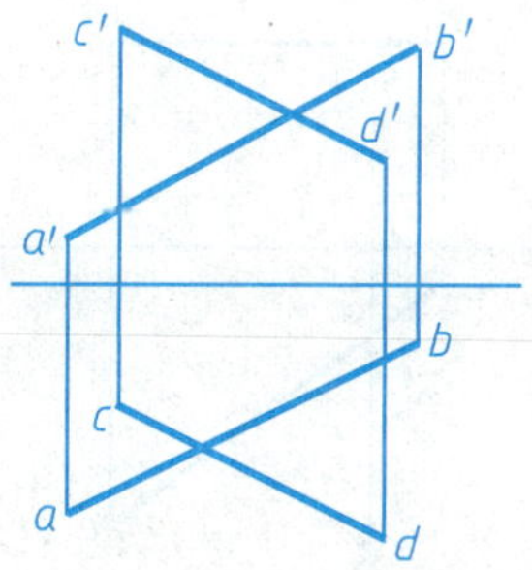

（4）________

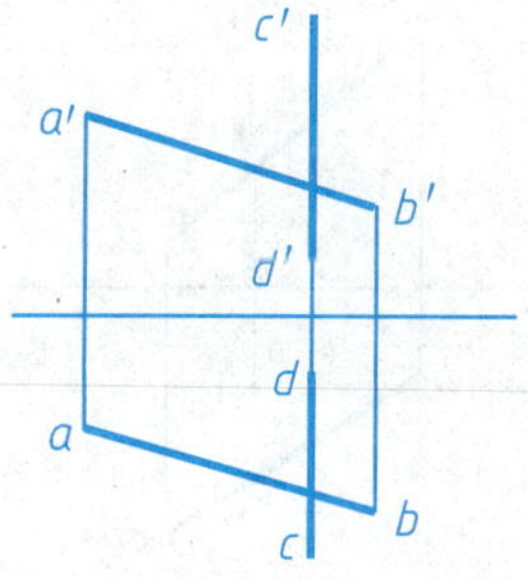

（5）________

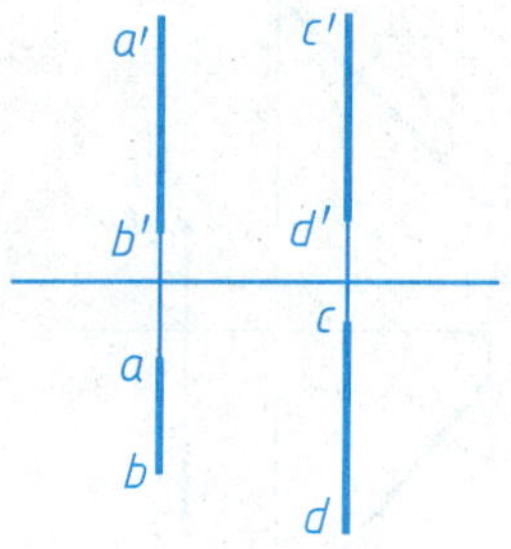

（6）________

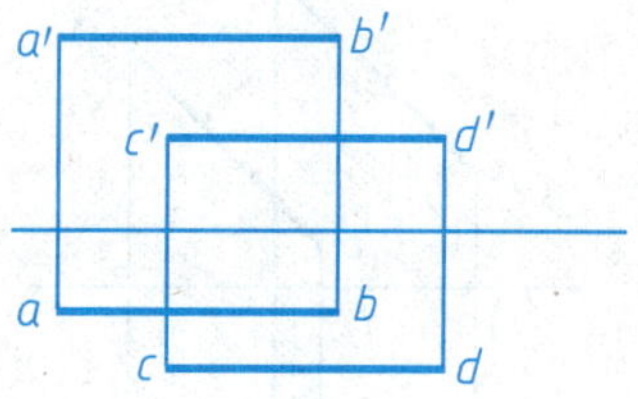

班级________ 学号________ 姓名________

续 3-2　直线的投影　四、直角的投影

1. 过点 *A* 作直线 *AD*，使其与 *BC* 垂直相交

（1）

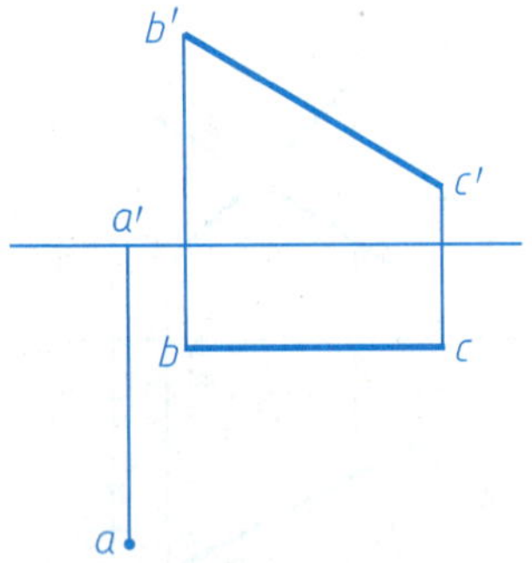

（2）

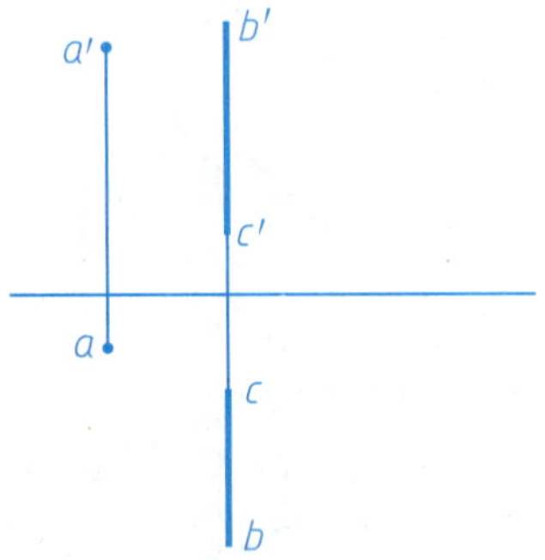

2. 过点 *A* 作直线 *AD* 和 *BC* 垂直，说明所作直线 *AD* 与 *BC* 是垂直相交还是垂直交叉

（1）

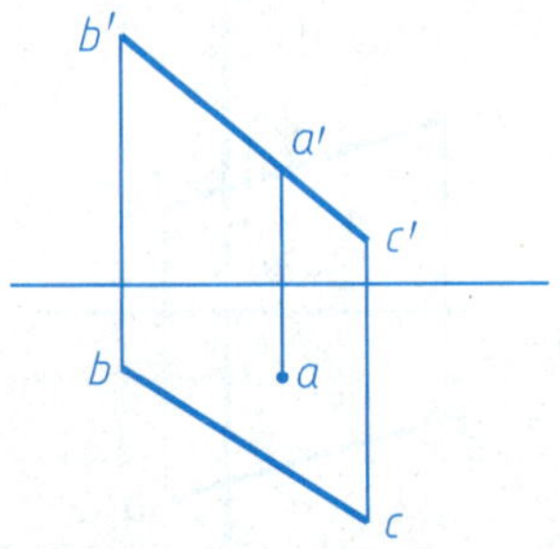

（2）

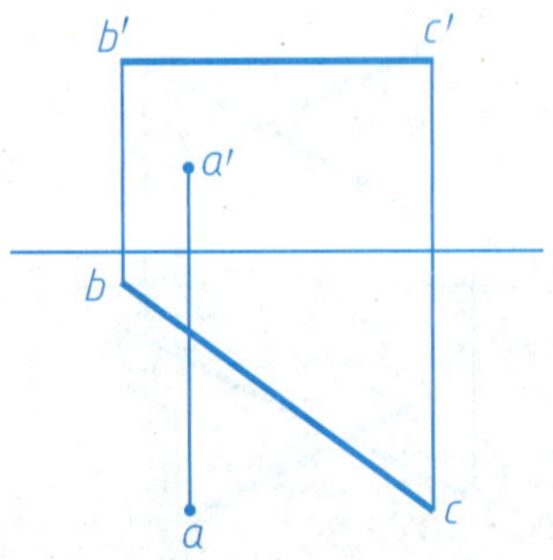

3. 求直线 *AB* 和 *CD* 之间的公垂线 *EF* 的两面投影

（1）

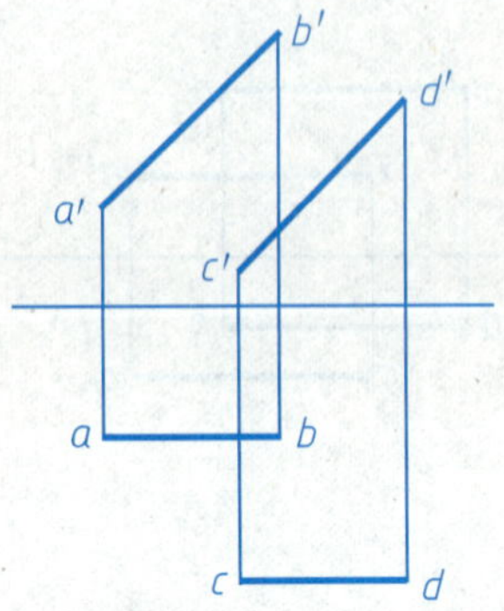

（2）

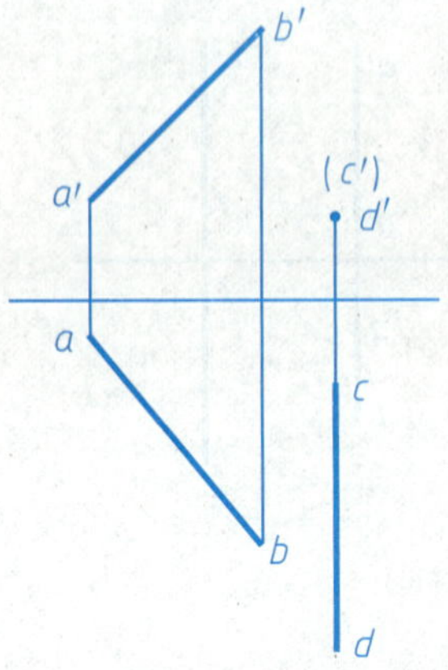

4. △*ABC* 为一等腰三角形，其底为 *BC*，顶点 *A* 在 *OX* 轴上，试画出△*ABC* 的两面投影，并求出△*ABC* 的实形

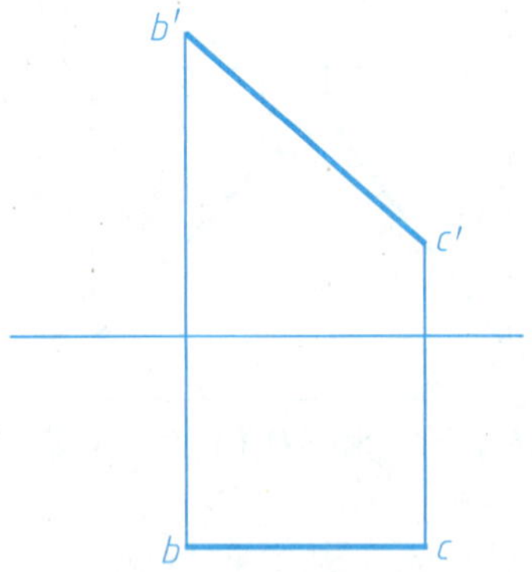

5. *ABCD* 为一正方形。已知 *abcd* 为一矩形，又知正面投影 *b'*，试作出该正方形的投影

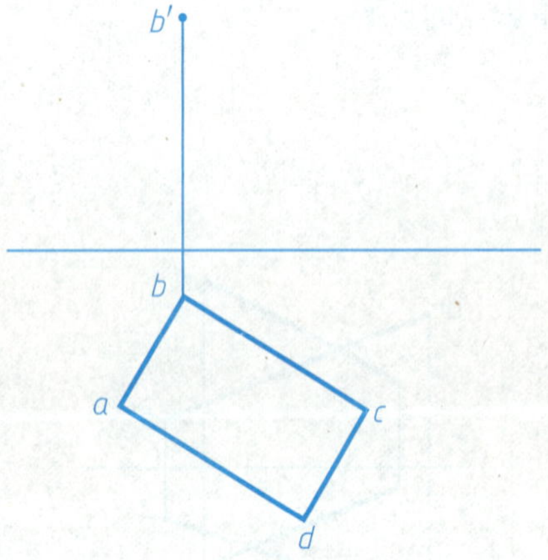

6. △*ABC* 为一等腰直角三角形，已知一腰 *AB* 的投影，并知另一腰 *AC* 的顶点 *C* 在 *H* 面上。试作出△*ABC* 的投影

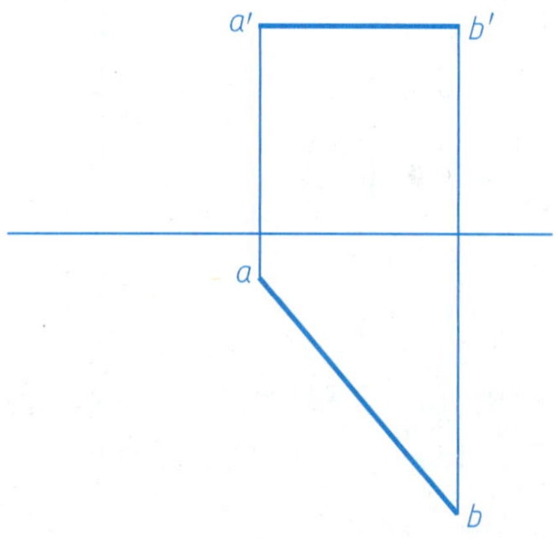

7. 作等边三角形 *ABC*，顶点 *A* 的位置已定，并已知 *BC* 在直线 *EF* 上，试作出△*ABC* 的两面投影

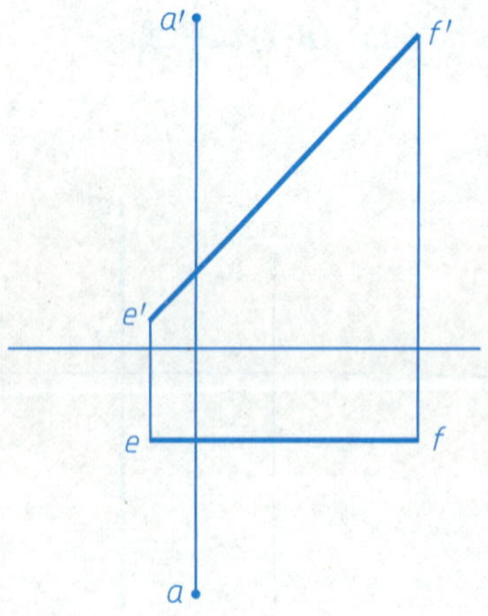

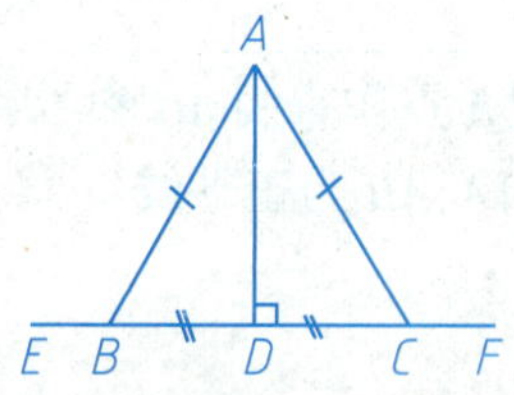

示意图

3-3 平面的投影

1. 作出下列平面图形的第三面投影，并完成面上的点 T 的三面投影

（1）

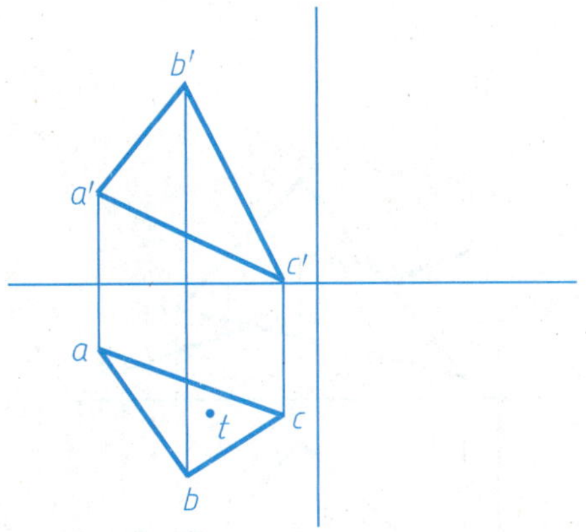

（2）

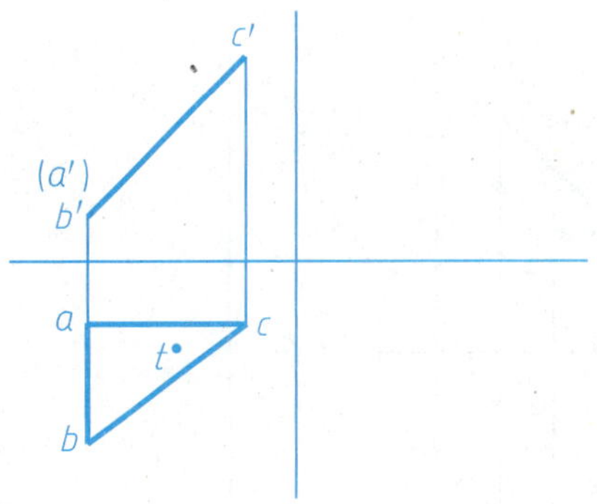

4. 包含直线 AB 作出两个特殊位置平面

（1）

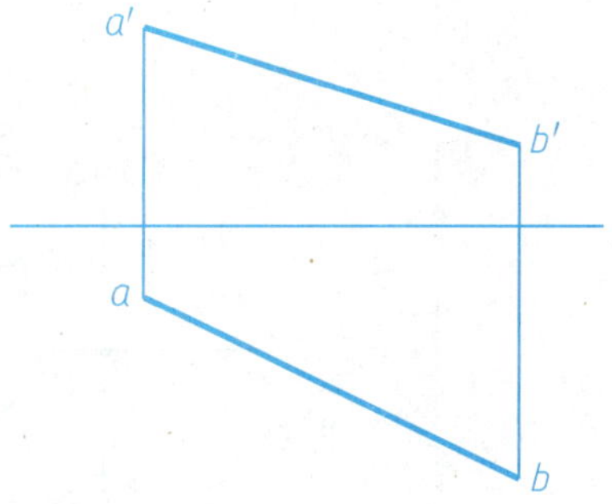

（2）

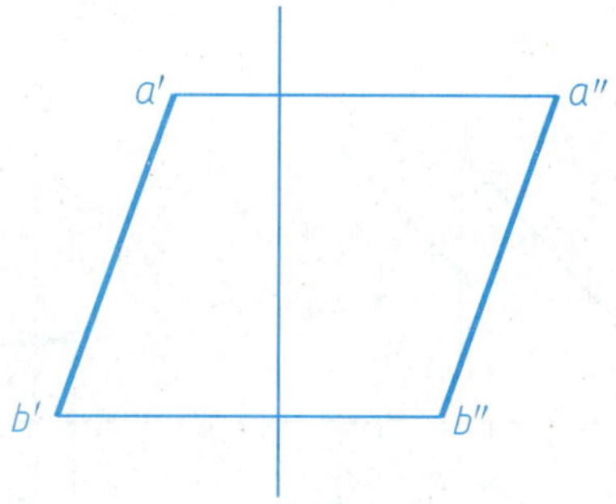

2. 完成平面图形的两面投影

（1）

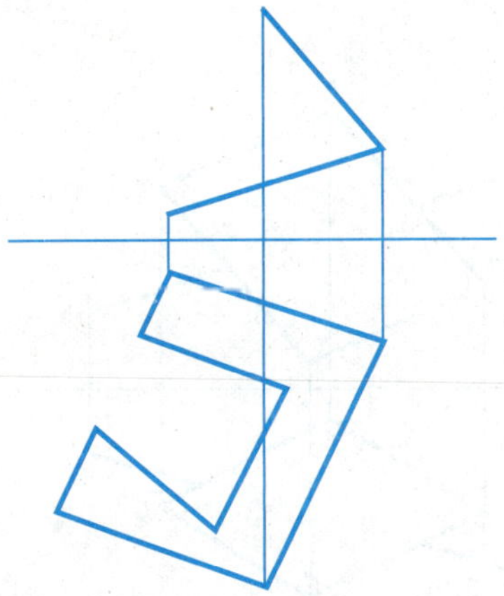

（2）

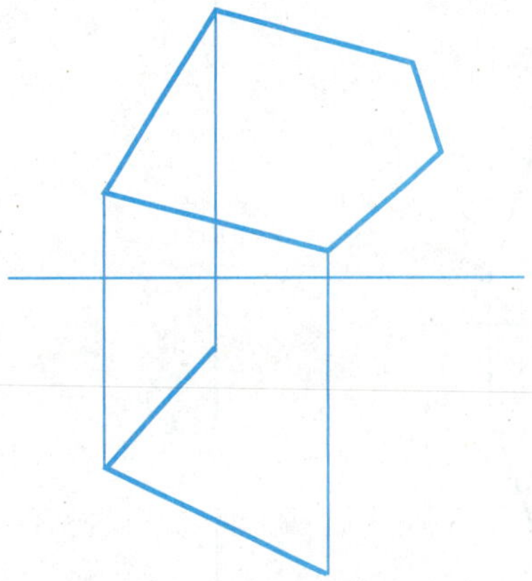

5. 已知平面四边形 $ABCD$ 的 BC 边为水平线，求作其正面投影

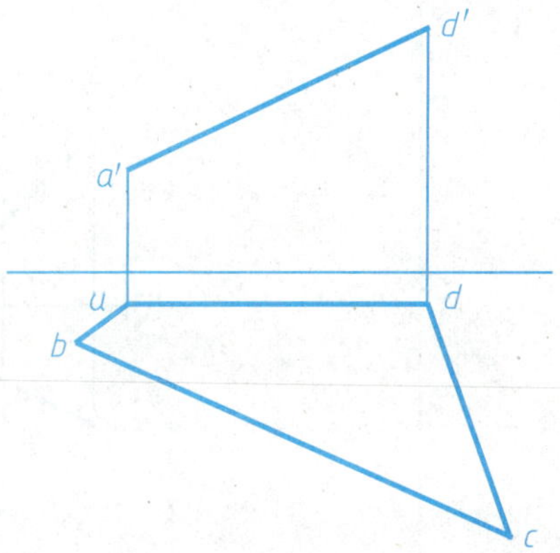

7. 求△ABC 对 V 面的倾角 β

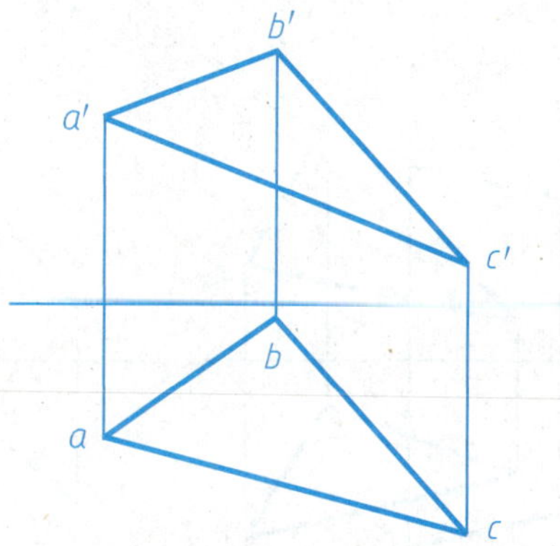

3. 判断 $ABCD$ 是否在同一平面上

（1）

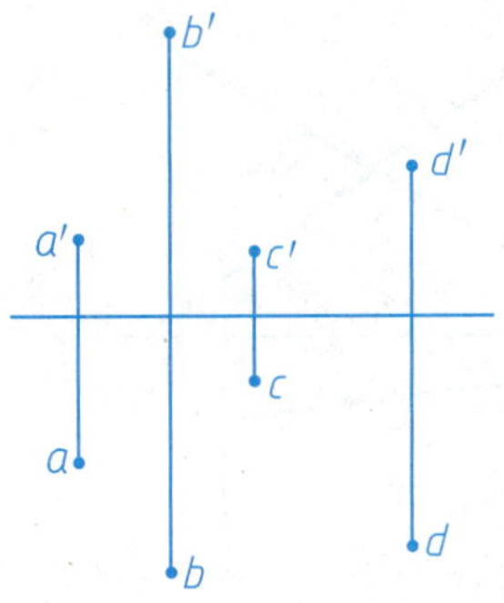

（ ）

（2）

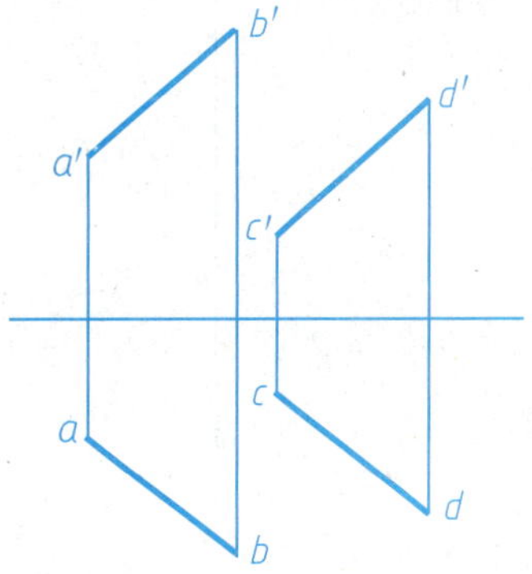

（ ）

6. 已知△ABC 的正面投影及顶点 A 的水平投影 a，且 $a'm'$ 和 an 分别是△ABC 平面内正平线的正面投影和水平线的水平投影，求作△ABC 的水平投影

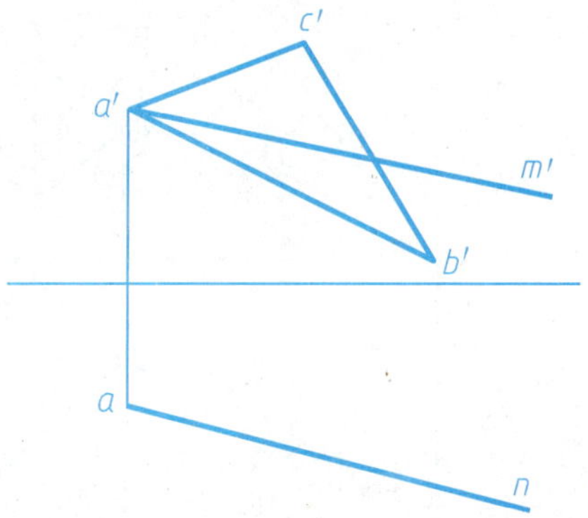

8. 已知直线 AB 为某平面对 V 面的最大斜度线，试求该平面对 H 面的倾角

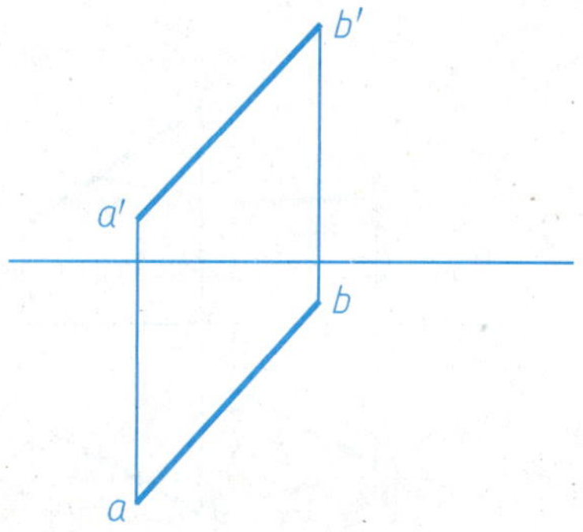

第四章　直线、平面的相对位置

4-1　直线、平面的相对位置

1. 过点 *A* 作正平线平行于已知平面

（1）

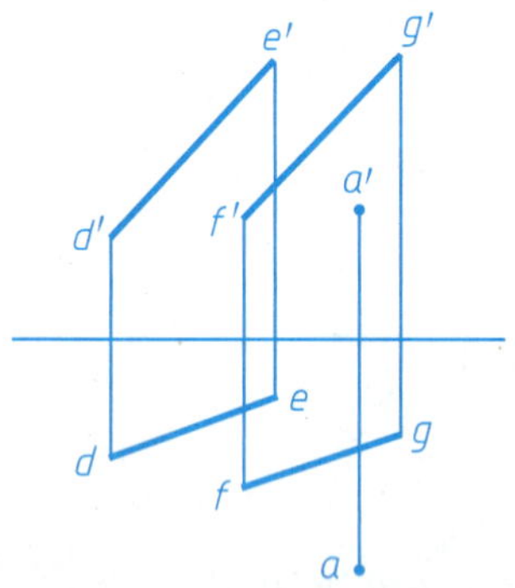

（2）

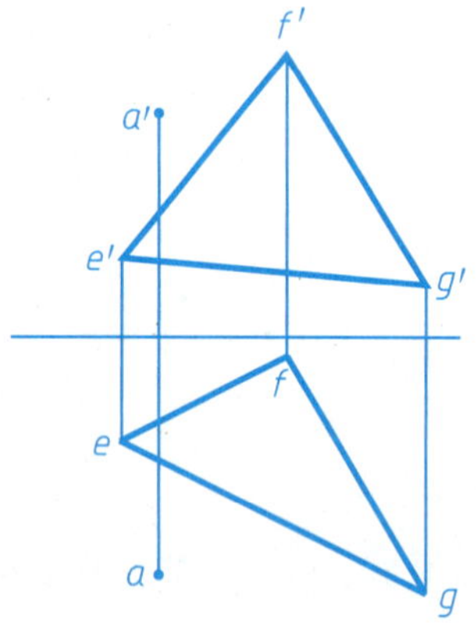

4. 过点 *A* 作平面平行于已知平面

（1）

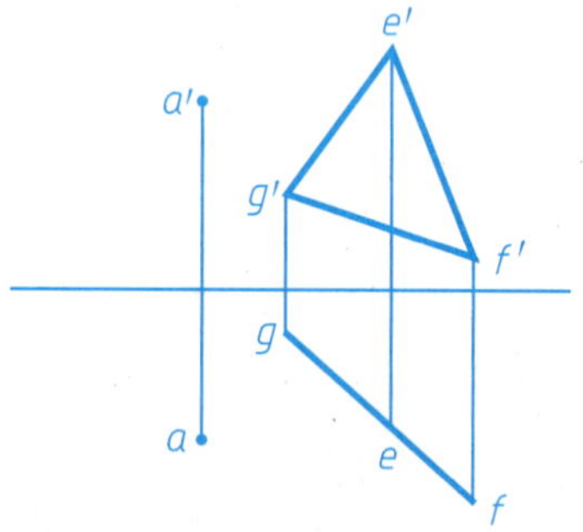

（2）

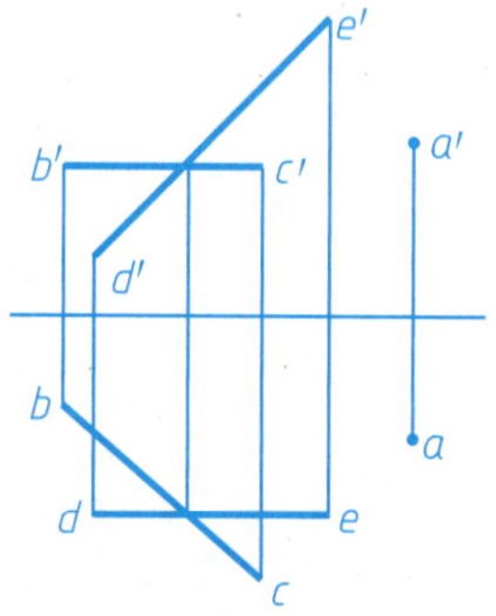

7. 求直线与平面的交点，并判别可见性

（1）

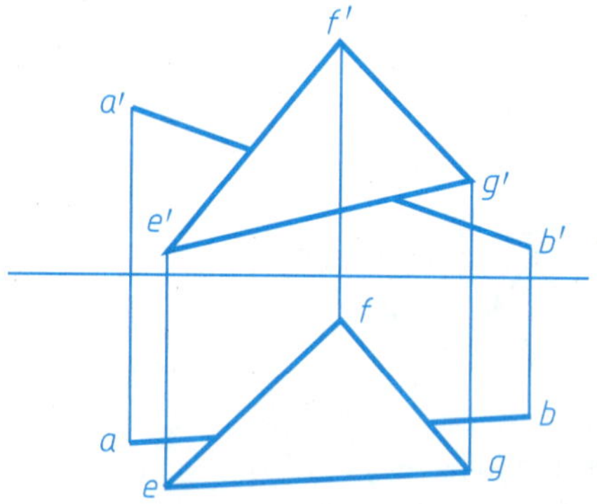

（2）

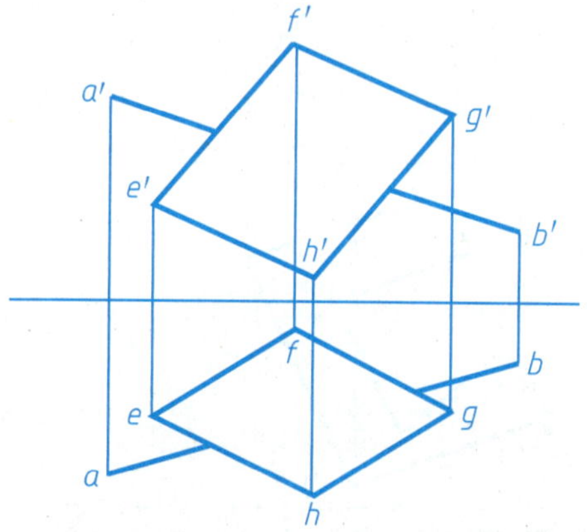

（3）

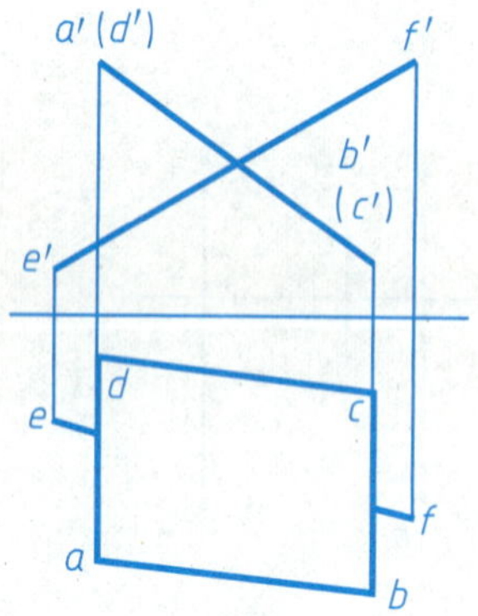

2. 判断直线 *AB* 和已知平面是否平行

（1）

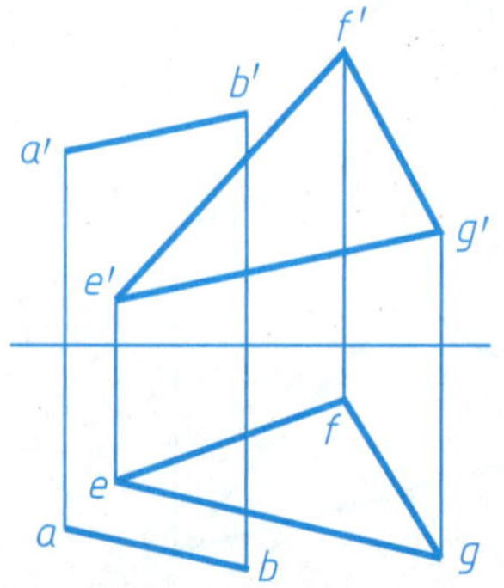

（　）

（2）

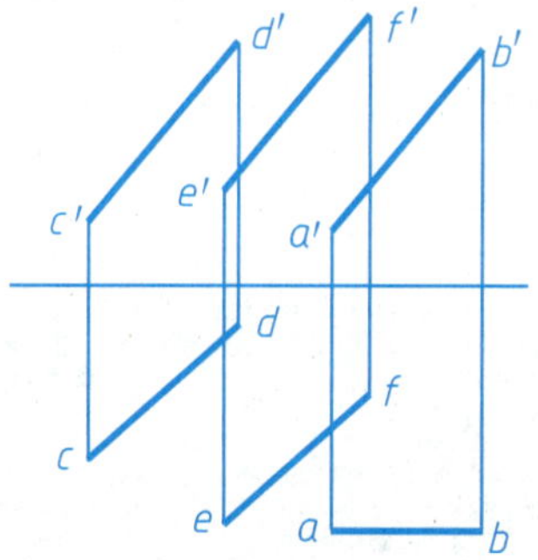

（　）

5. 判断两平面是否平行

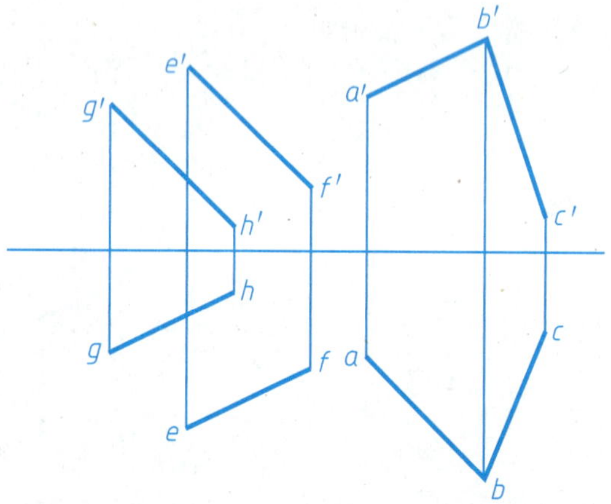

（　）

3. 过直线 *BC* 作平面平行于已知直线 *DE*。再过点 *A* 作一正垂面平行于 *DE*

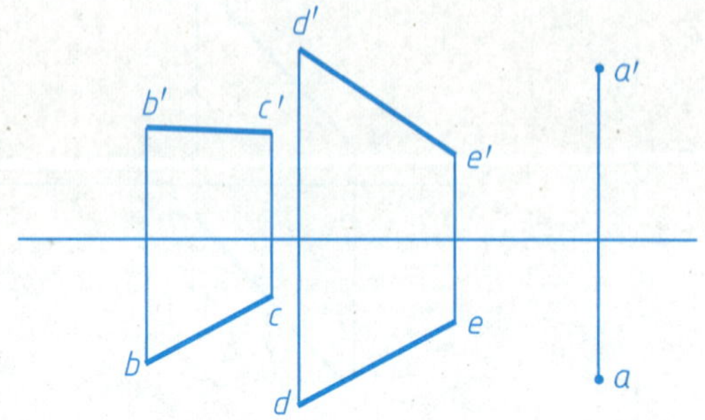

6. 已知平面 *ABC* 和平面 *DEGF* 互相平行，试补全两面投影

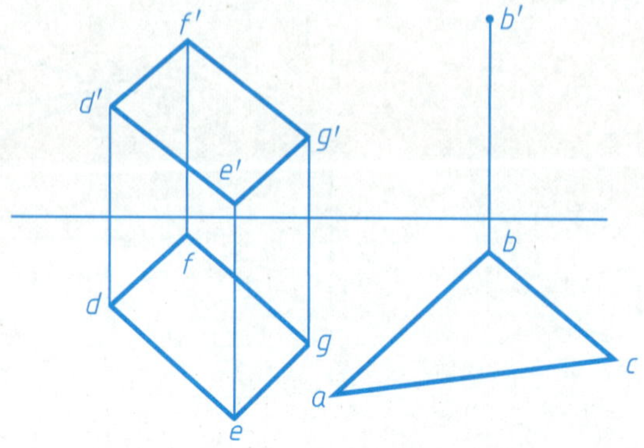

续 4-1 直线、平面的相对位置

8. 求两平面的交线，并判别可见性

(1)

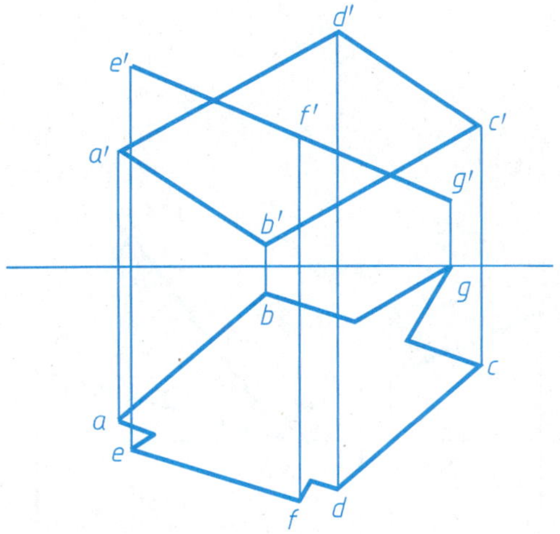

(2)

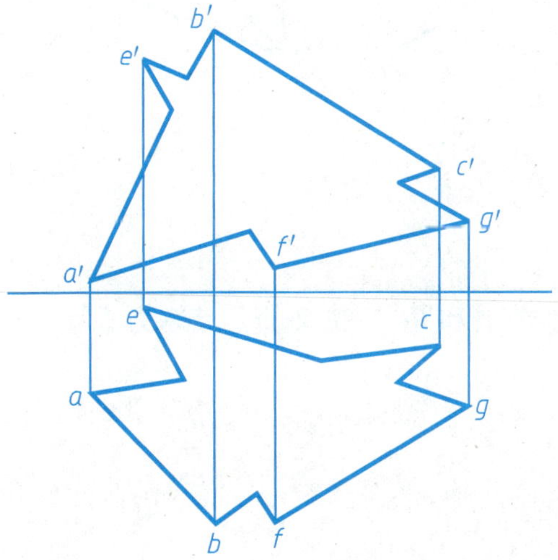

(3)

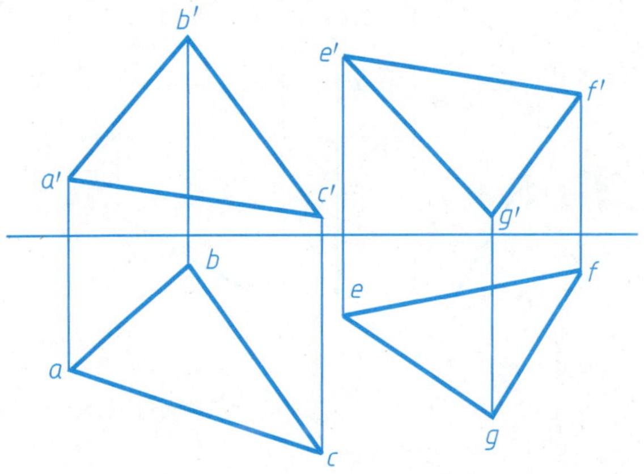

9. 求点 *A* 到平面的距离和垂足的投影

(1)

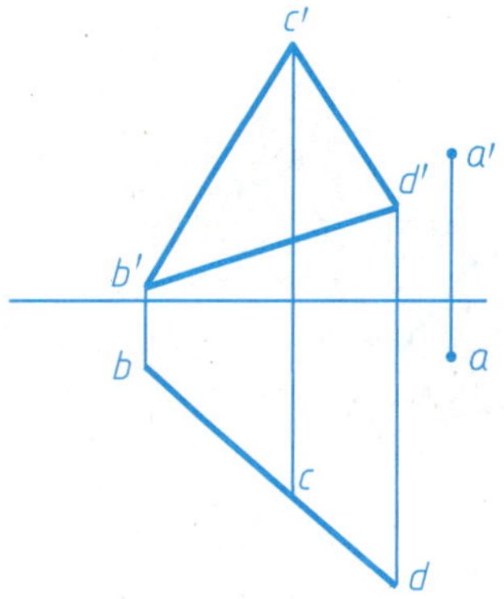

(2)

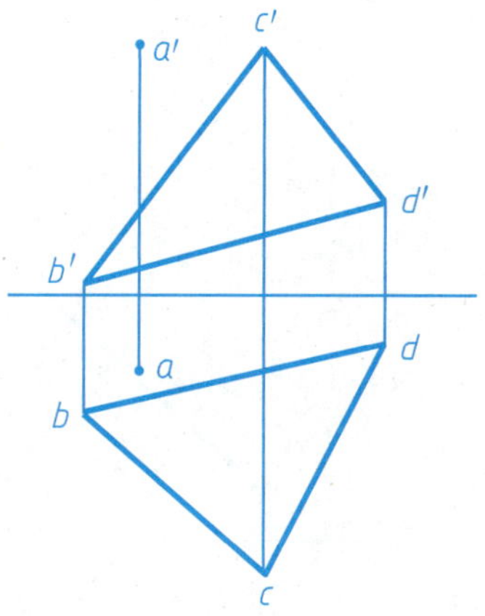

10. 过点 *A* 作一平面和直线 *BC* 垂直

(1)

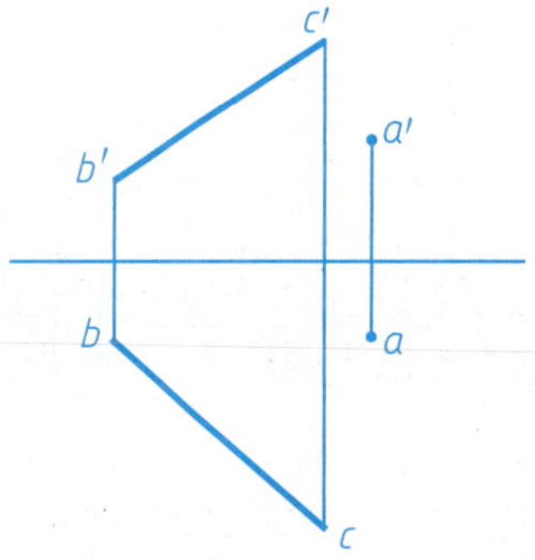

(2)

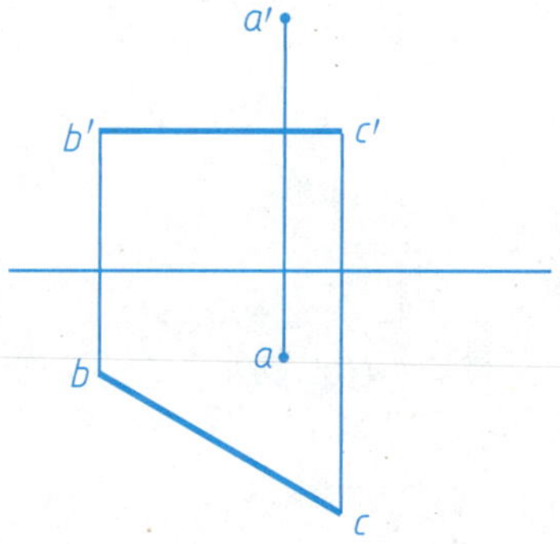

11. 求过已知平面上一点 *T* 的法线

(1)

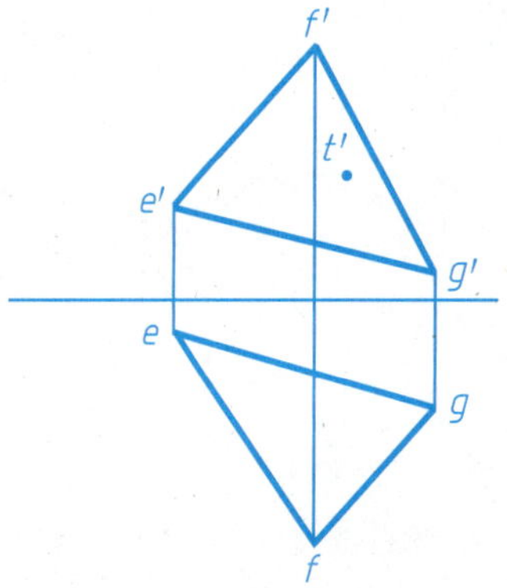

(2)

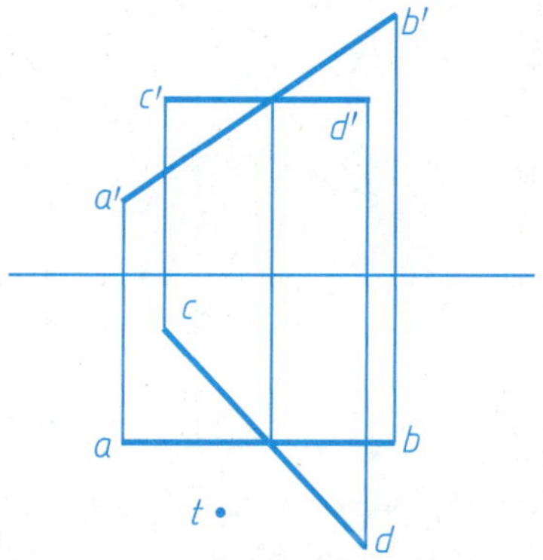

12. *BC* 为等腰三角形 *ABC* 的底边，试作出△*ABC* 的投影

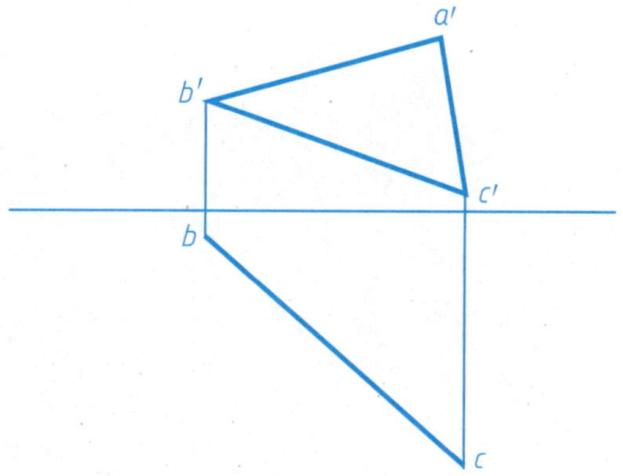

13. 已知菱形 *ABCD* 的对角线 *BD* 的两面投影，并知另一顶点 *A* 在直线 *EF* 上，试作出此菱形的投影图

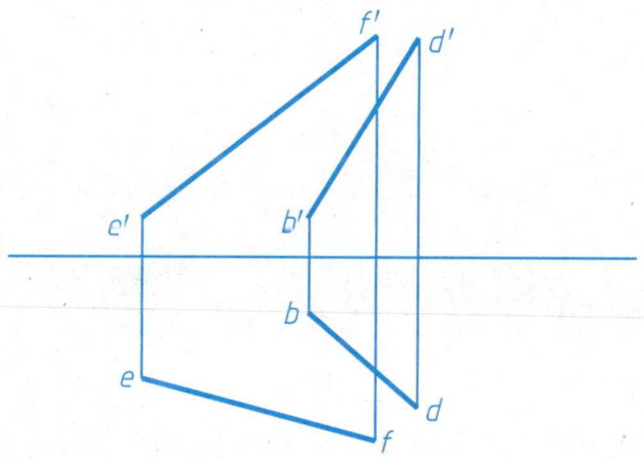

14. 作图判别两平面是否互相垂直

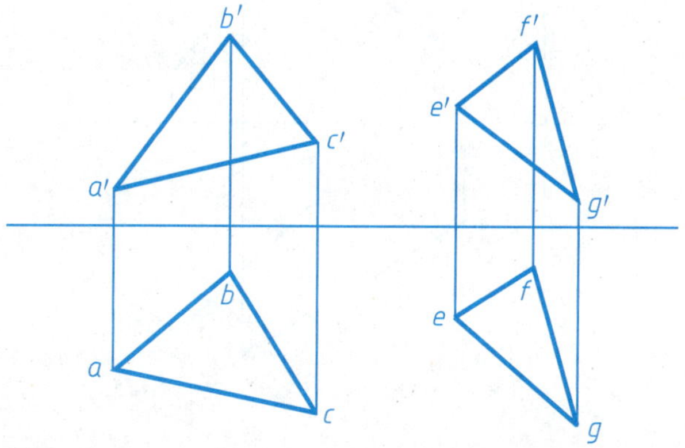

4-2 综合题

1. 求平行两直线之间的距离

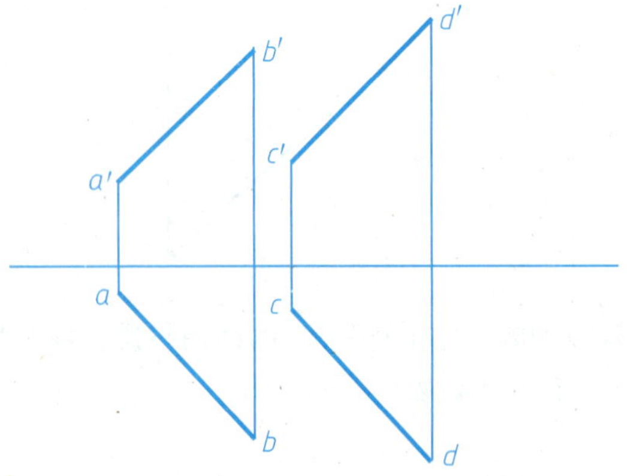

3. 试作一直线，使它与两交叉直线 *AB* 及 *CD* 相交，并平行于直线 *EF*，说明有几解，只作出一解

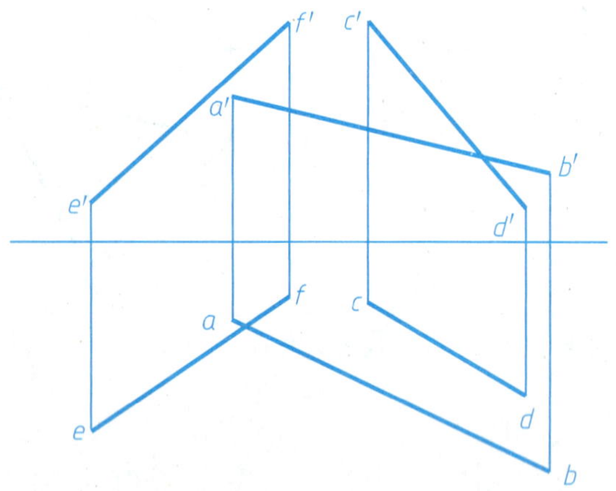

5. 过点 *A* 作直线 *AG*，使 *AG* 和△*BCD* 平行，并和直线 *EF* 相交

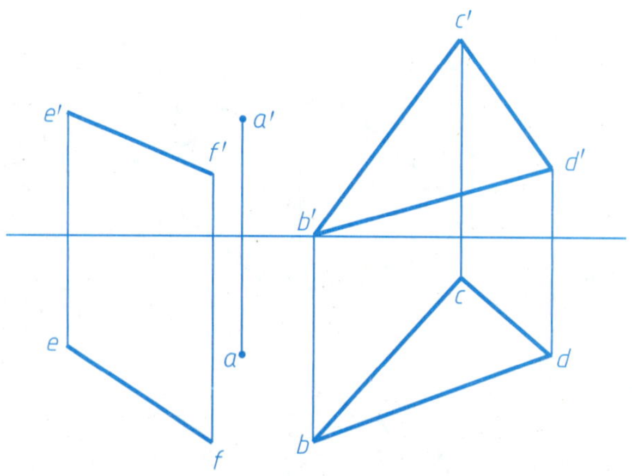

2. 过点 *A* 作一直线和 *BC*、*EF* 相交

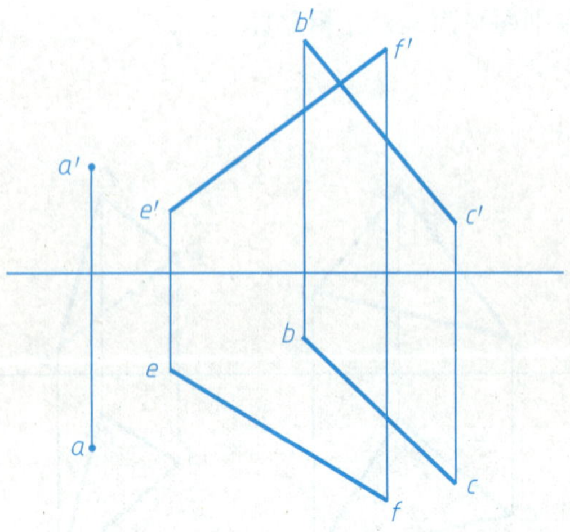

4. 在直线 *CD* 上确定一点 *T*，使点 *T* 与已知两点 *A*、*B* 等距离

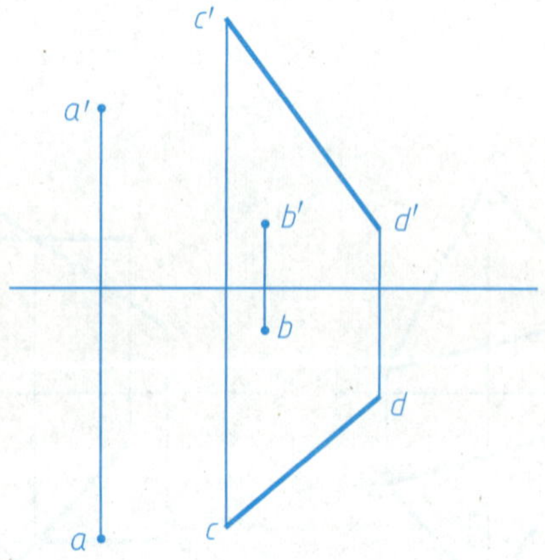

6. 过点 *A* 作直线和 *BC*、*EF* 垂直。其解为垂直交叉，还是垂直相交？

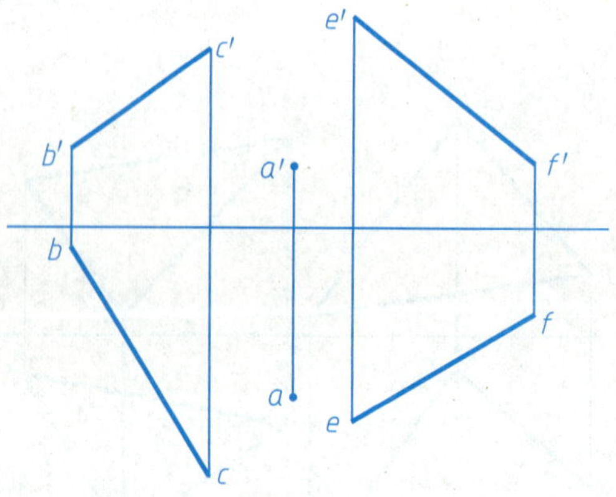

续 4-2　综合题

7. 在平面 *DEF* 上，求距 *A*、*B* 两点等距离的点的轨迹

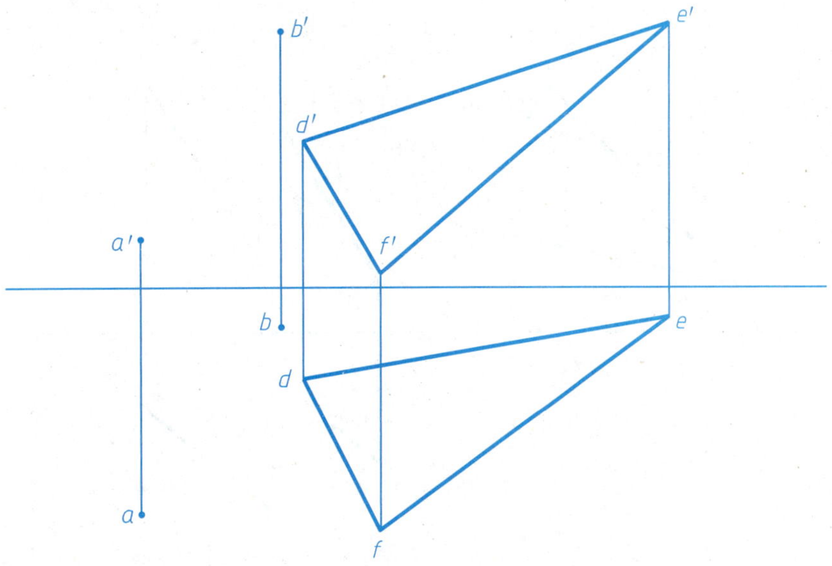

9. 在△*ABC* 平面上作出一直线，使其与已知直线 *EF* 垂直相交

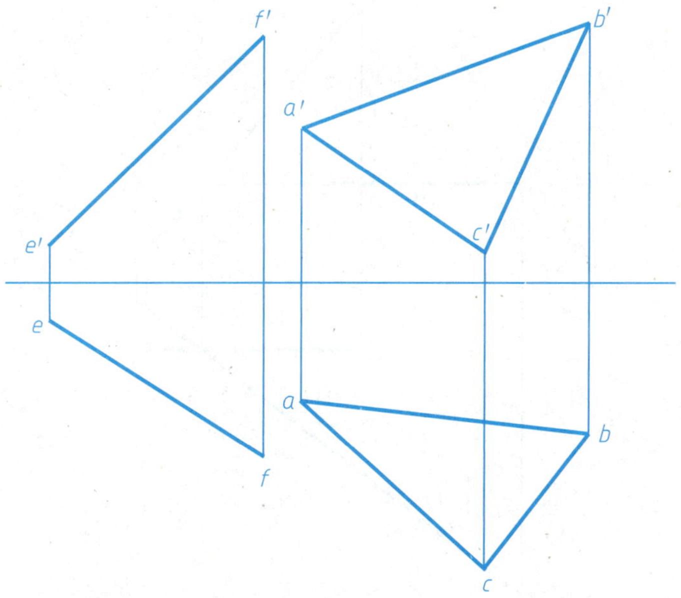

8. 已知以 *BC* 为底边的等腰△*ABC* 的正面投影及点 *A* 的水平投影，又已知△*ABC* 过点 *A* 的高的实长为 35mm，试完成△*ABC* 的两面投影

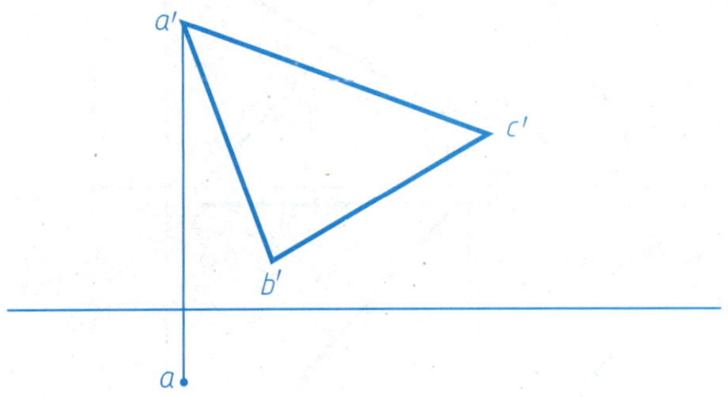

10. 已知直线 *AB* 和 *CD*，试作一直线 *EF* 和 *OX* 轴平行，并与 *AB*、*CD* 两直线相交

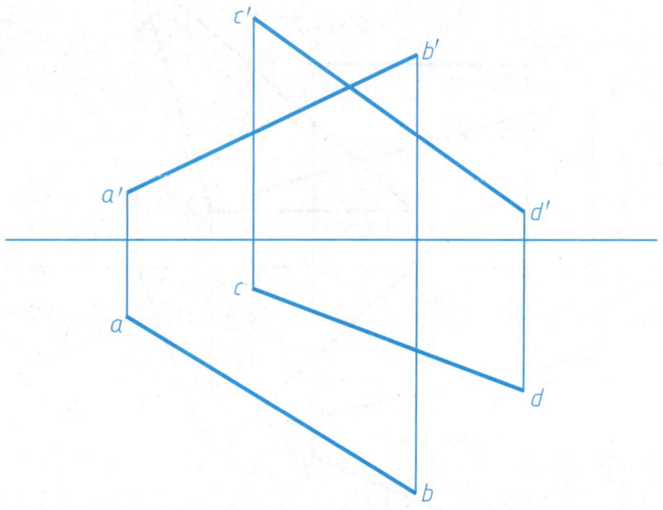

11. 已知等腰直角△ABC 中∠A 为直角，该三角形与平面 L_1L_2 垂直，且直角边之一 AC 为平面 L_1L_2 上的水平线，试作出△ABC 的投影

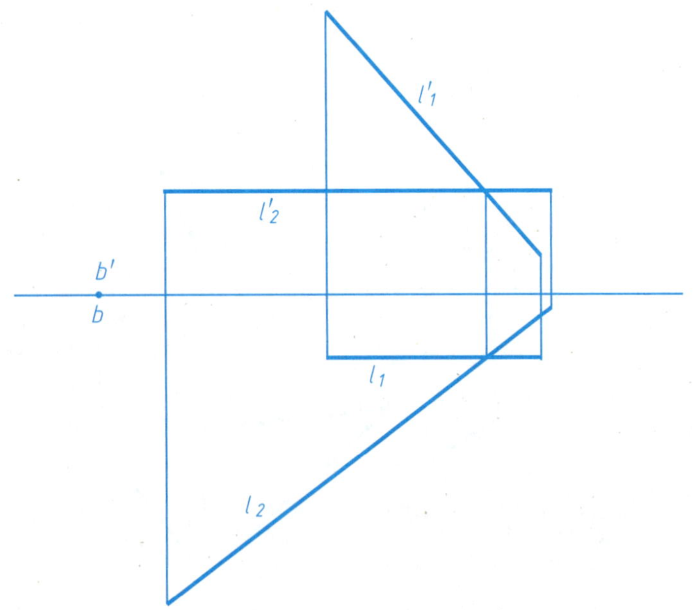

13. 已知△ABC 平行于平面 L_1L_2，且相距为 20mm，试作出△ABC 的两面投影

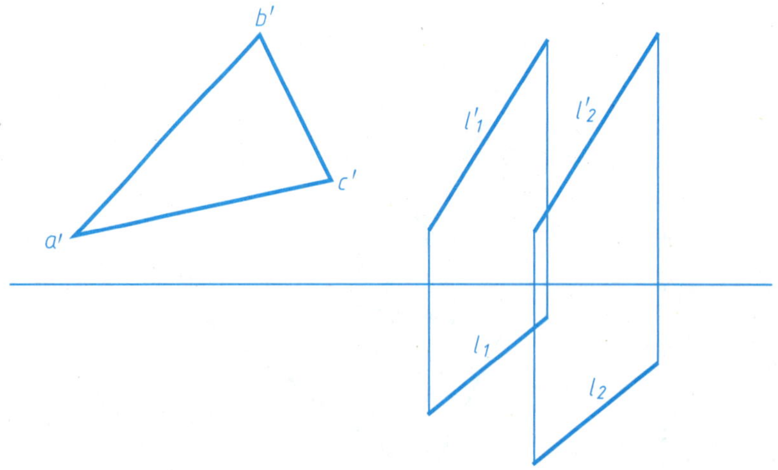

12. 作一直线，使其与两已知直线 AB、CD 相交，并与△EFG 垂直

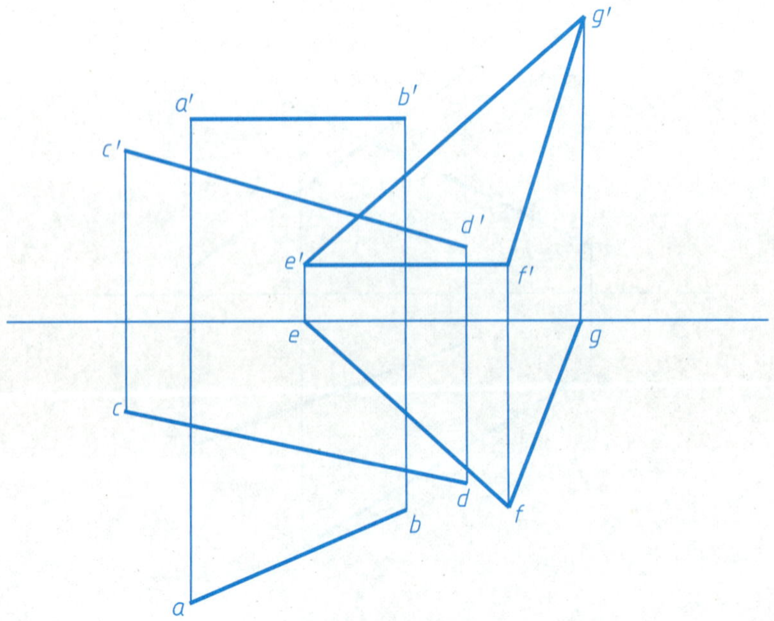

14. △ABC 的三个顶点 A、B、C 分别在 L_1、L_2、L_3 三条直线上，且 A 点距 V、H 面等距，又已知△ABC 和 L_2 相垂直，试作出△ABC 的两面投影

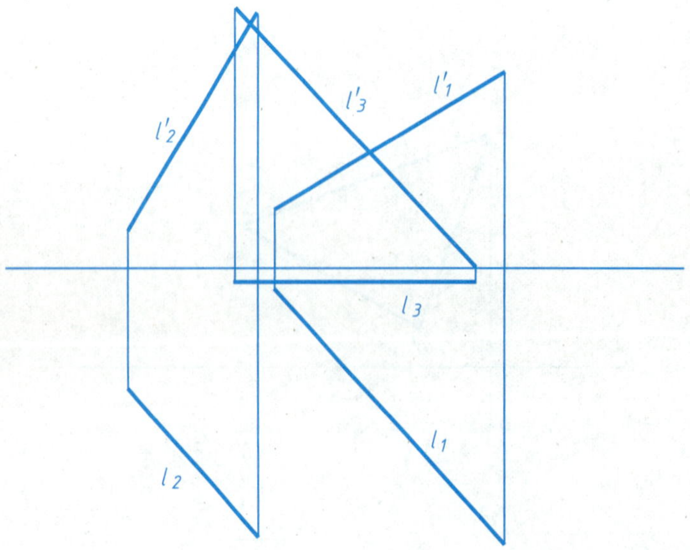

5-1 换面法

1. 用换面法求线段 *AB* 的实长及对投影面的倾角 α、β

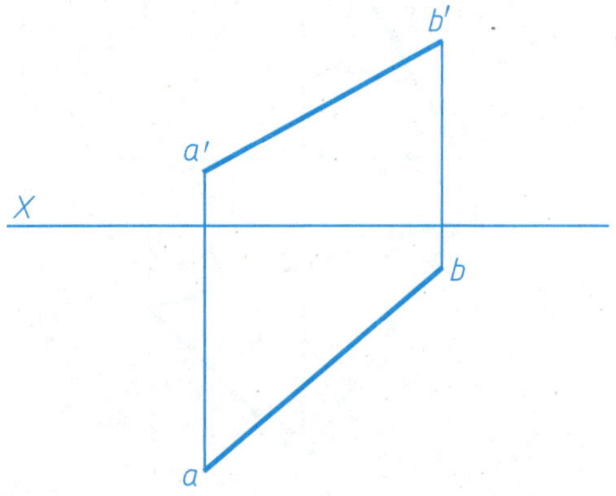

2. 直线 *AB* 与直线 *CD* 垂直相交，用换面法求 *CD* 的正面投影 $c'd'$

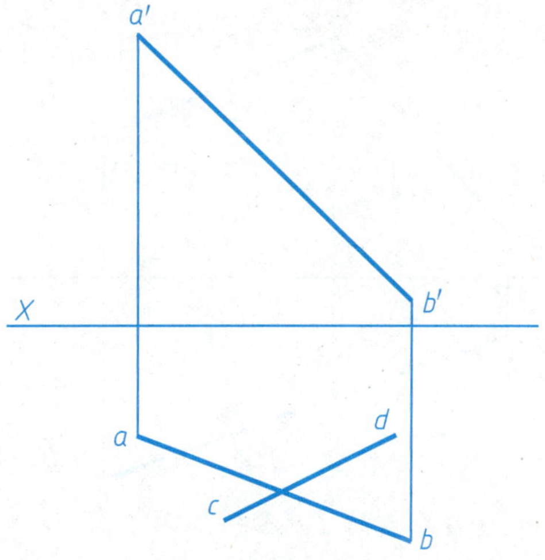

3. 已知直线 *AB* = 70mm，点 *A* 比点 *B* 高，用换面法求 *AB* 的正面投影

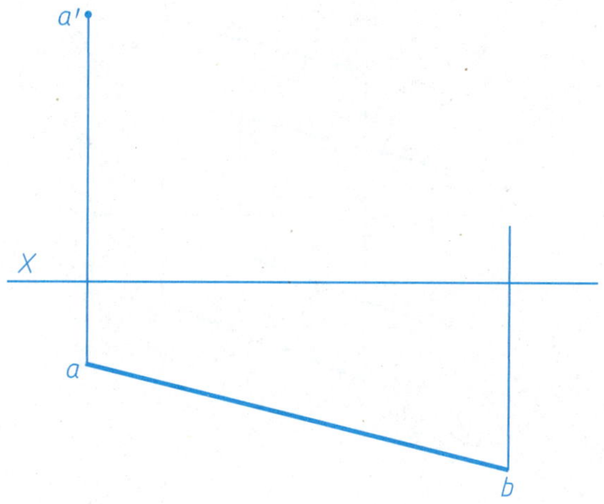

4. 用换面法求点 *C* 到直线 *AB* 的距离，并画出其投影

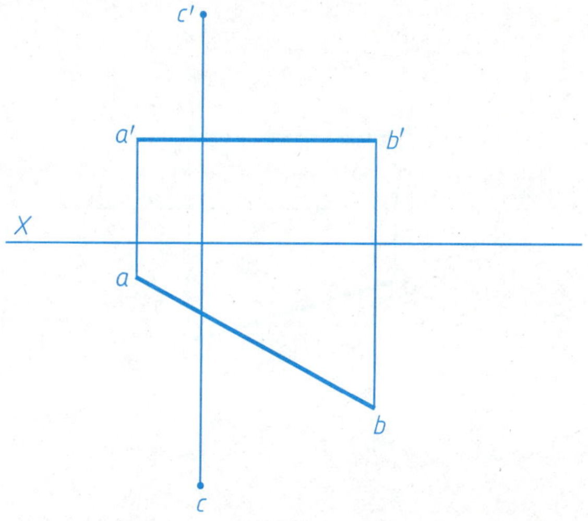

5. 用换面法求平行两直线 *AB*、*CD* 间的距离

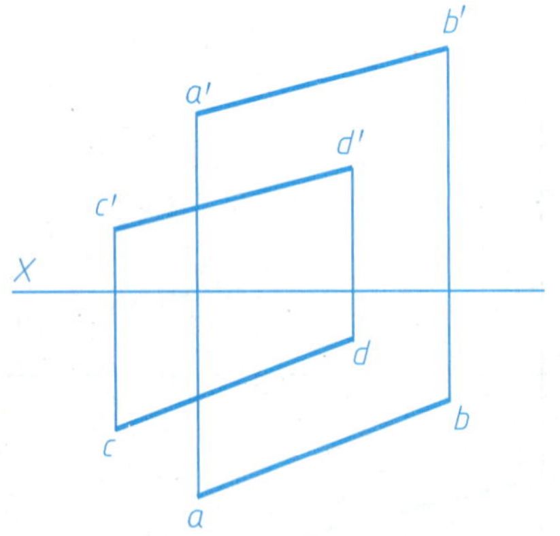

7. 用换面法求点 *M* 到△*ABC* 平面的距离 *MK* 的投影及实长

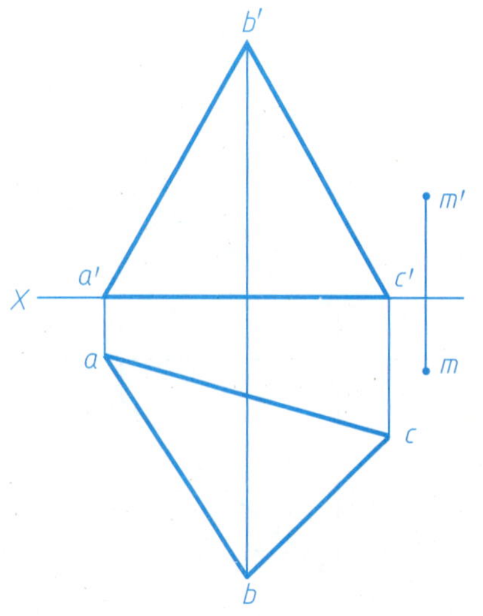

6. 以 *AB* 为底作等腰三角形 *ABC*，使其高为 35mm，与 *H* 面成 60°（用换面法）

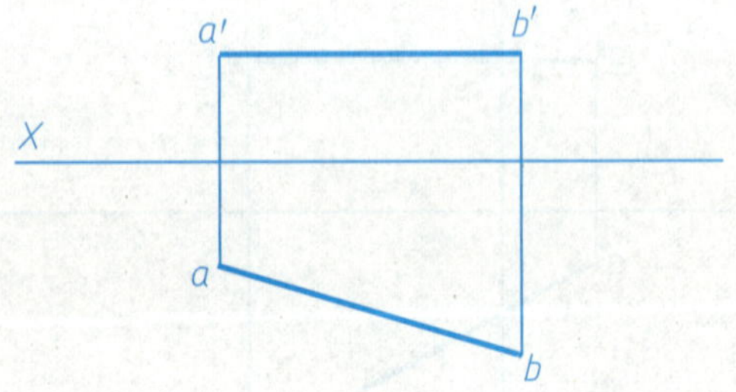

8. 已知相交两管线 *AB*、*BC* 的投影，用换面法求两管线夹角 *θ* 的大小

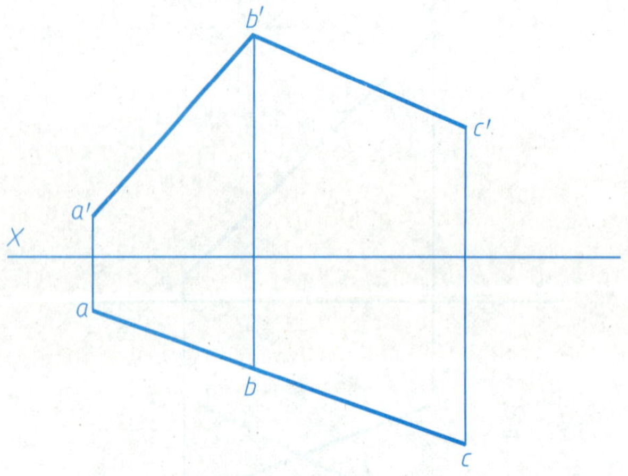

9. 用换面法求△*ABC* 的内切圆圆心 *O*

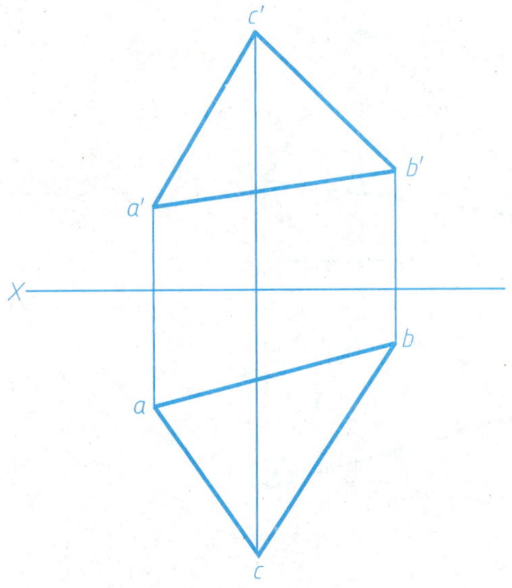

11. 两条高压线 *AB*、*CD* 间最小间距应为 60，试检查图示位置是否安全。如果间距太小，请按最小间距要求重新确定 *CD* 的位置

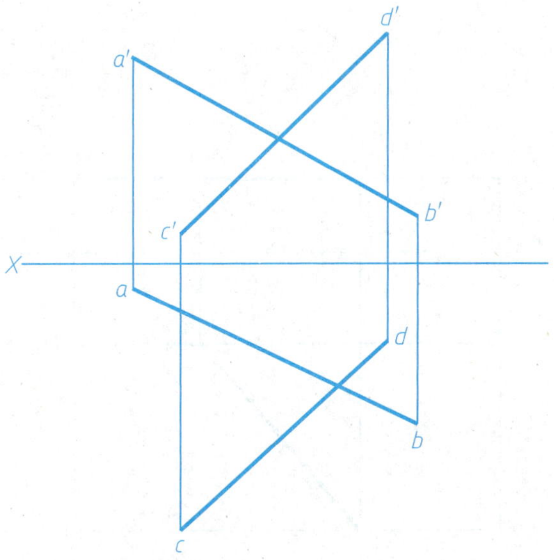

10. 用换面法求∠*ABC* 的角平分线

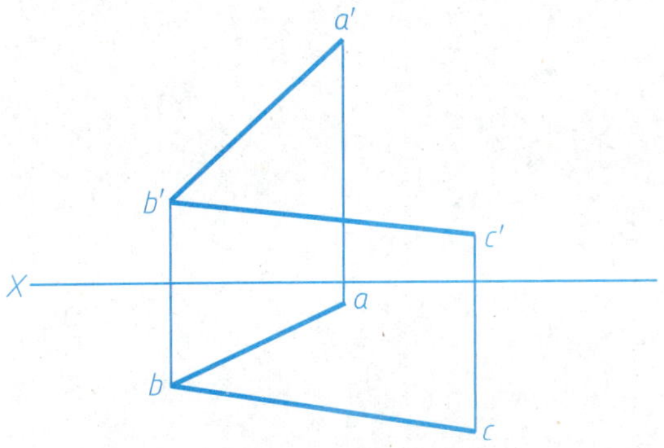

12. 已知入射光 *OA* 的方向及反射光 *OB* 的方向，试用换面法确定反射镜面的位置及其投影（镜面用以 *O* 为中心的正方形表示，边长为 25mm，其一组对边是水平线）

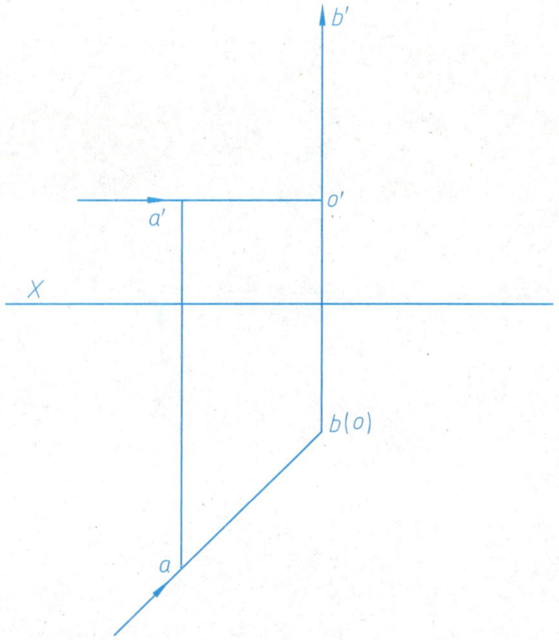

13. 有一矩形平板 *ABCD*（用双点画线表示），使其 *ABMN* 部分沿 *MN* 向上弯折 120°，试用换面法画出弯折后的两面投影

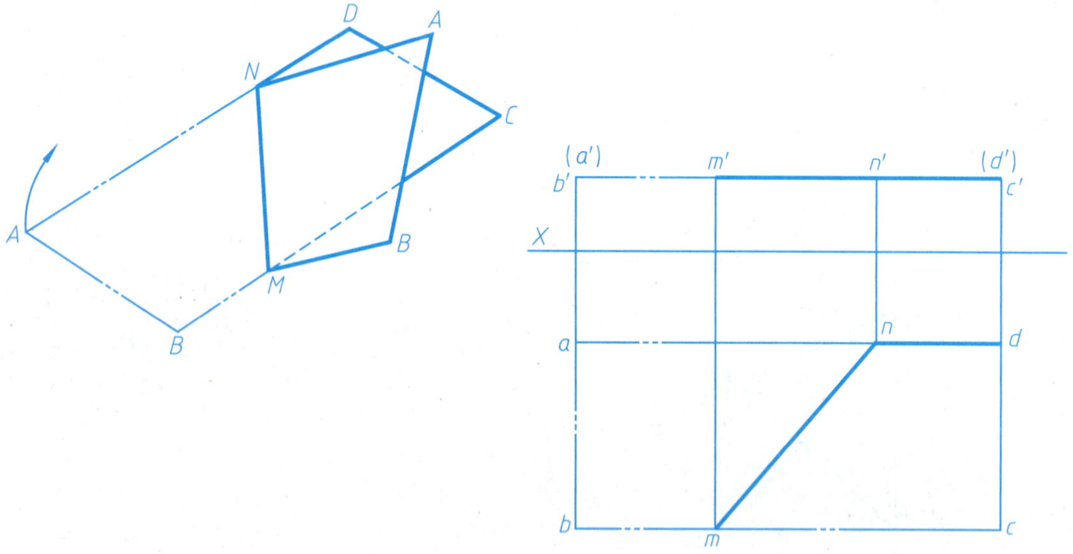

14. 用换面法求直线 *AB* 与△*DEF* 的夹角 θ

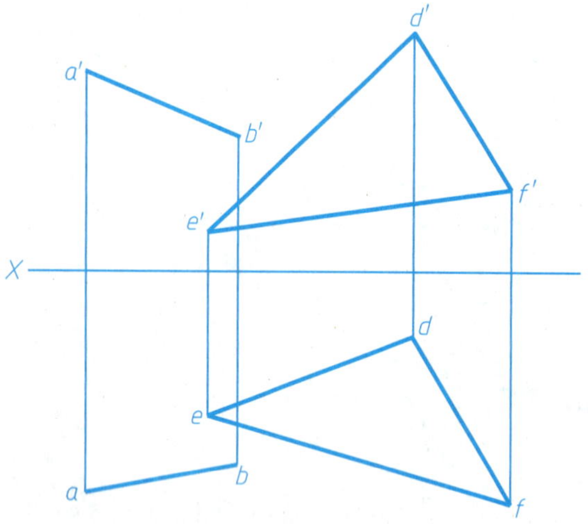

 班级__________　学号__________　姓名__________

5-2 旋转法

1. 用旋转法求直线 AB 的实长及对投影面的倾角

（1）求 AB 实长及 α 角

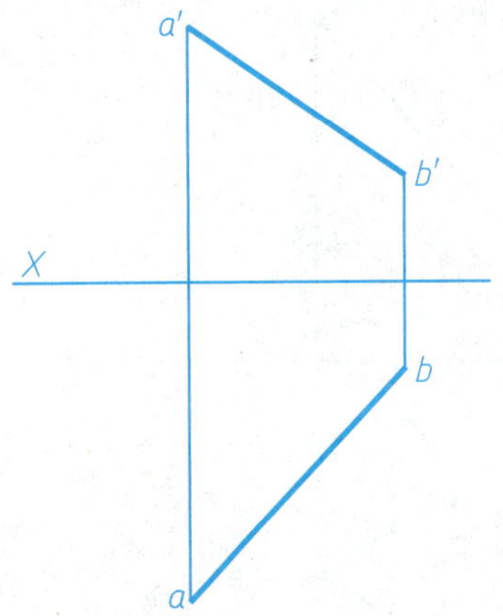

（2）求 AB 实长及 β 角

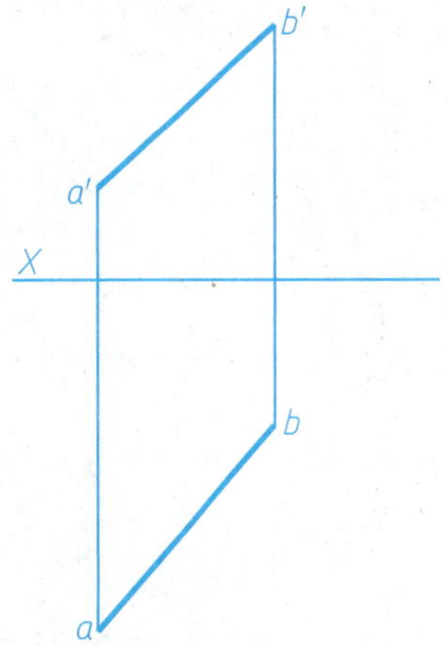

3. 点 K 绕过点 C 且垂直于 H 面的轴旋转，使其旋转到 $\triangle ABC$ 平面上，并求出旋转角 θ

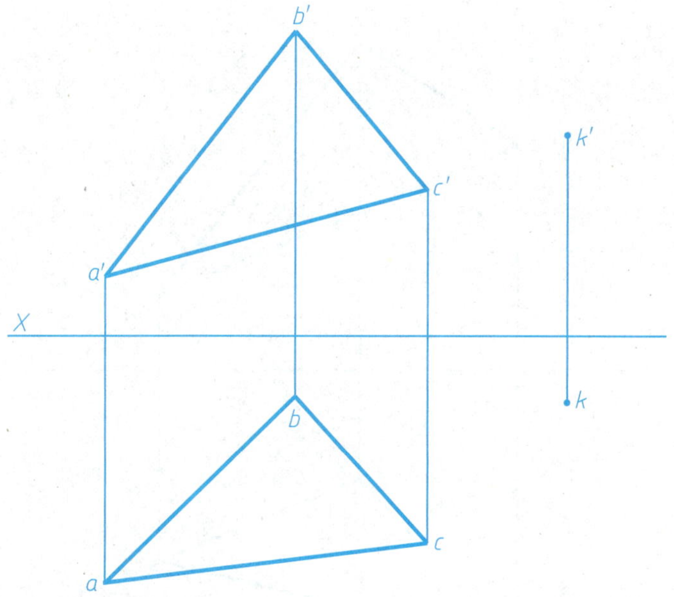

2. 在平面 $ABCD$ 内作一直线 AE，使 AE 与 H 面倾角为 45°（用旋转法）

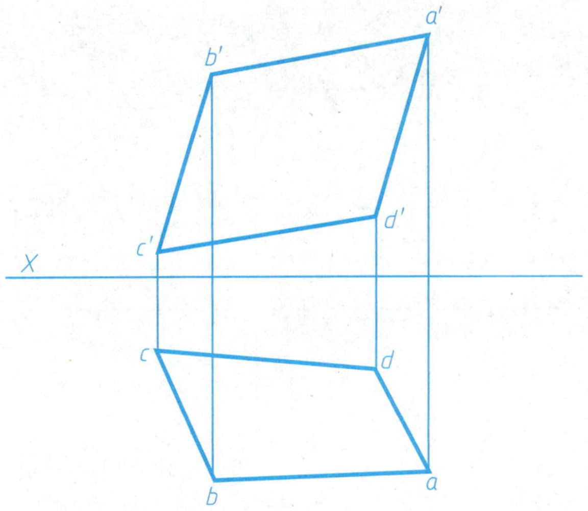

4. 用旋转法求 $\triangle ABC$ 的重心

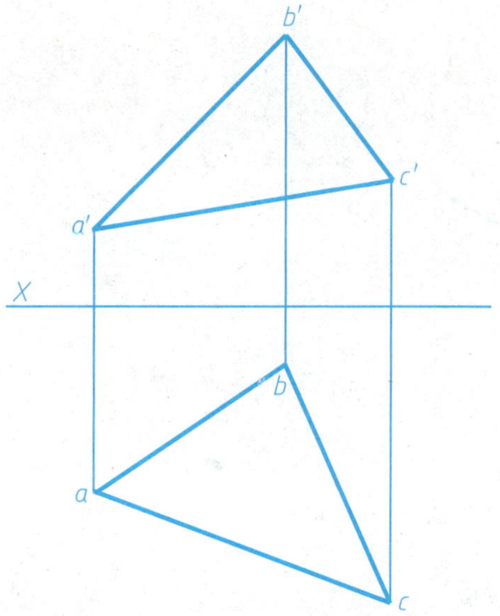

5. 用绕水平轴旋转法求 $\triangle ABC$ 的实形

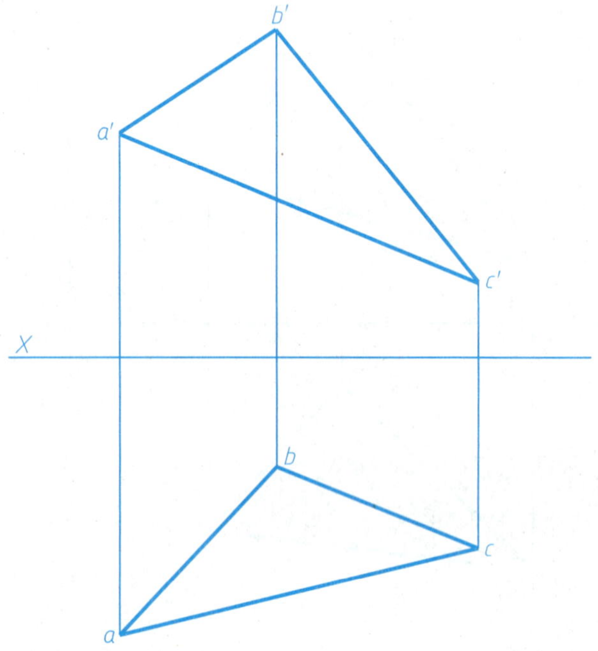

7. 用旋转法求平面 $ABCD$ 对 H 面的倾角 α 及对 V 面的倾角 β

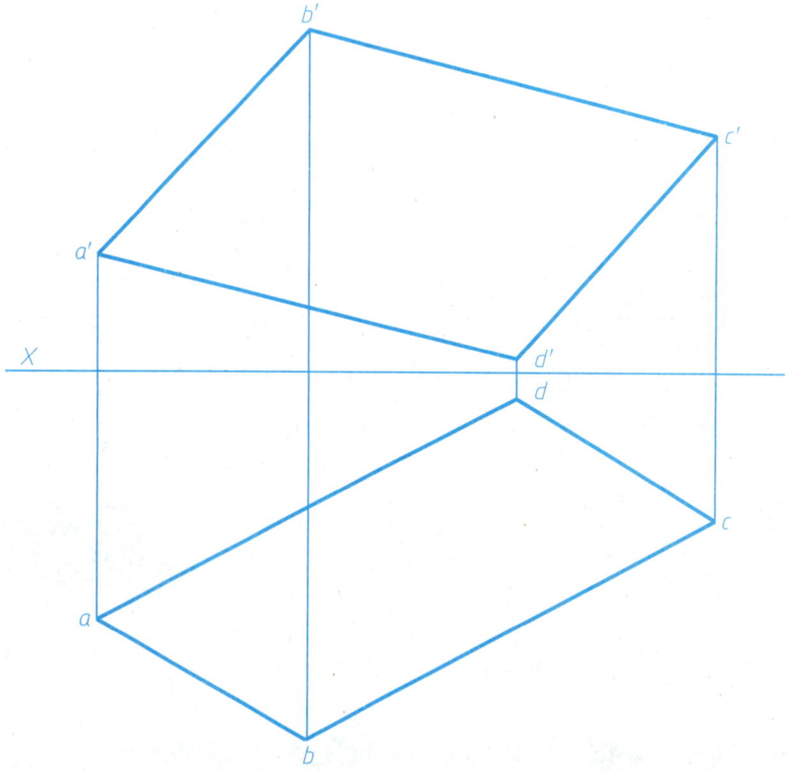

6. 用绕水平轴旋转法求平行两直线 AB、CD 的距离

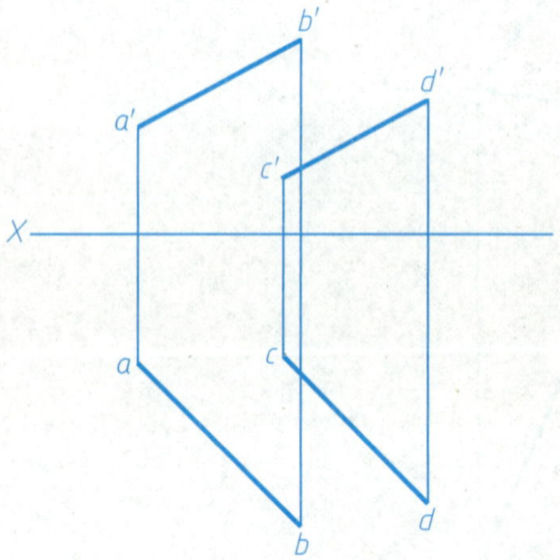

8. 已知 A 点投影，过点 A 作一直线 AB，使 AB 对 H 面倾角 $\alpha = 45°$，对 V 面倾角 $\beta = 30°$，AB 实长为 30mm，用旋转法，可能有几解？

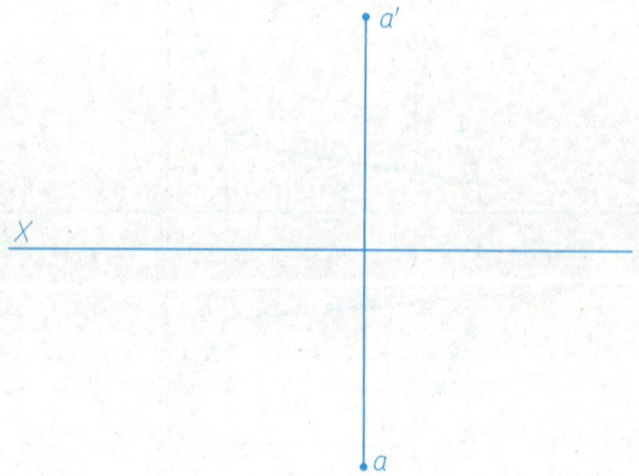

6-1　立体的三视图　看懂下列各组三视图，并填写其所表示的轴测图的号码

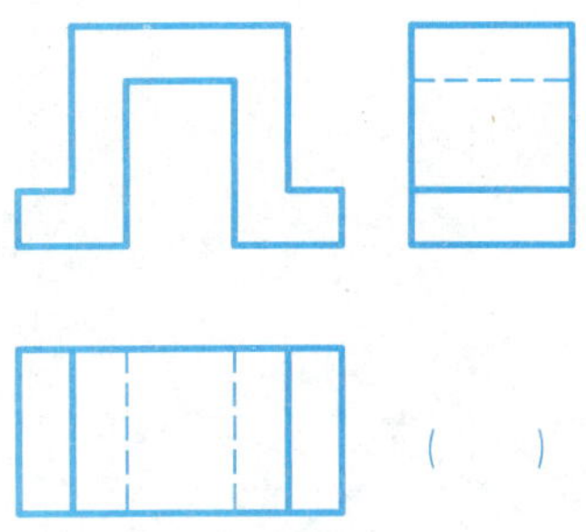
(　　)

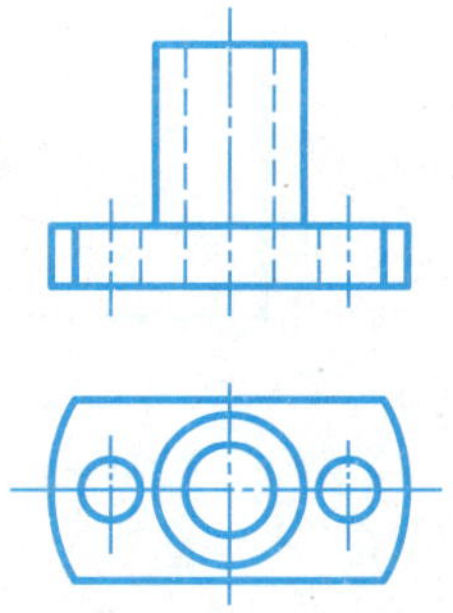
(　　)

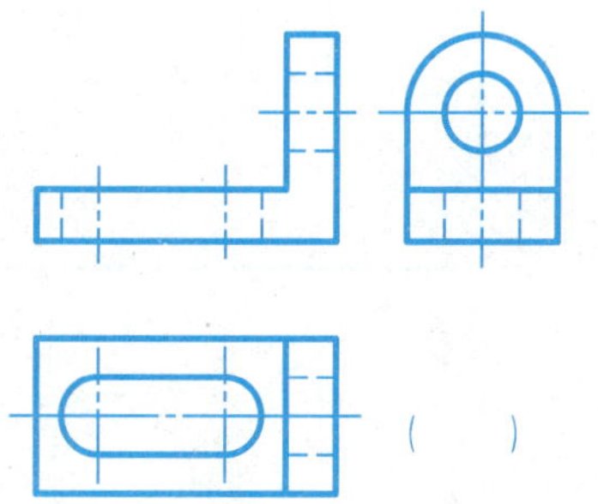
(　　)

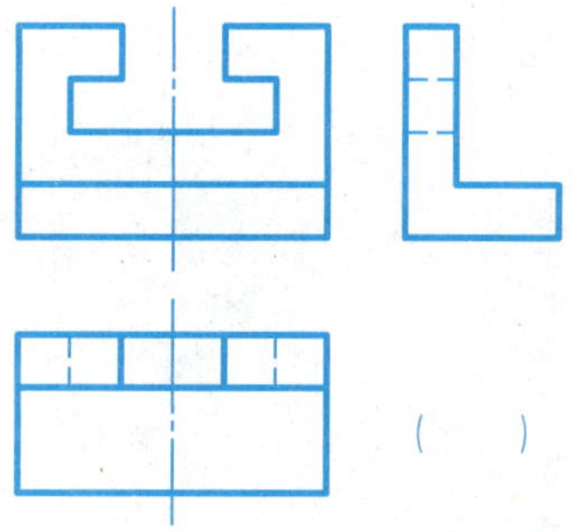
(　　)

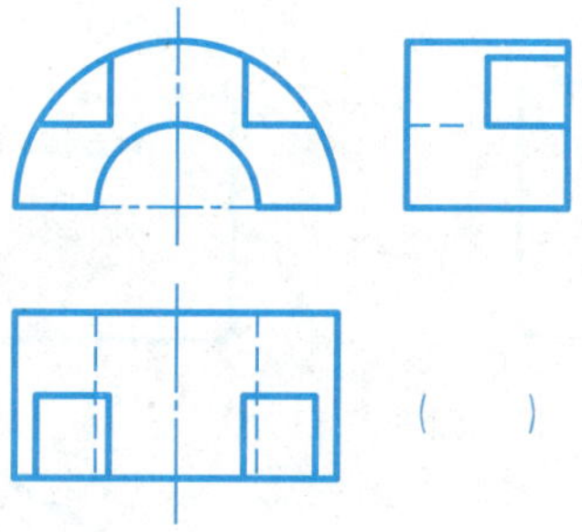
(　　)

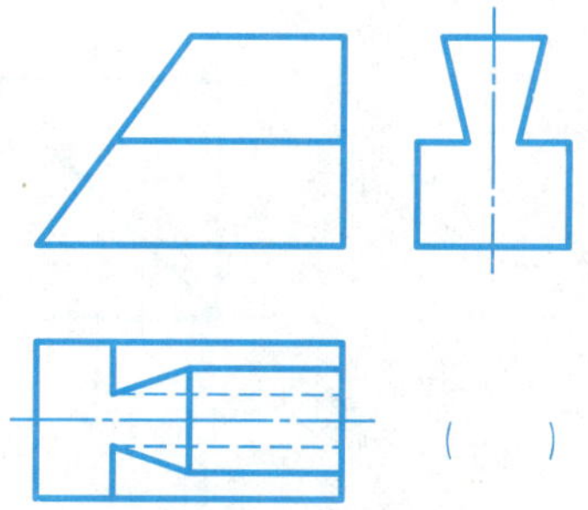
(　　)

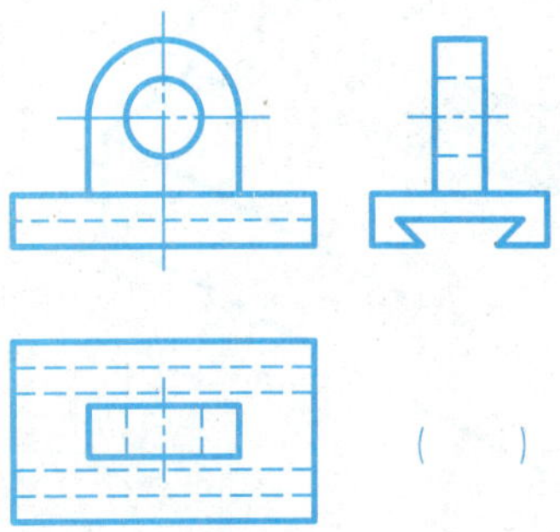
(　　)

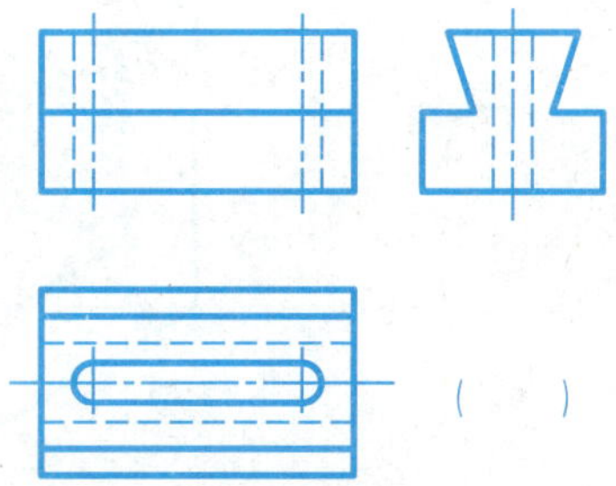
(　　)

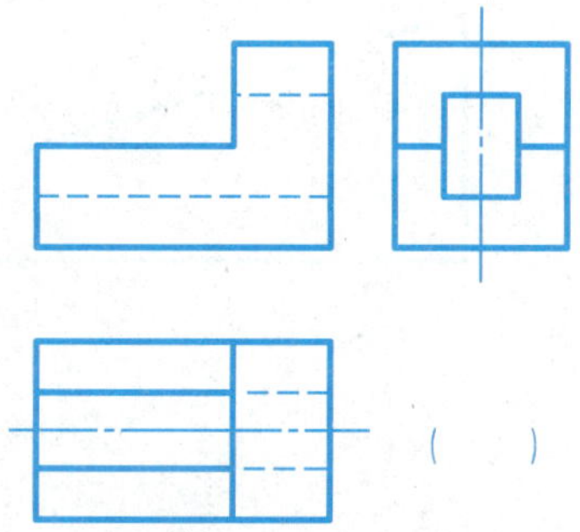
(　　)

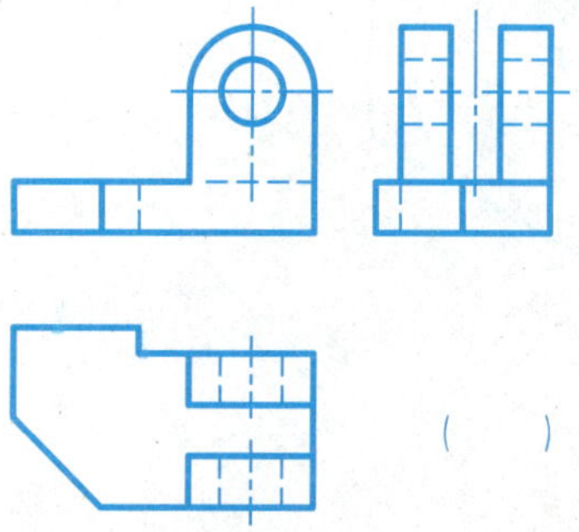
(　　)

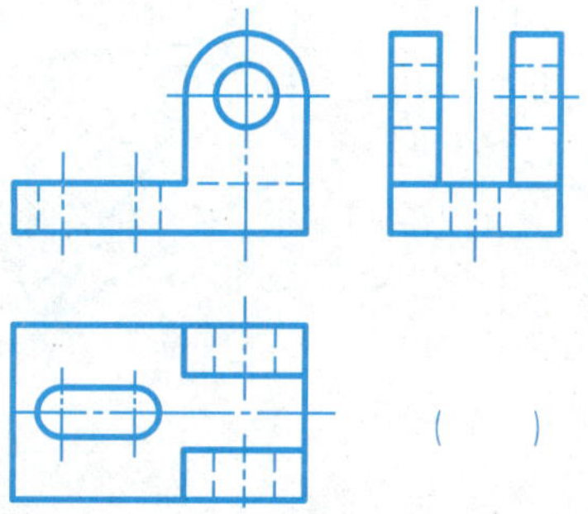
(　　)

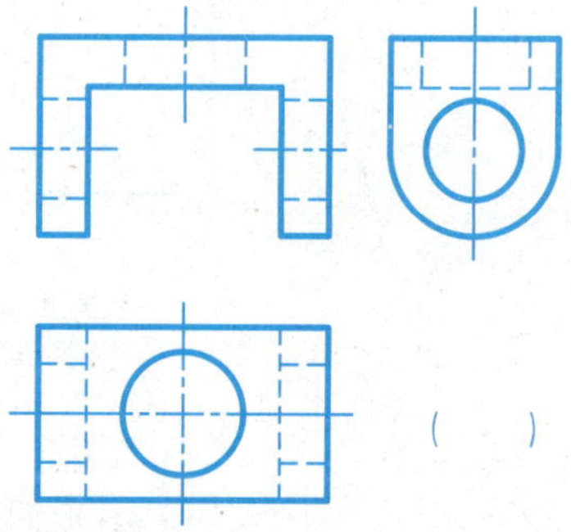
(　　)

1.
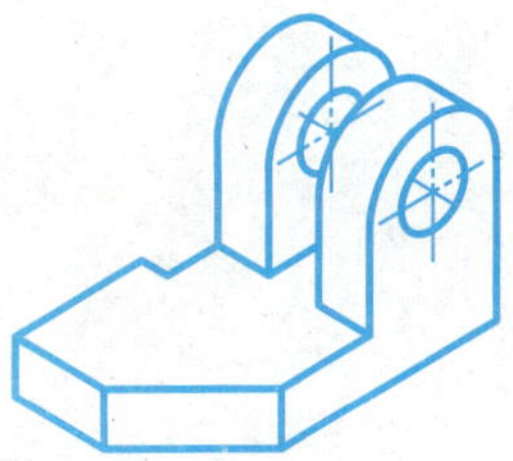

2.
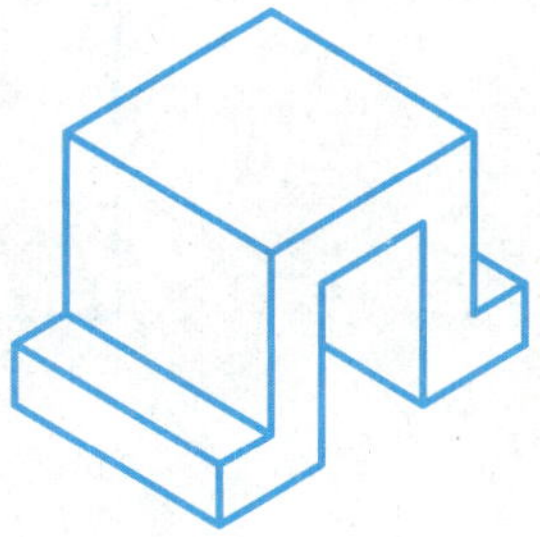

3.
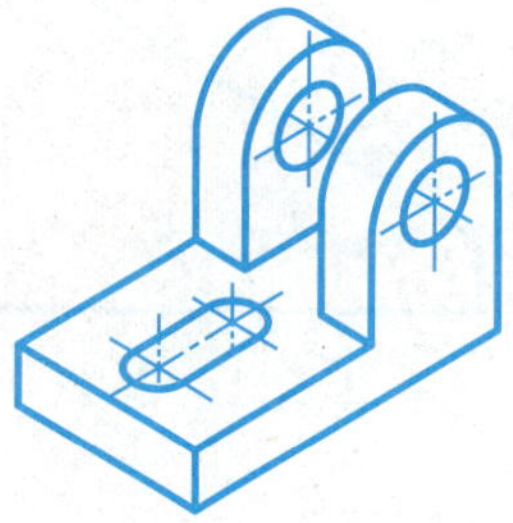

4.
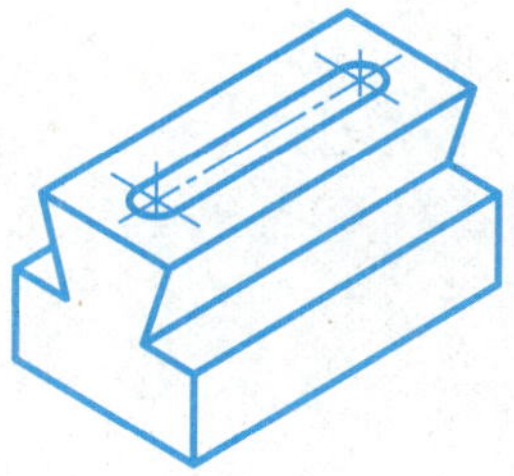

5.
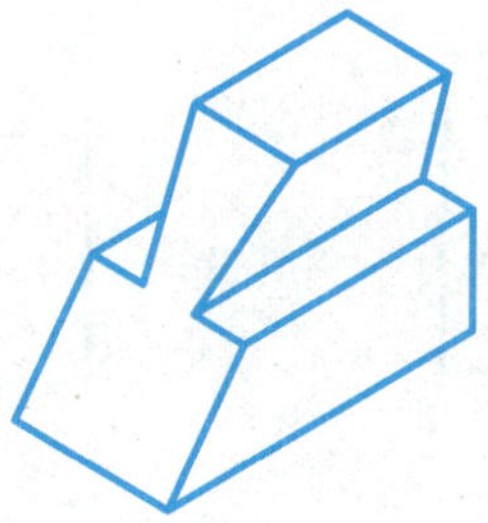

6.
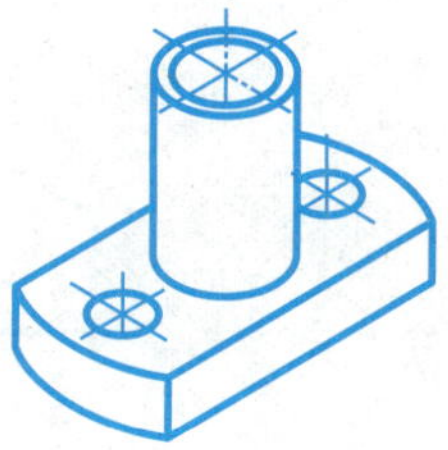

7.
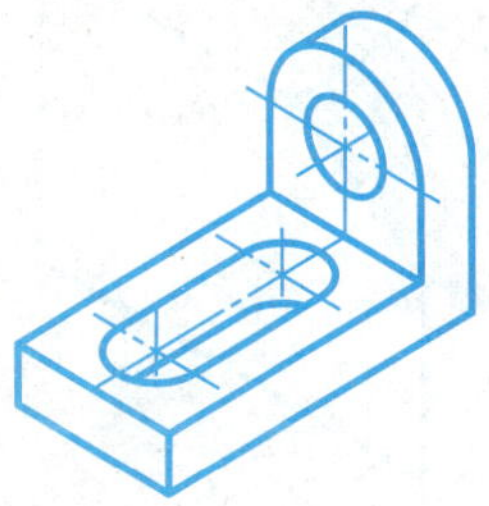

8.
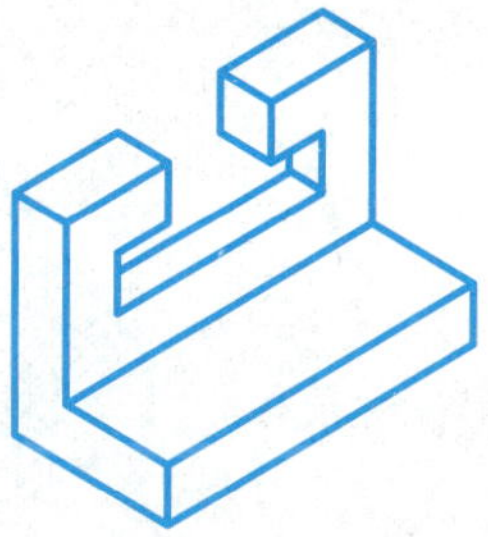

9.
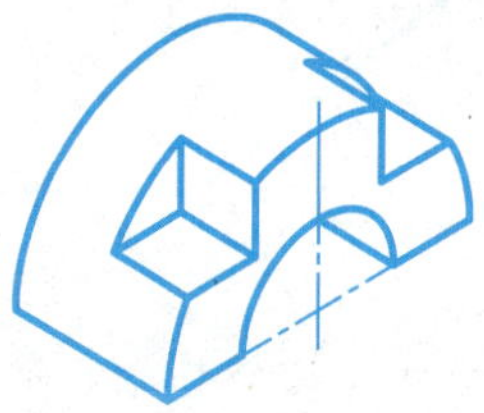

10.
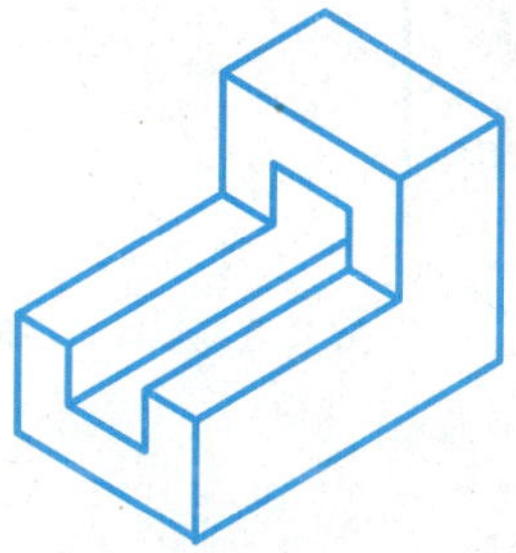

11.
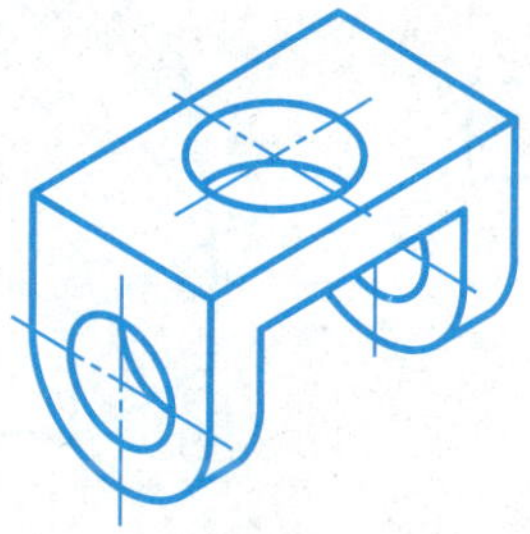

12.

6-2 带切口立体的三视图 一、根据轴测图，画全立体三视图中所缺漏的图线，并标明 *P* 面和 *P* 面上各顶点的三面投影

1. 提示：在轴测图上（物体上）彼此平行的线段，在三组同面投影上也分别平行

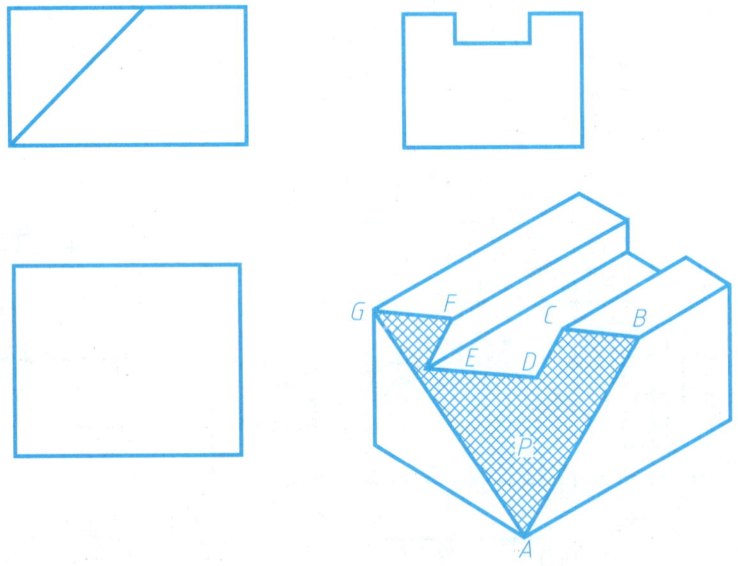

3.

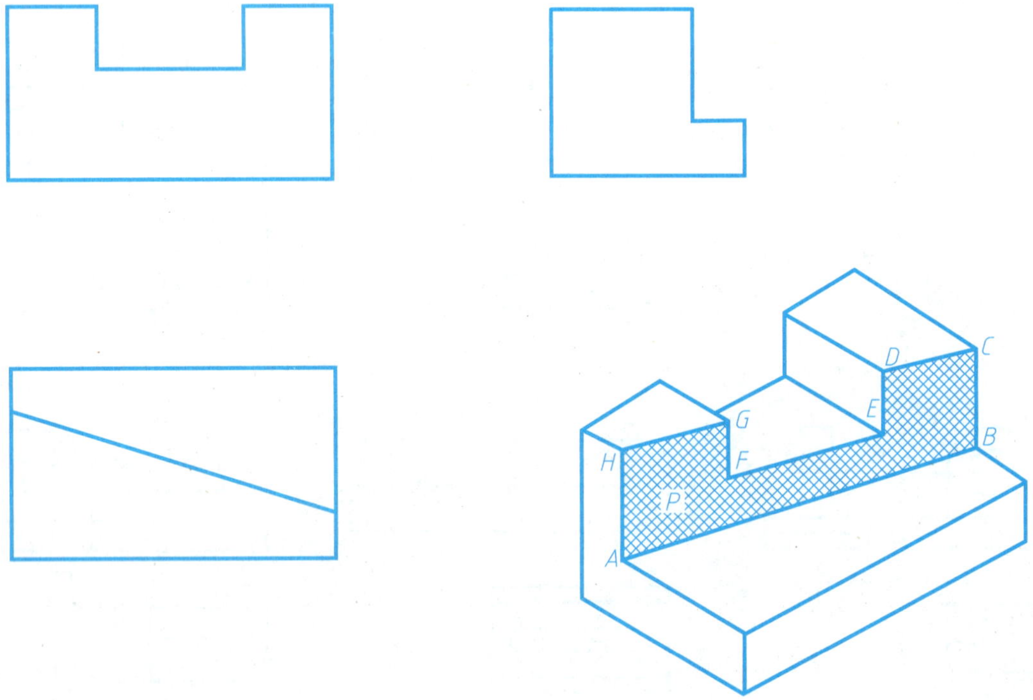

2.

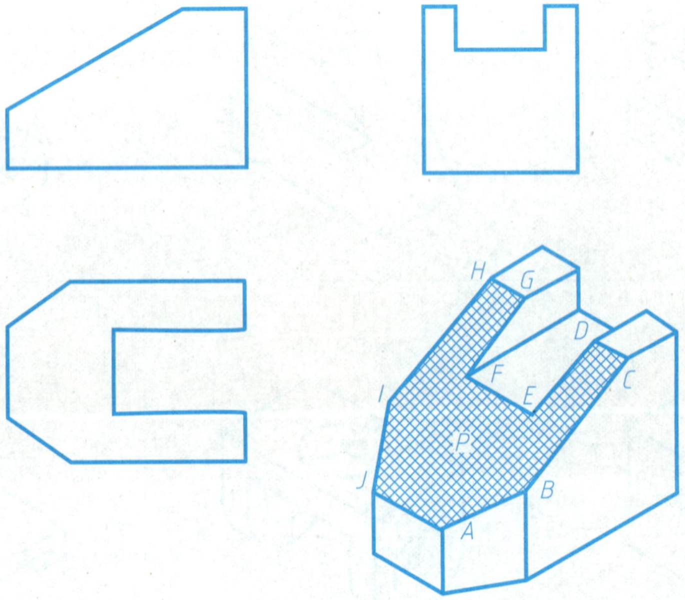

4.

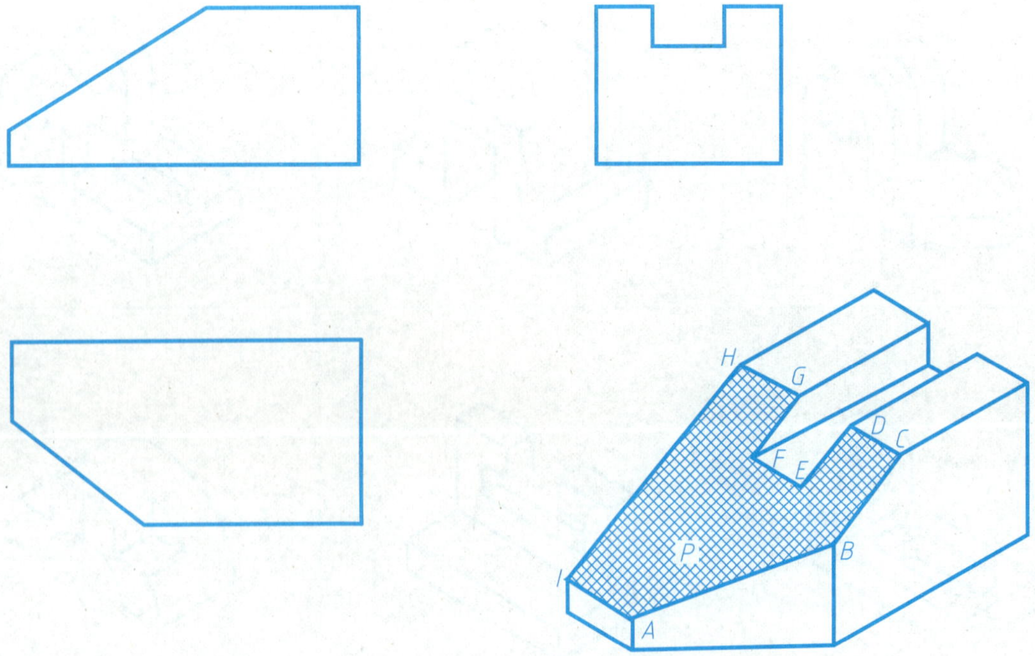

二、根据立体的二视图，补画第三视图，标明平面 *P*、*Q* 和直线 *AB*、*BC* 的第三投影，并填写它们的名称

1.

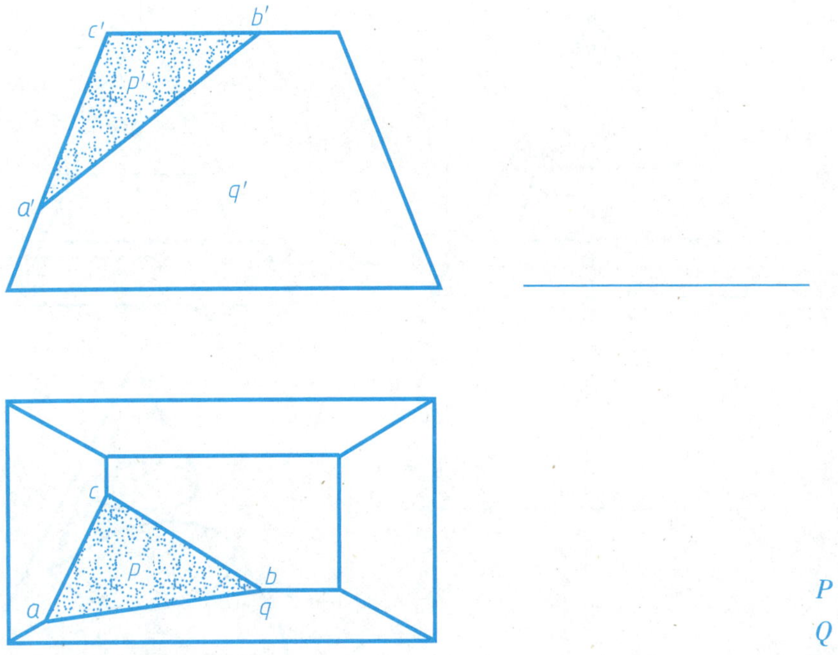

P 面是________面

Q 面是________面

AB 线是________线

BC 线是________线

3.

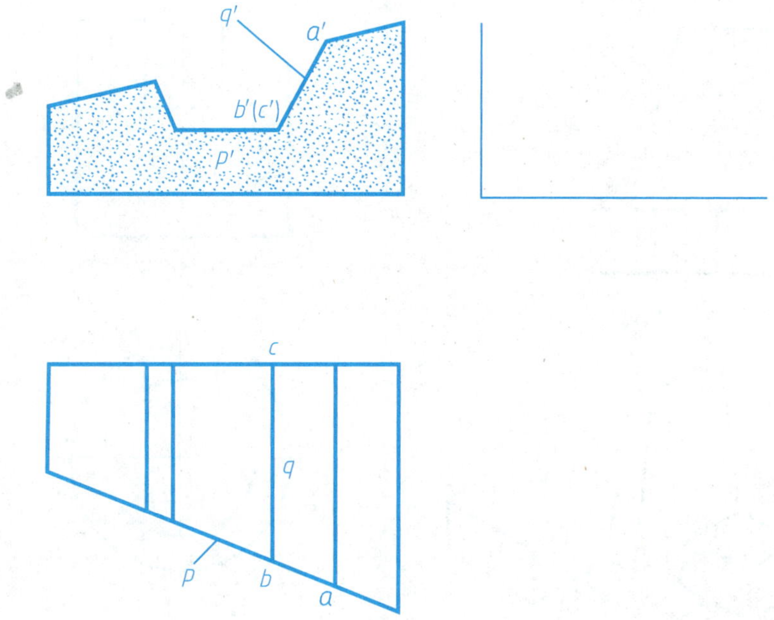

P 面是________面

Q 面是________面

AB 线是________线

BC 线是________线

2.

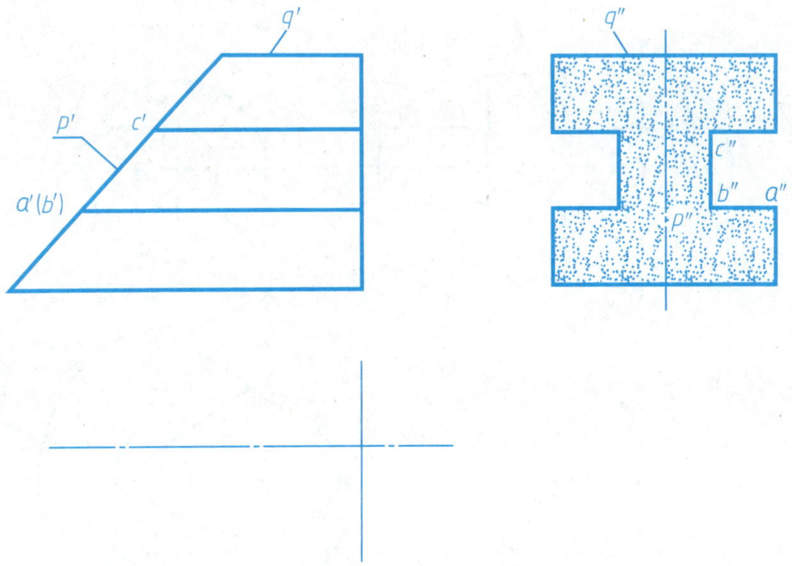

P 面是________面

Q 面是________面

AB 线是________线

BC 线是________线

4.

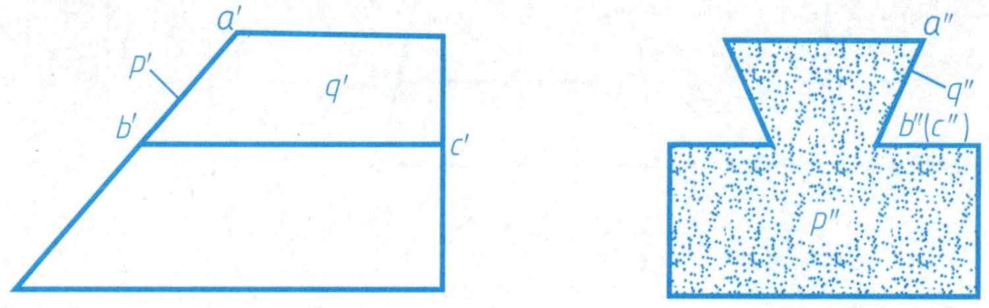

P 面是________面

Q 面是________面

AB 线是________线

BC 线是________线

续 6-2 带切口立体的三视图 三、根据带切口立体的轴测图和二视图，补画第三视图

1.

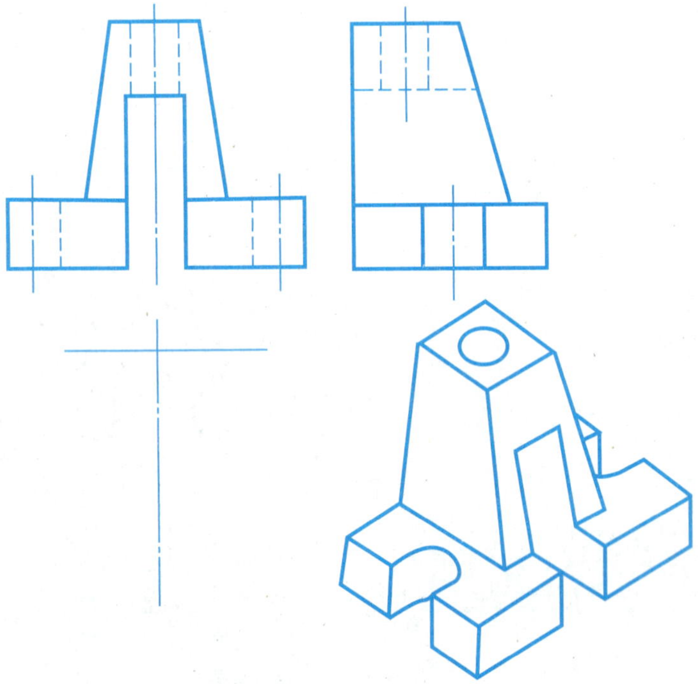

3.

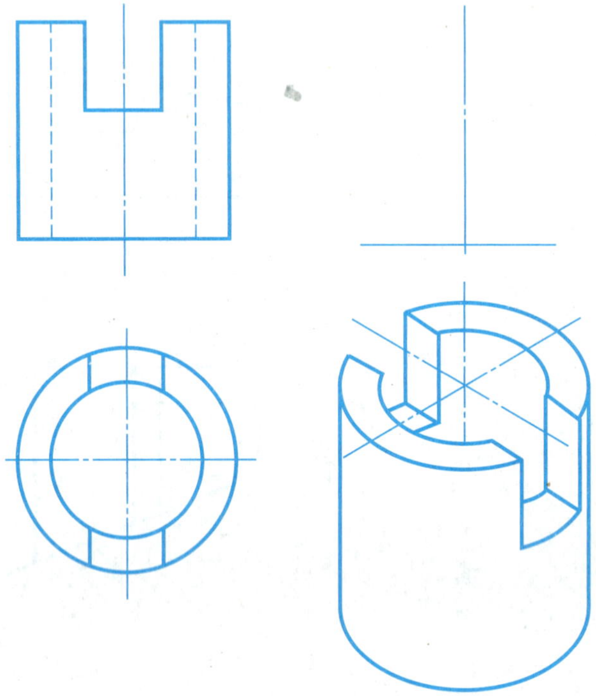

5.

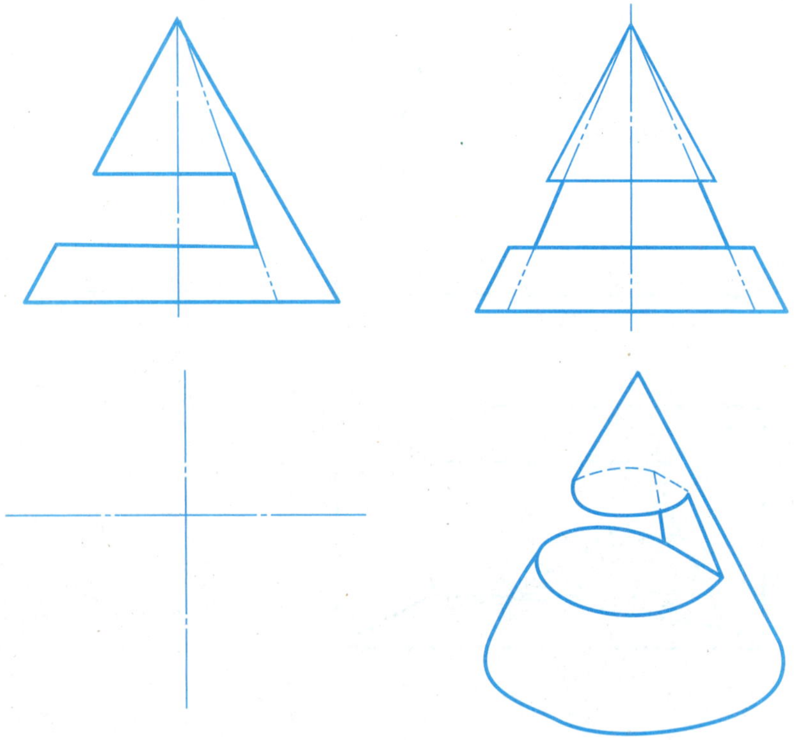

2.

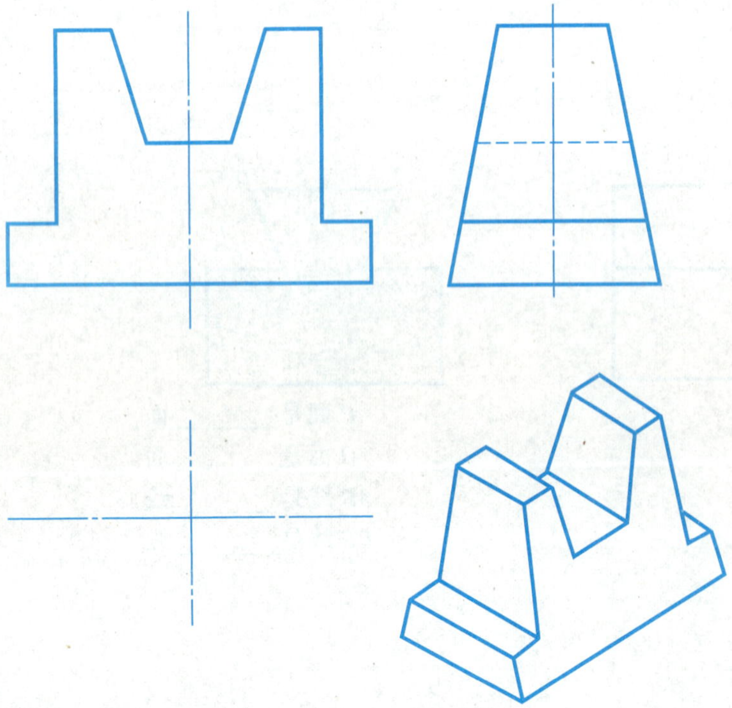

4.

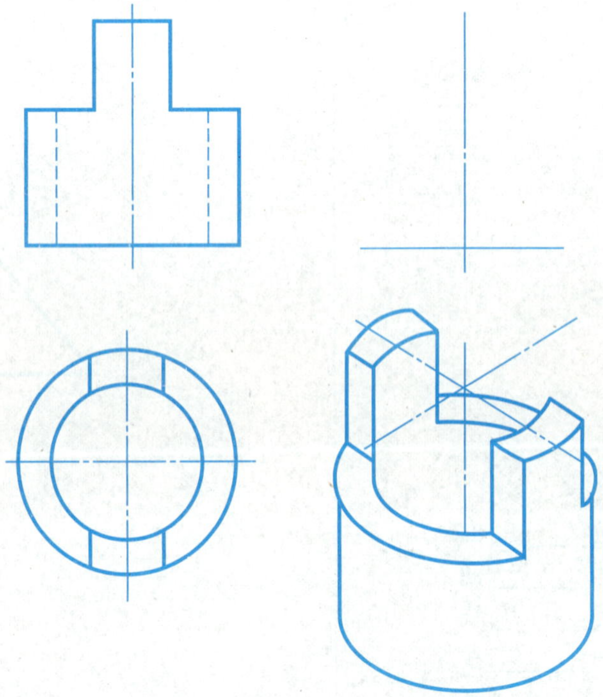

6.

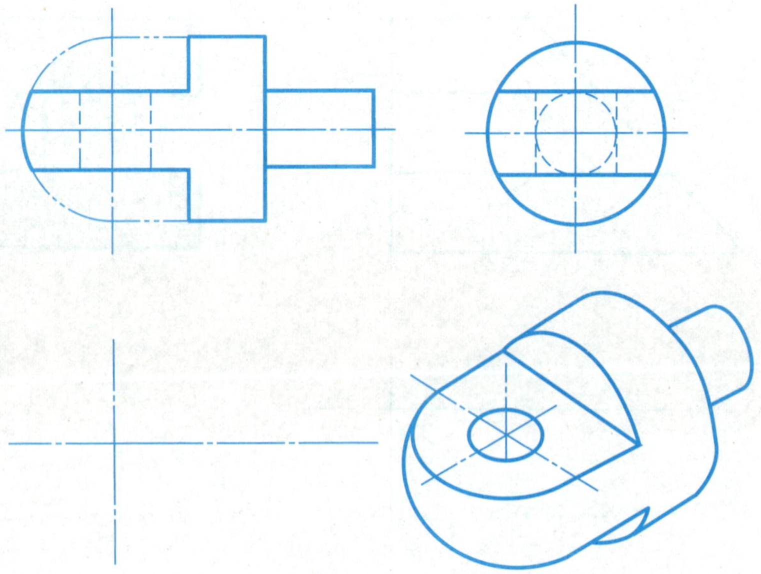

6-3 立体表面上点的投影 根据立体表面上的曲线 *ABC* 的一个投影（成一直线），补画出其他两个投影（标明 *A*、*B*、*C* 三点的投影，并按可见性连成曲线）

1.

3.

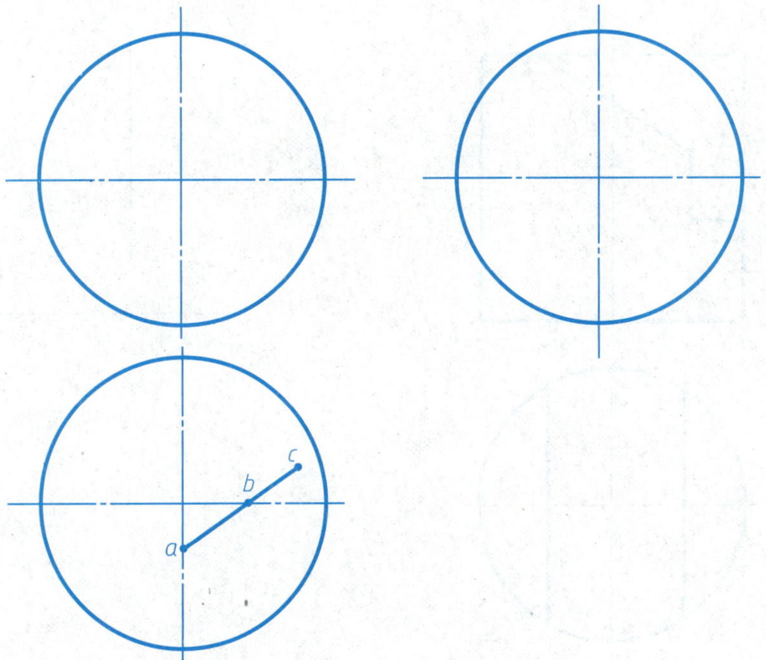

2. （用素线法作图）

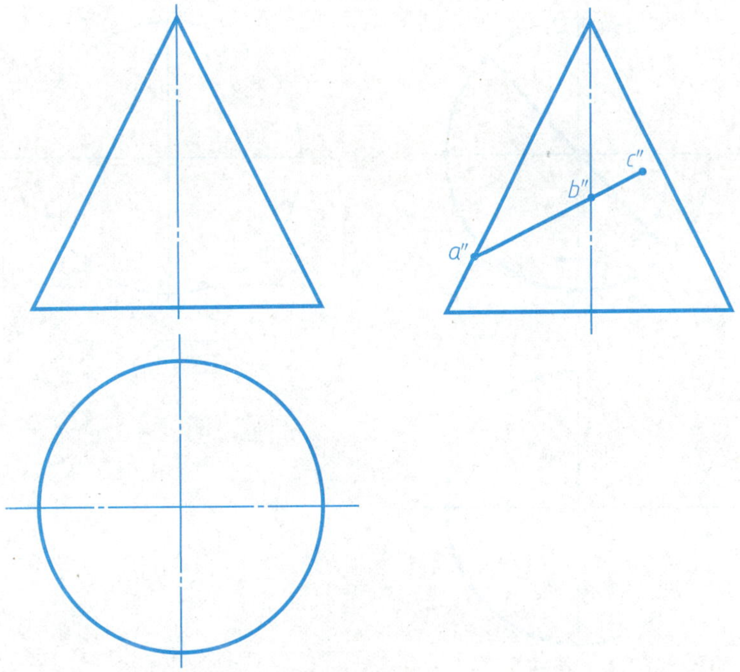

4. （用纬线法作图）

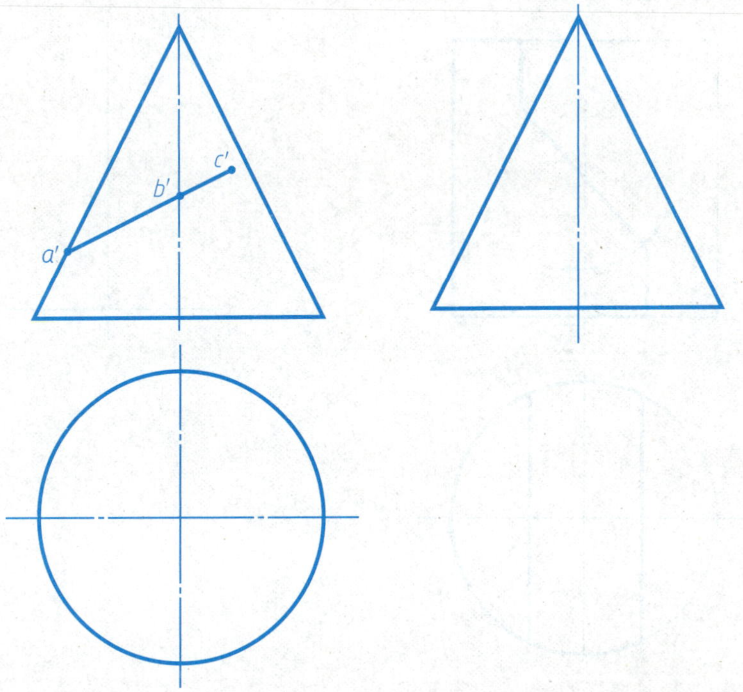

6-4　立体表面交线　一、画出基本体截交线的投影和三视图

1.

3.

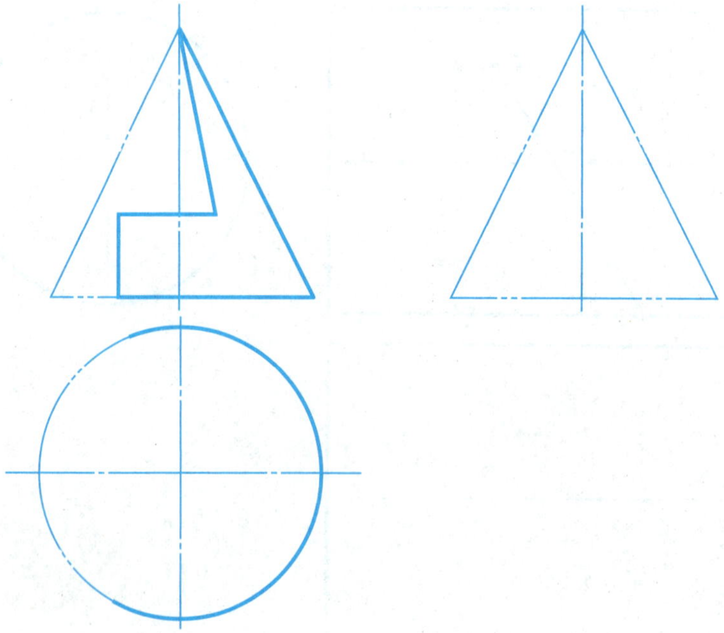

2.

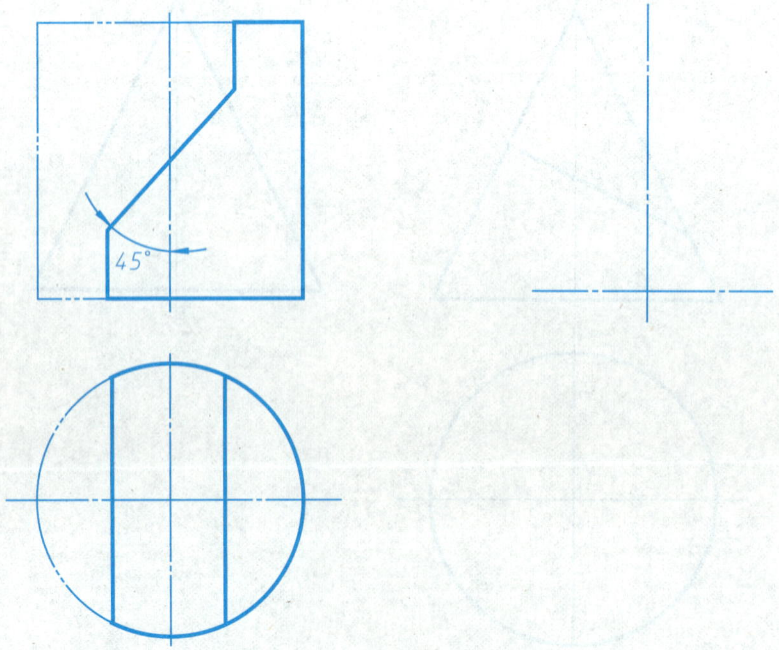

4.

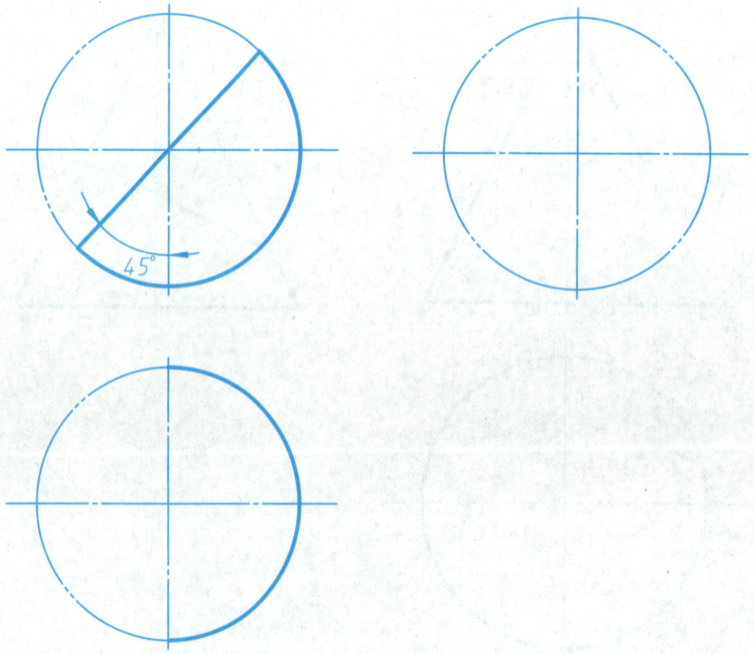

 二、画出组合体截交线的投影，并画全第三视图（包括虚线）

1.

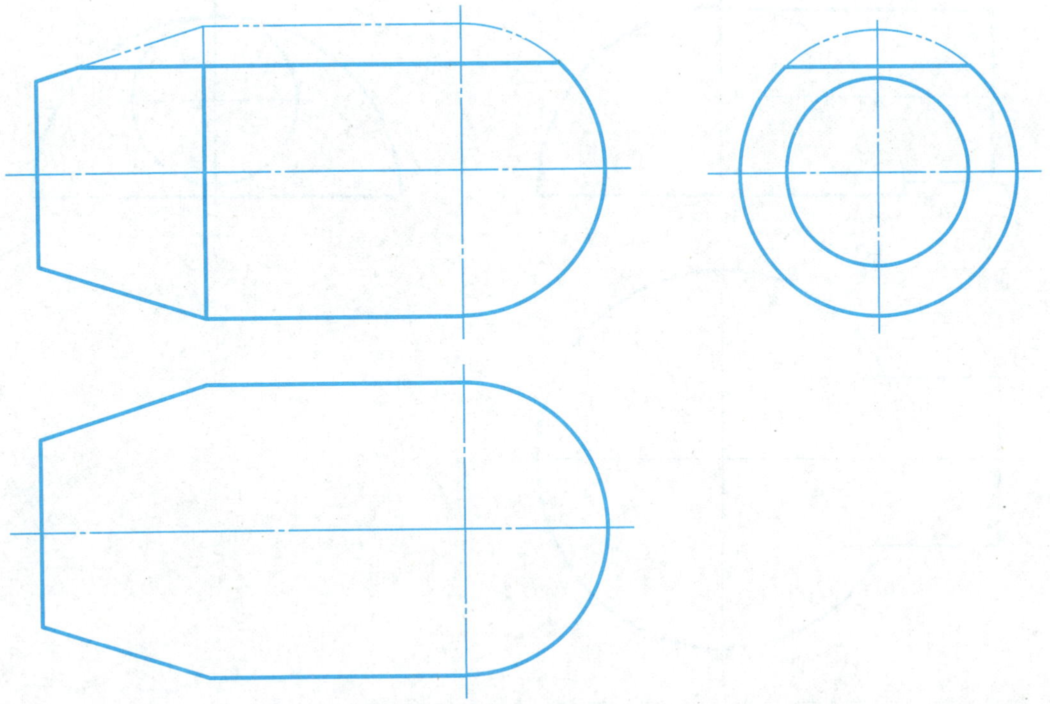

2.

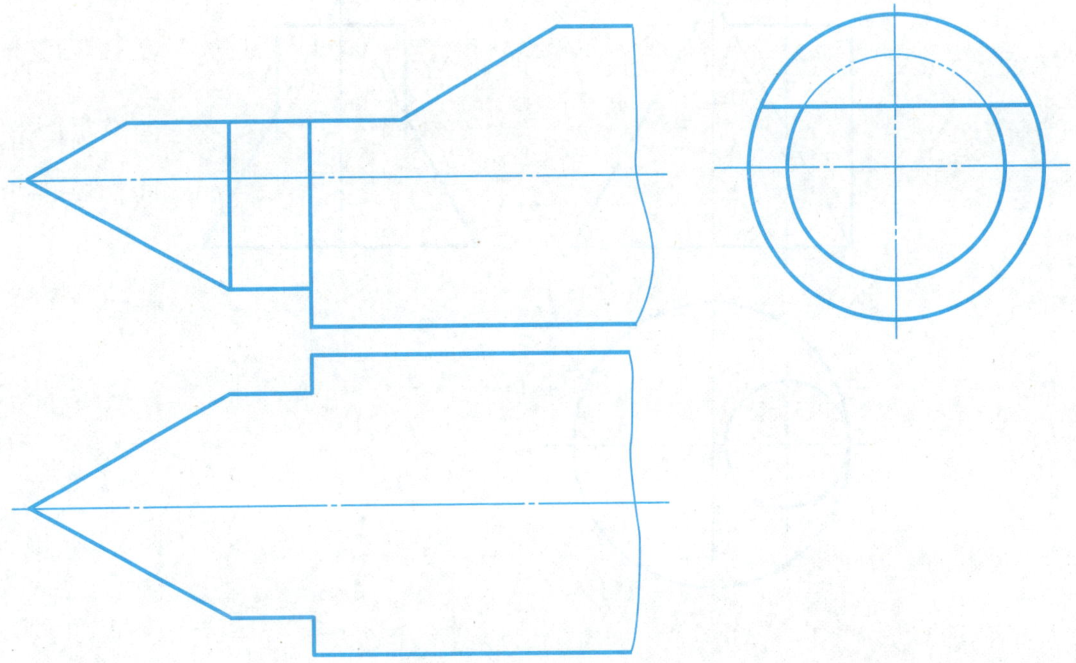

3.

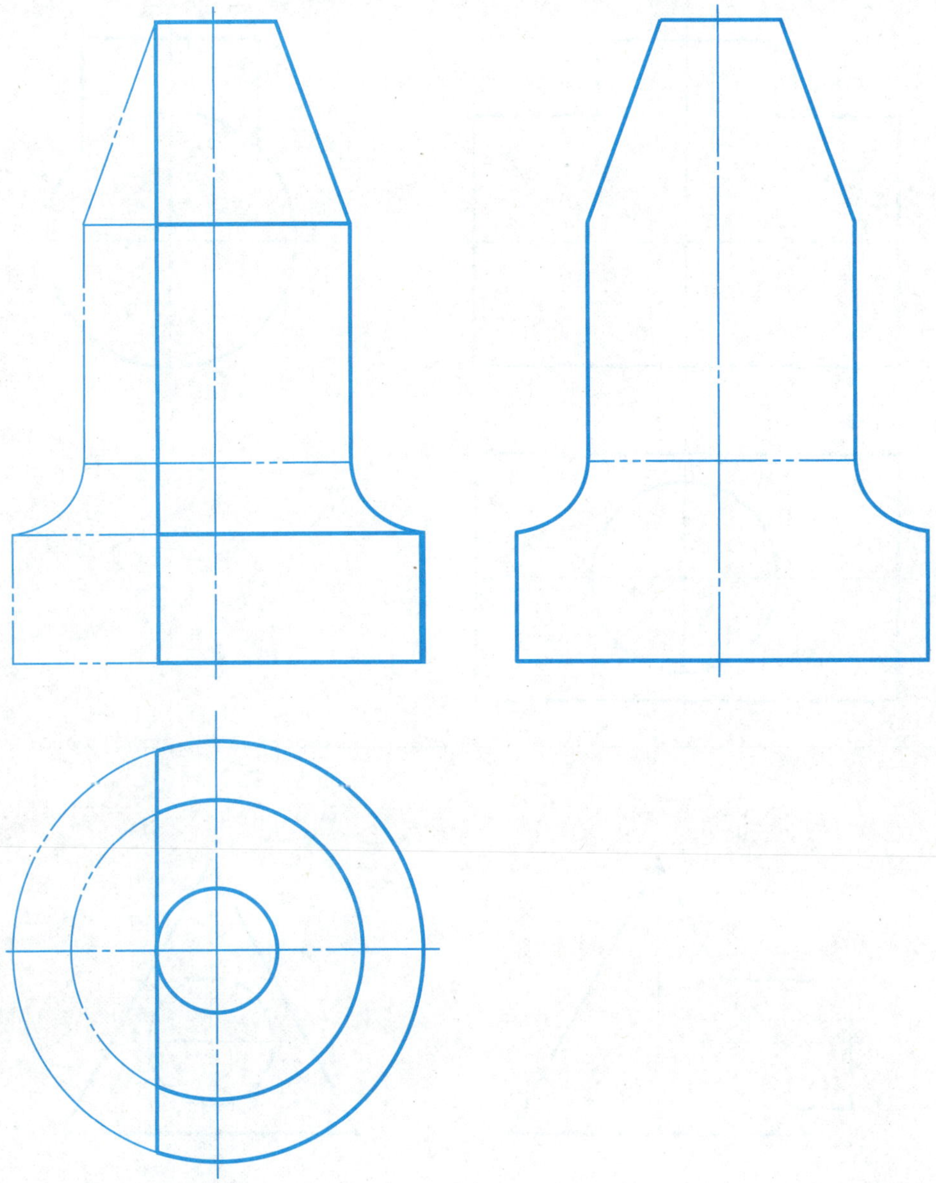

续 6-4 立体表面交线 三、请用表面取点法（利用积聚性）和辅助平面法，画出各相贯线的投影（包括虚线并保留作图线）

1.

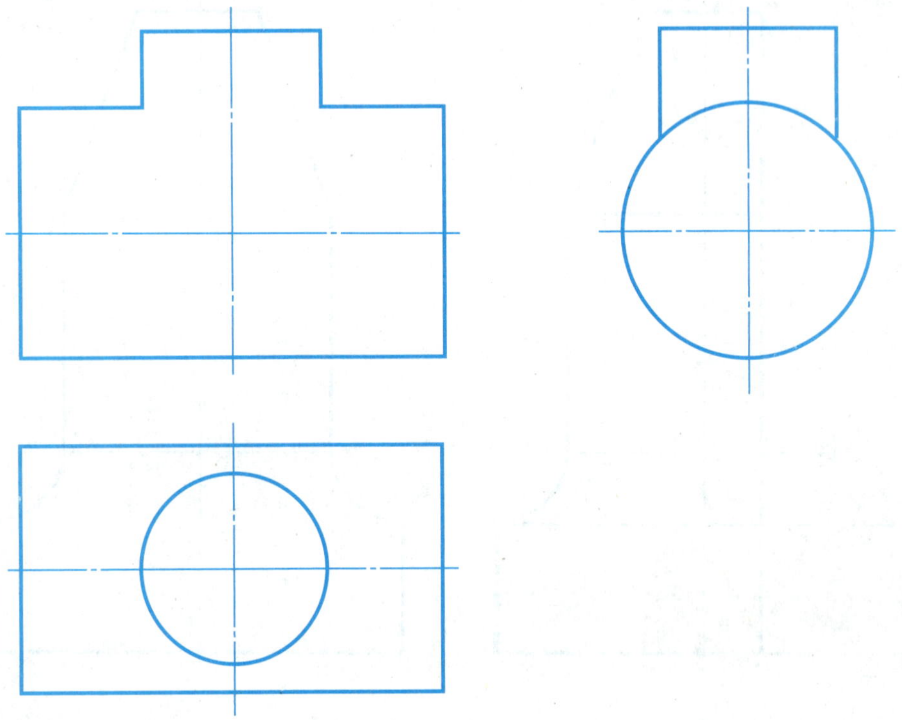

2.

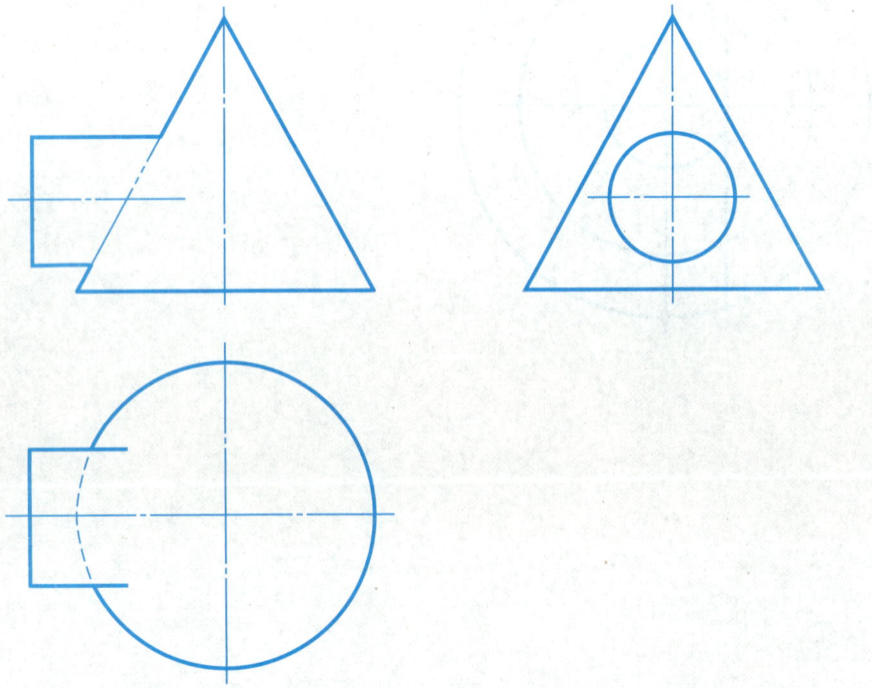

3.

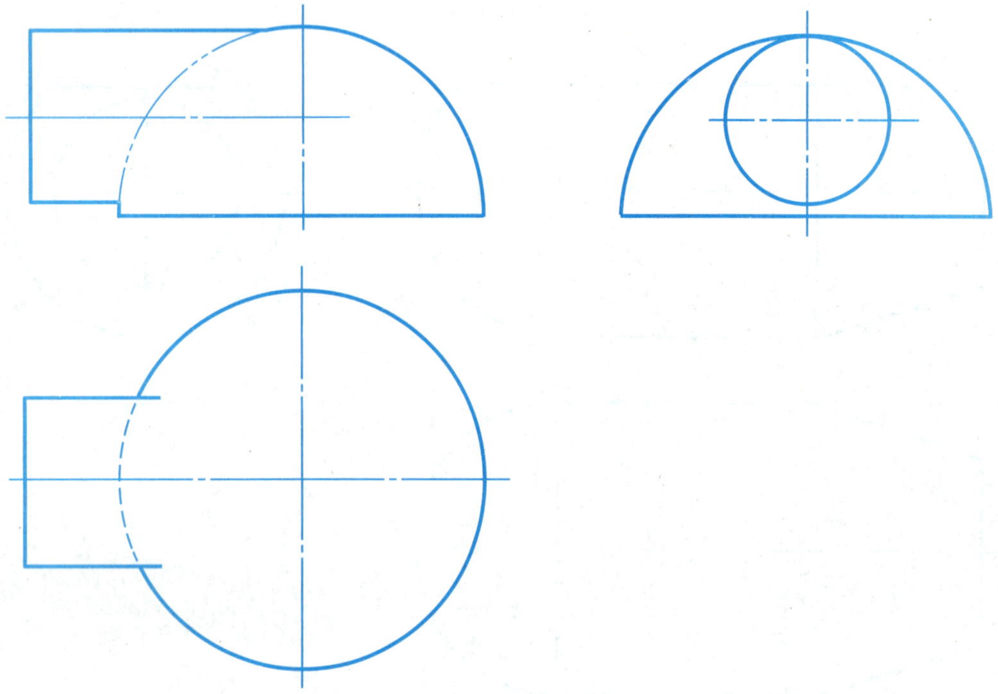

4.

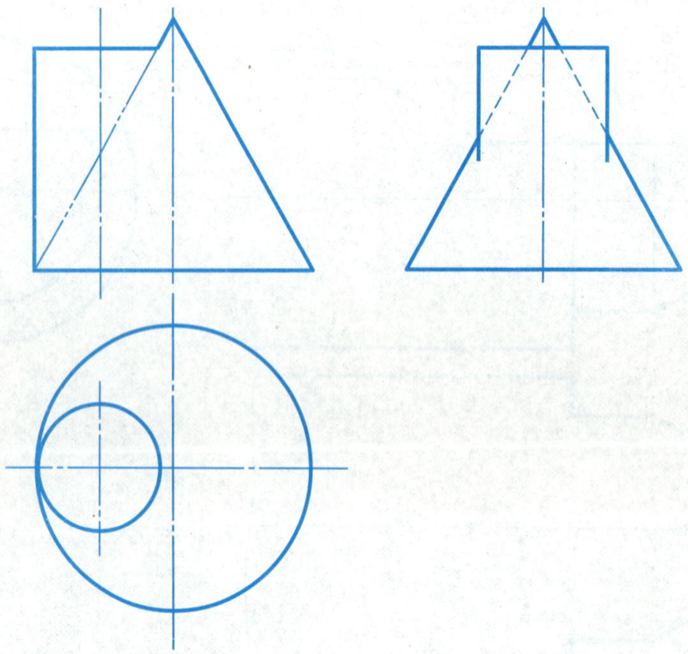

 四、正确画出相贯线，并画全立体的三视图（相贯线可用简化画法，并注意等径相贯时相贯线的画法）

1.

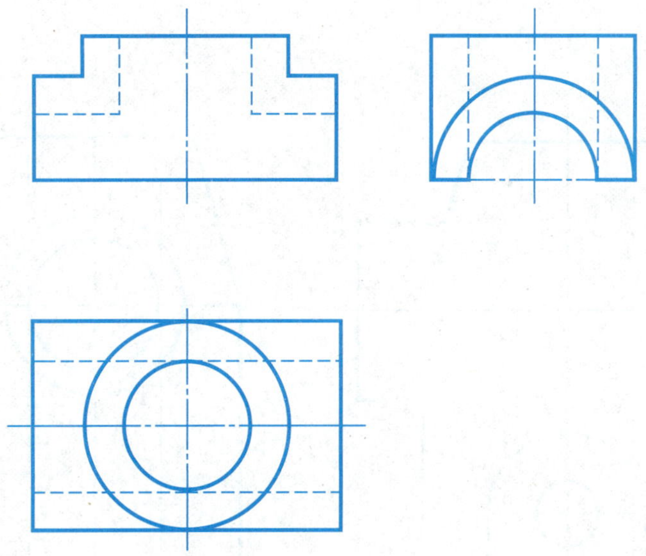

3.

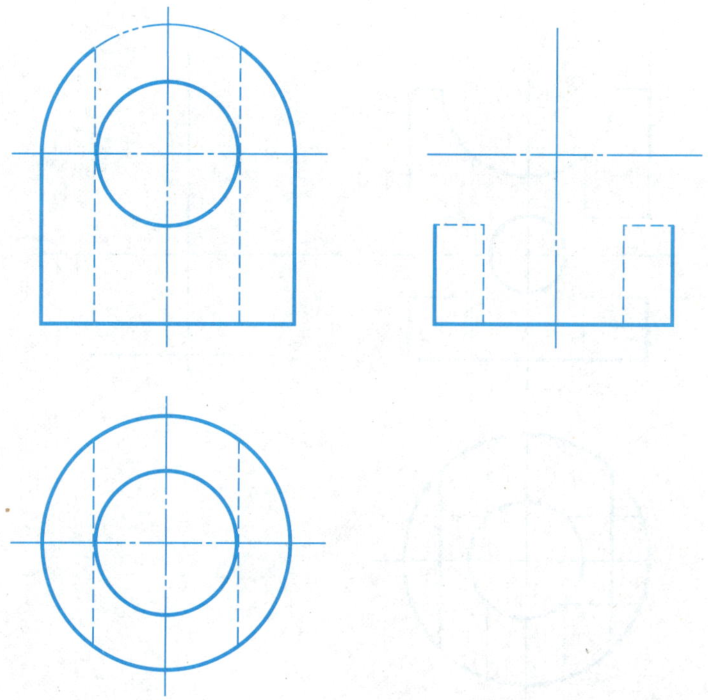

2.

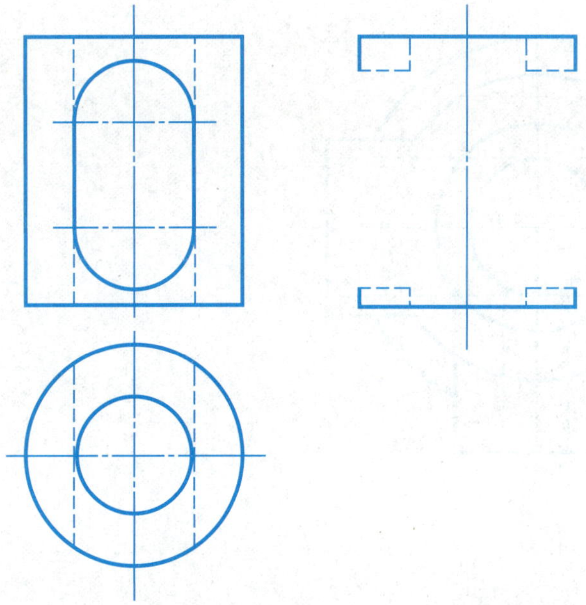

4.

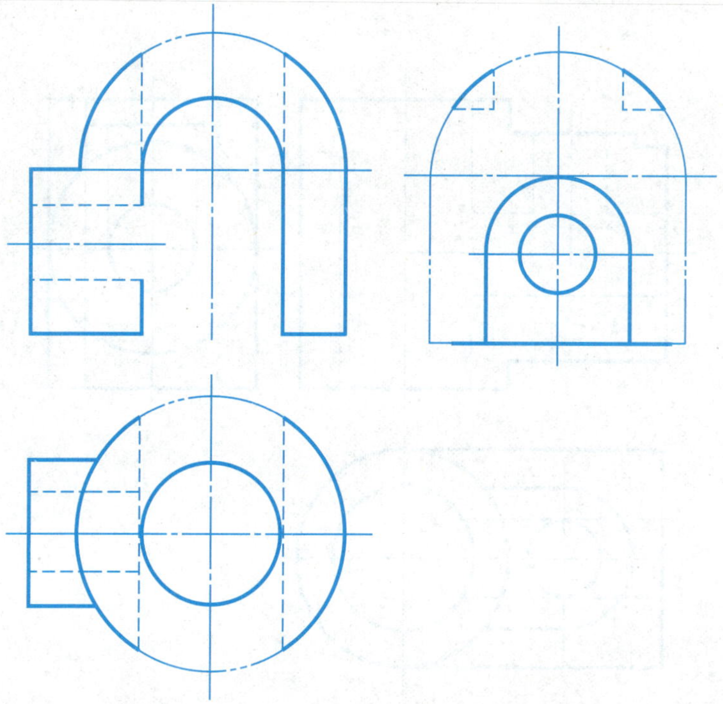

1.

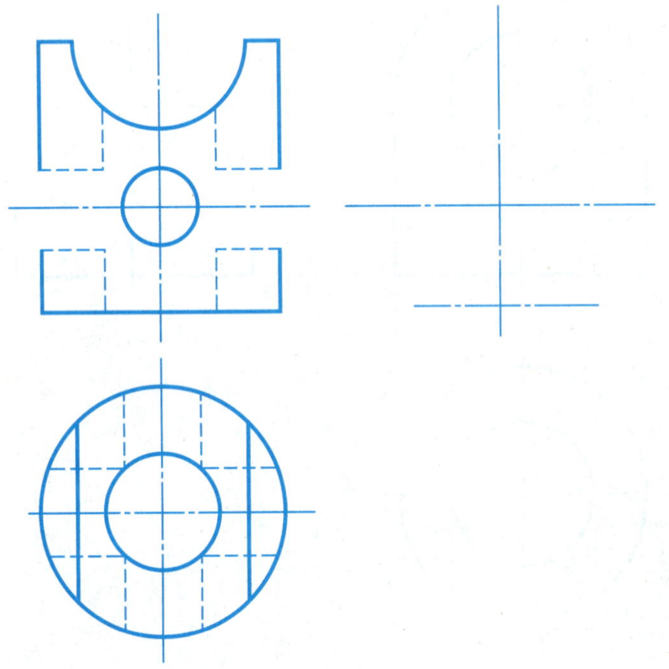

2.

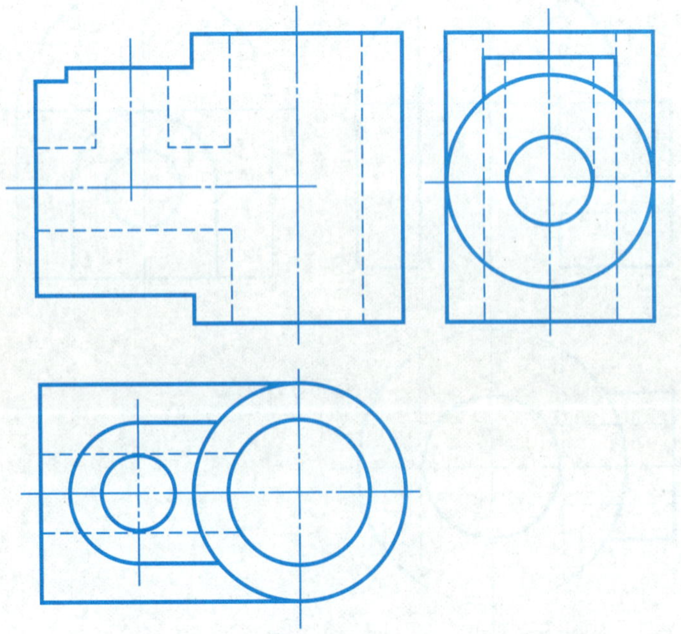

3.

6-5 画组合体的三视图和标注尺寸 一、根据组合体的轴测图和尺寸，用比例 1:1 在指定位置处画出其三视图，不注尺寸（图中所有孔都是通孔）

1.

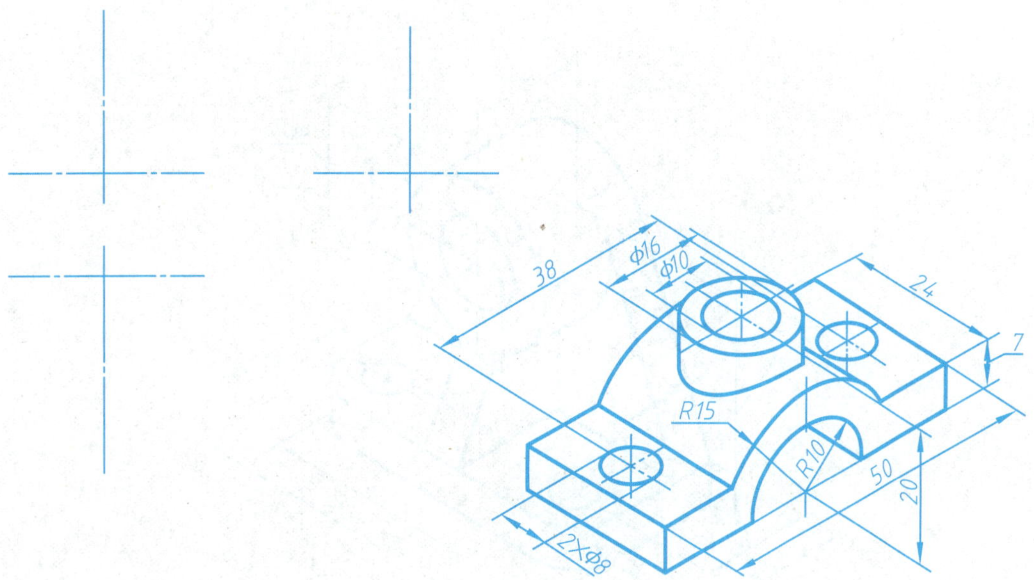

3.

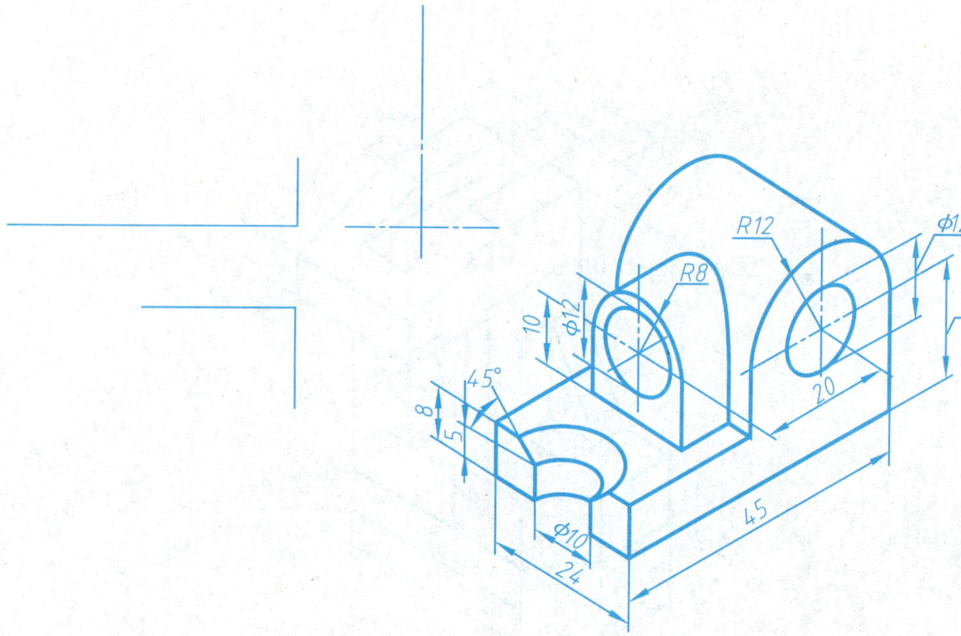

2.

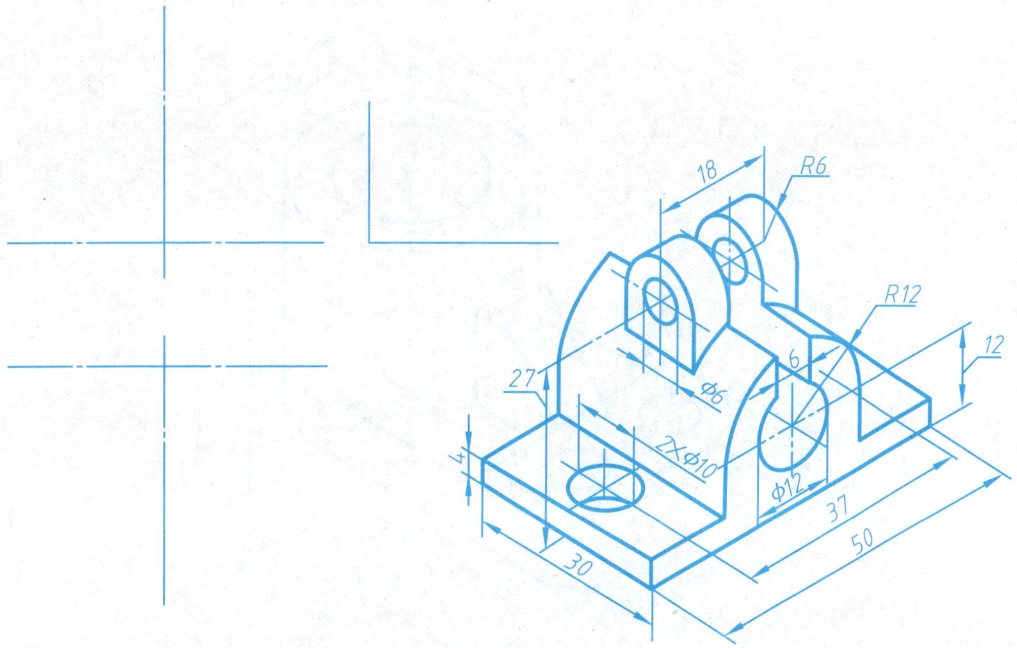

4.

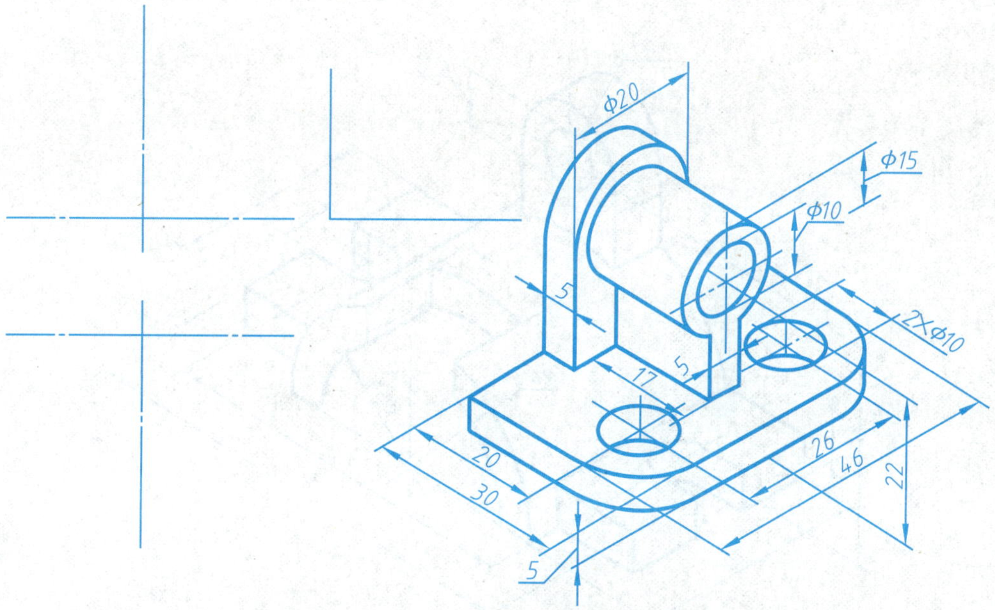

续 6-5　画组合体的三视图和标注尺寸　二、根据组合体的轴测图和尺寸，用比例 1:1 在 A3 图纸上画出其中一个物体的三视图并标注尺寸（图中所有孔都是通孔）

1.

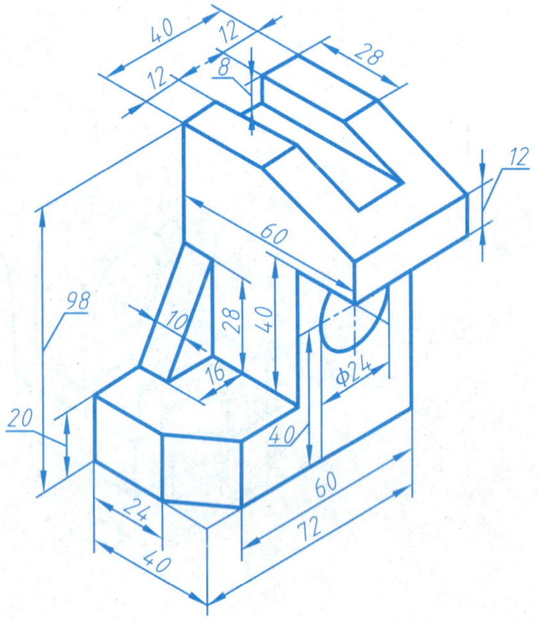

3.

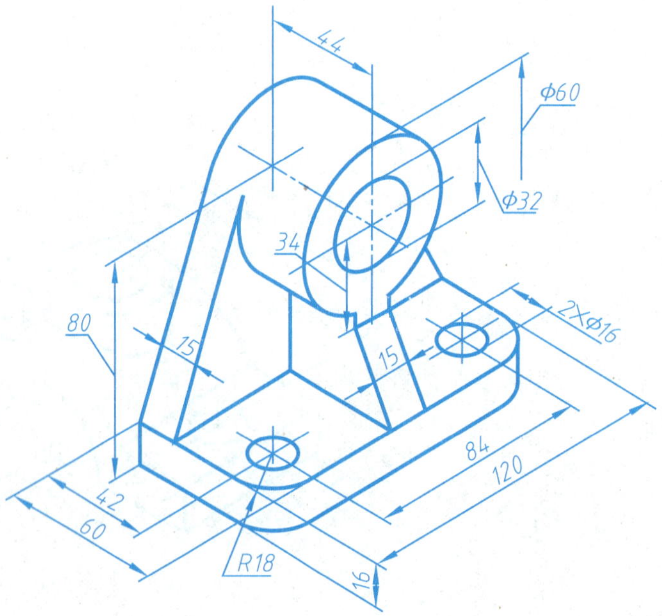

2.

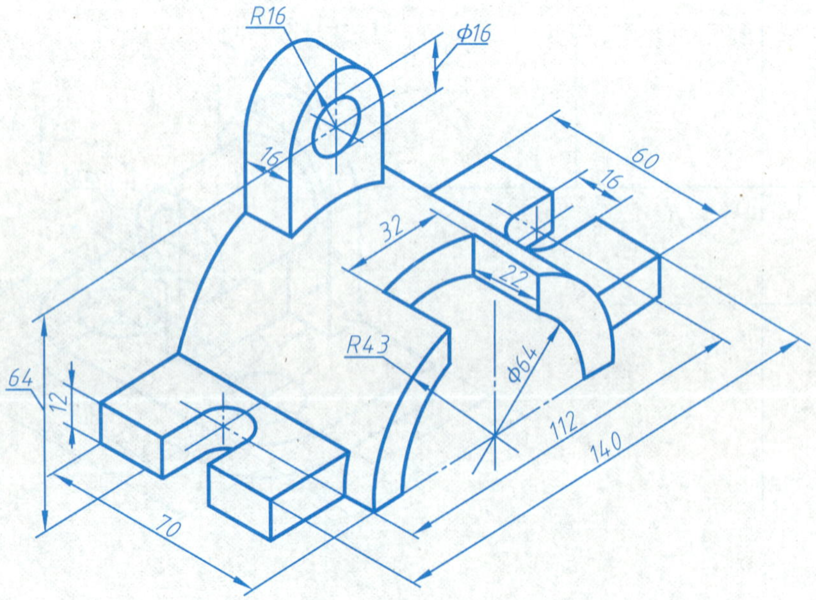

4.

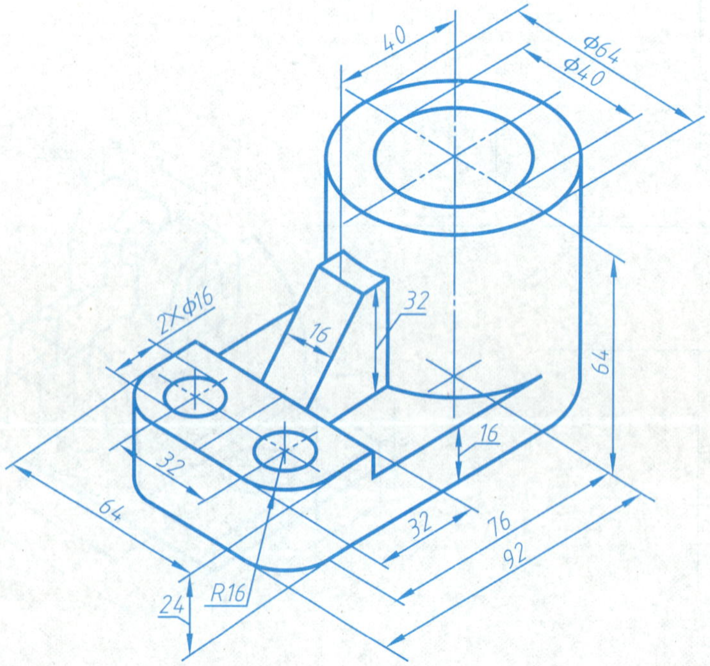

三、标注下列组合体的尺寸（尺寸数值按 1:1 从图中量取，并取 mm 整数）

1.

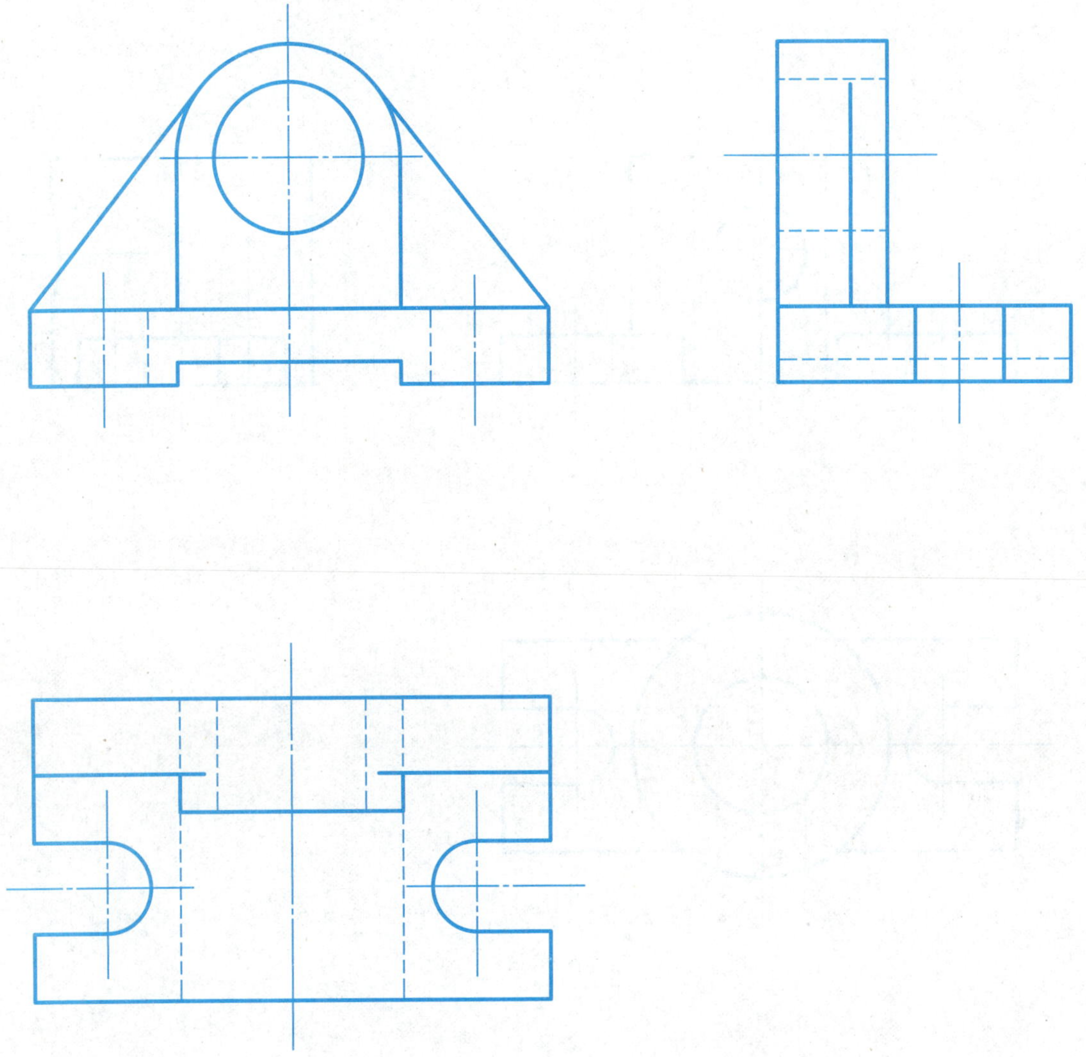

2.

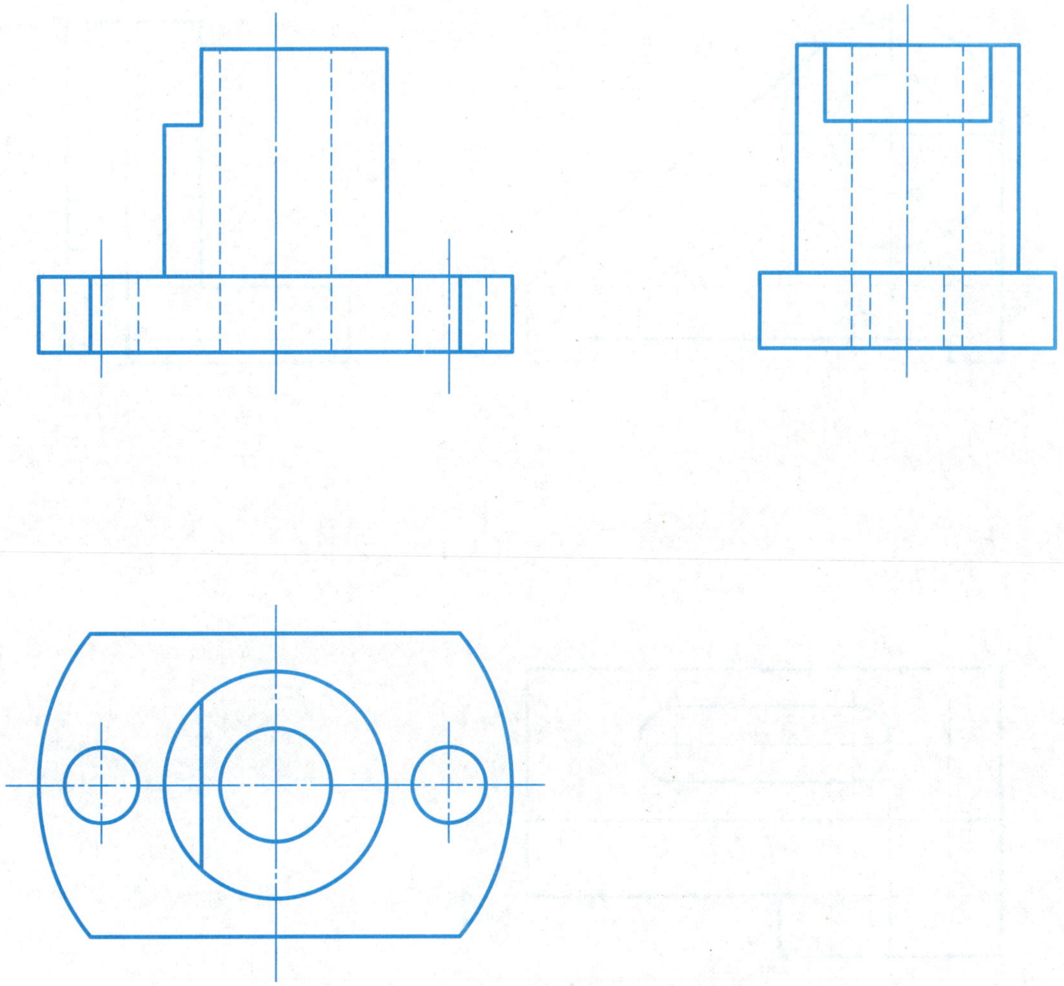

四、标注下列组合体的尺寸（尺寸数值按 1:1 从图中量取，并取 mm 整数）

1.

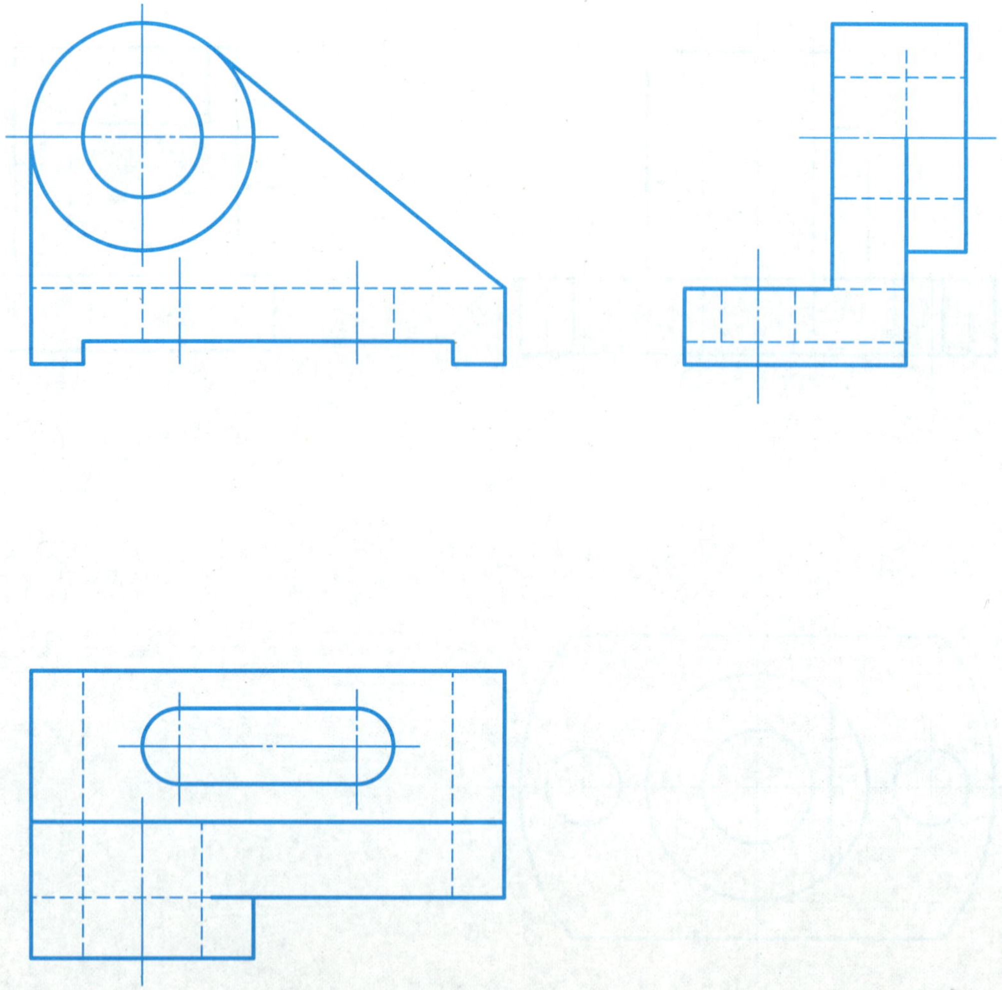

2.

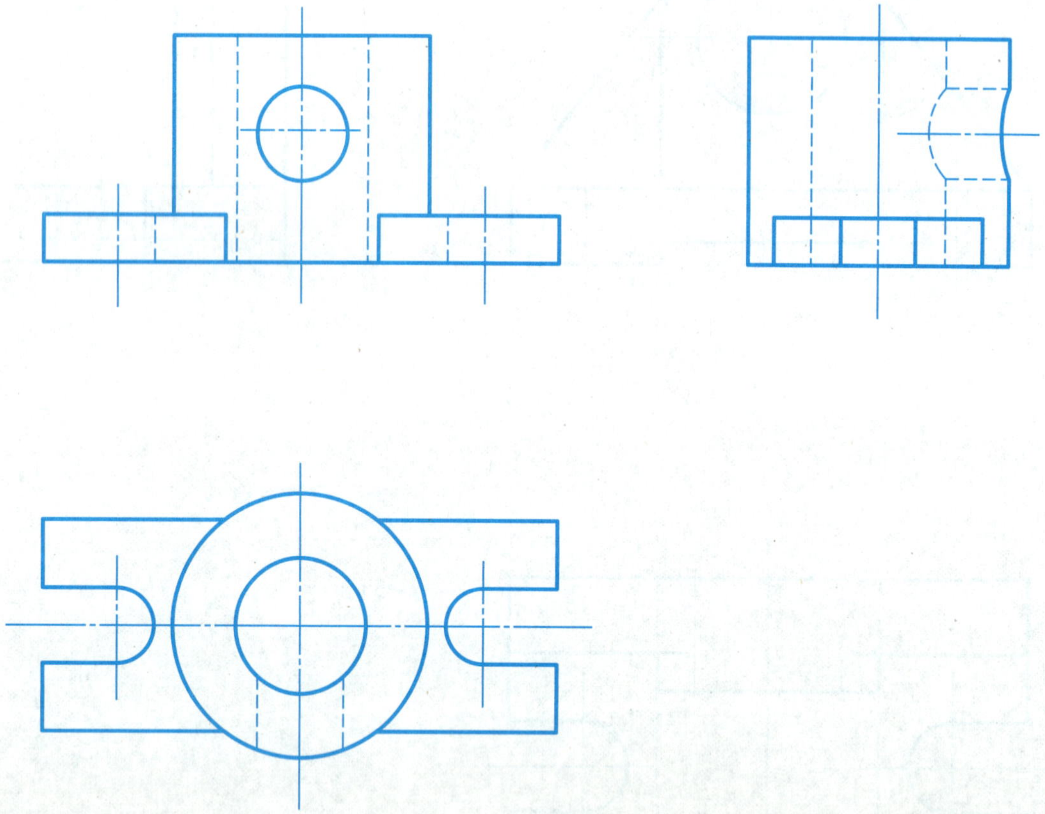

6-6 读组合体的视图　一、画出组合体三视图中所缺漏的图线（包括虚线）

1.

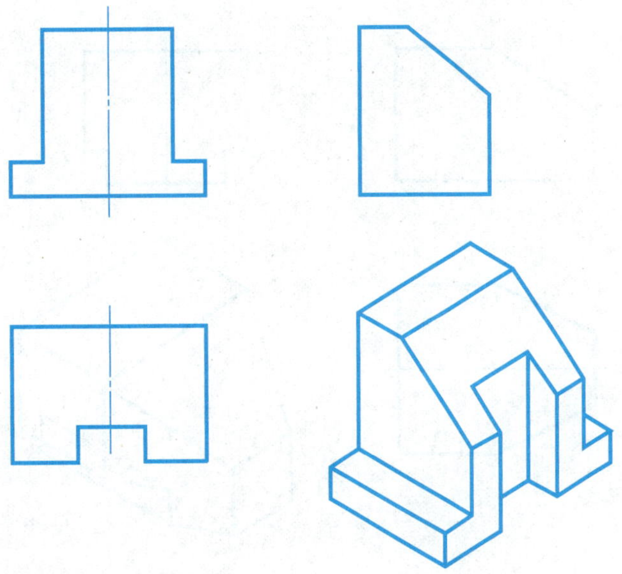

3.

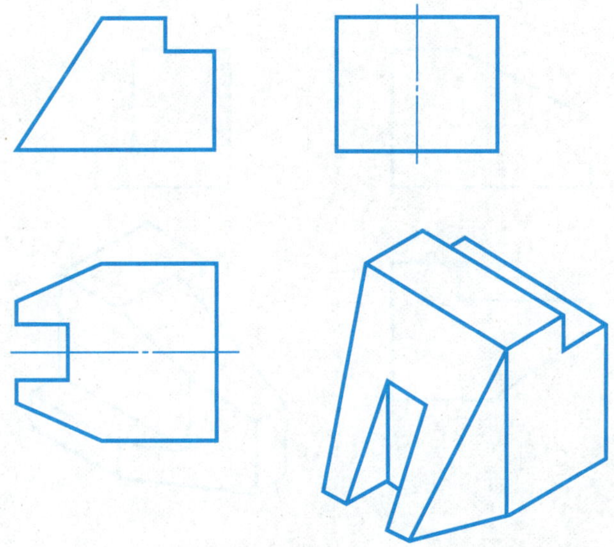

2.

4.

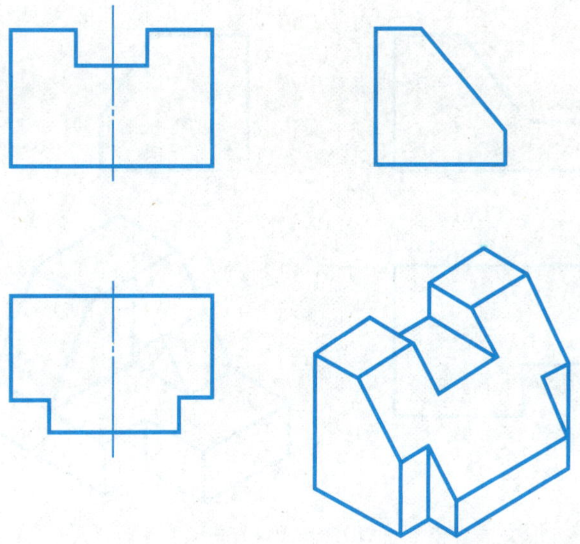

续 6-6 读组合体的视图 二、画出组合体三视图中所缺漏的图线（包括虚线）

1.

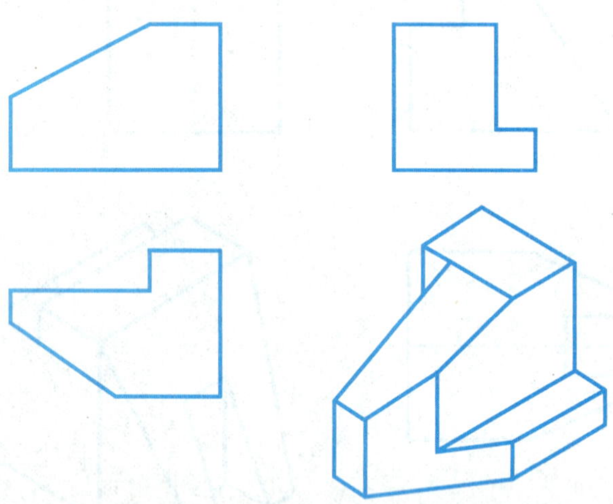

3.

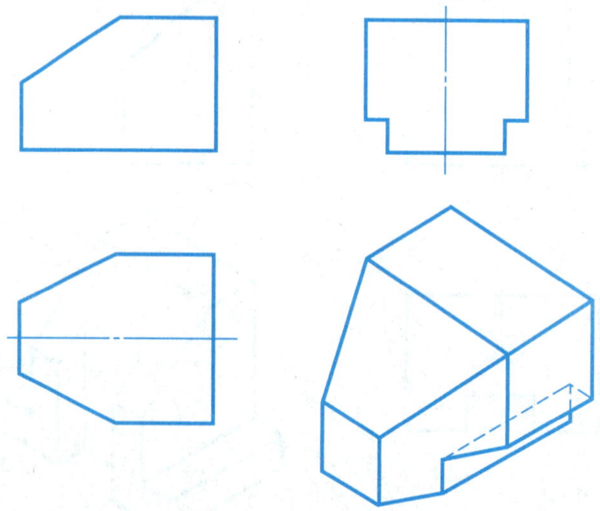

2.

4.

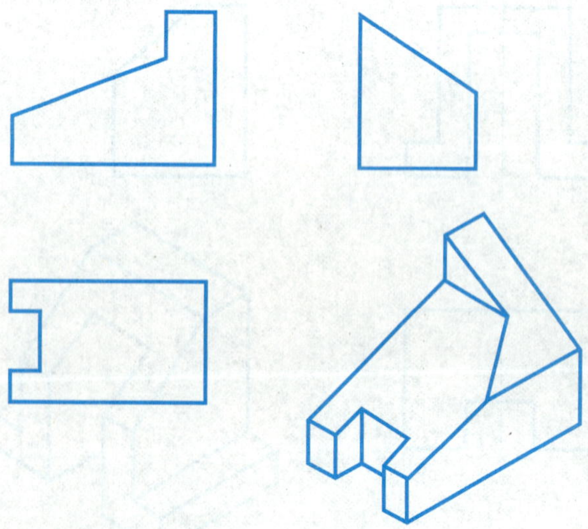

 三、画出组合体三视图中所缺漏的图线（包括虚线）

1.

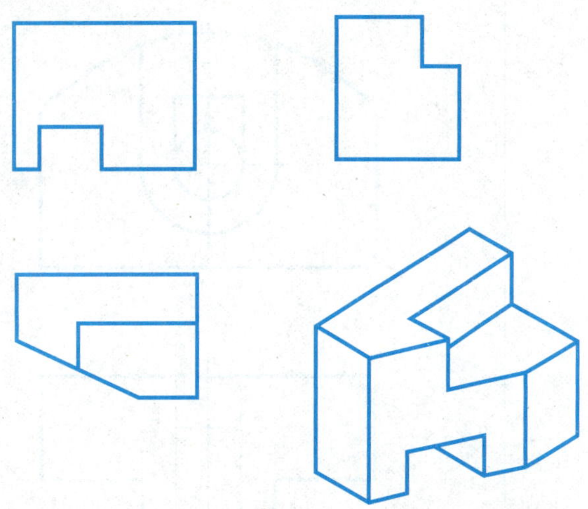

3.

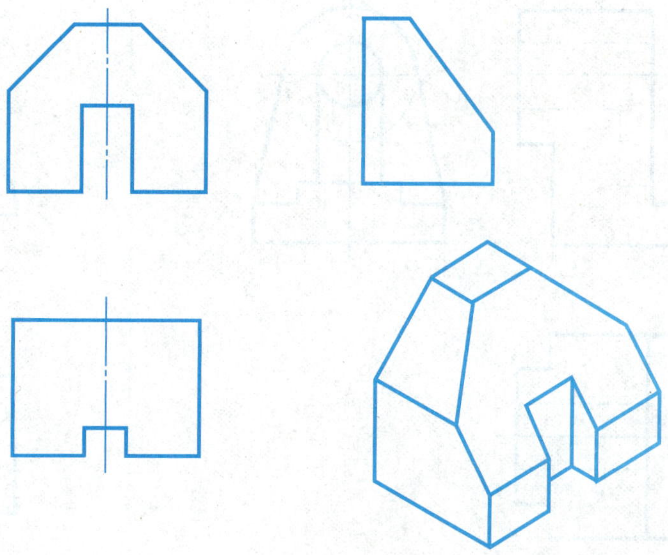

2.

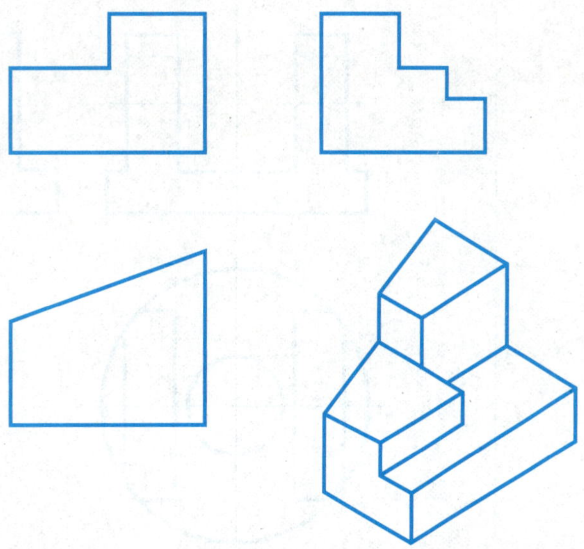

4.

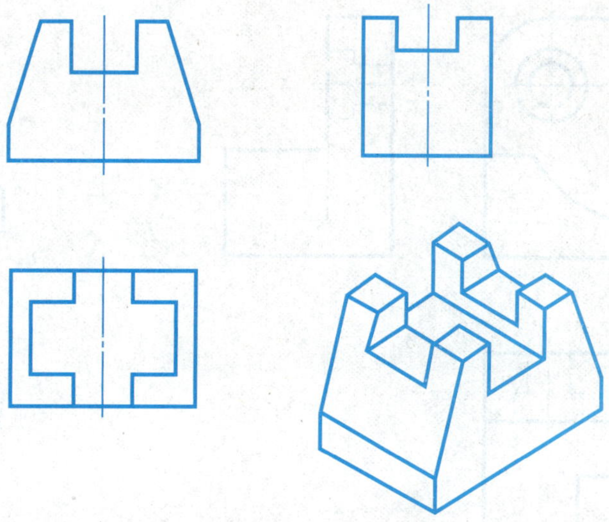

续 6-6 读组合体的视图 四、画出组合体三视图中所缺漏的图线（包括虚线）

1.

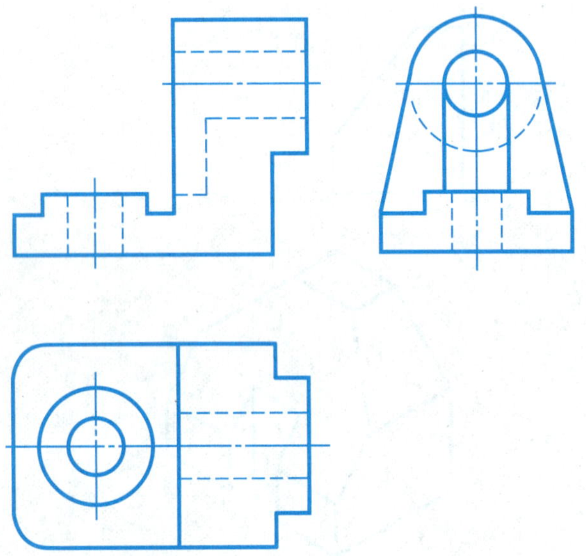

3.

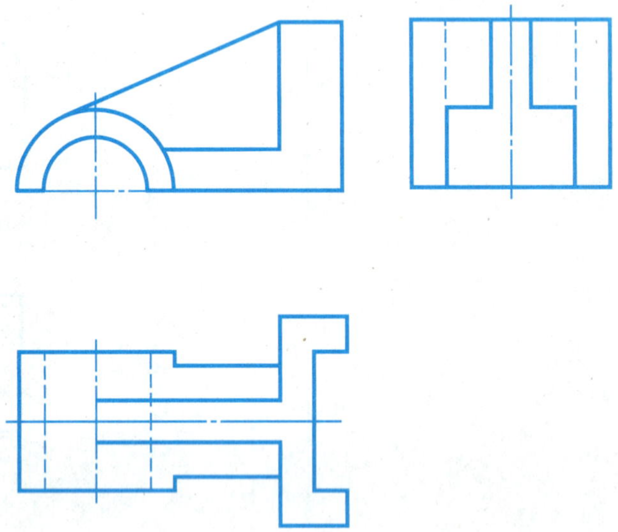

5.

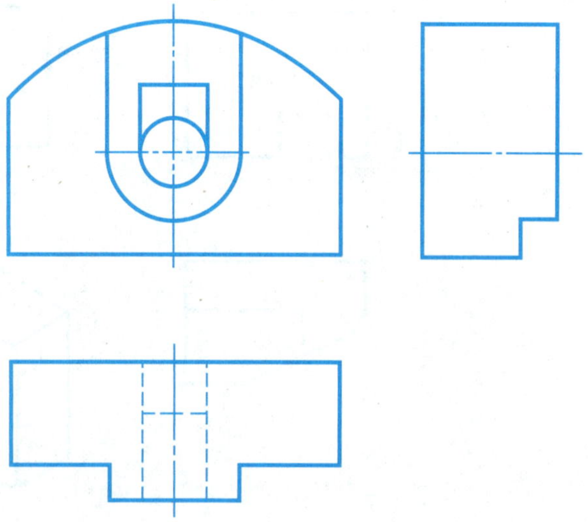

2.

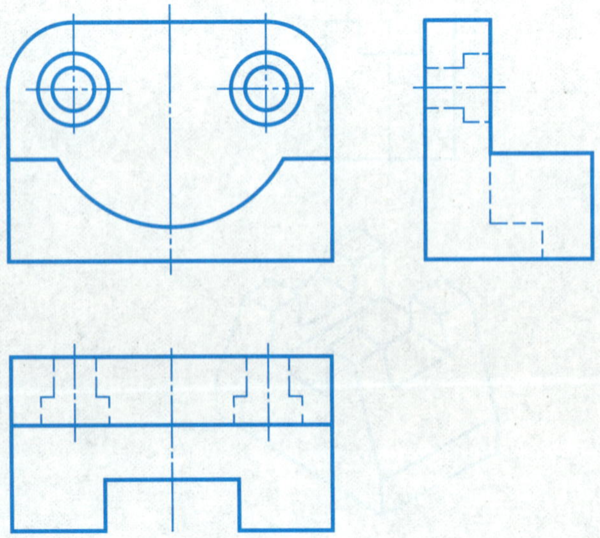

4.

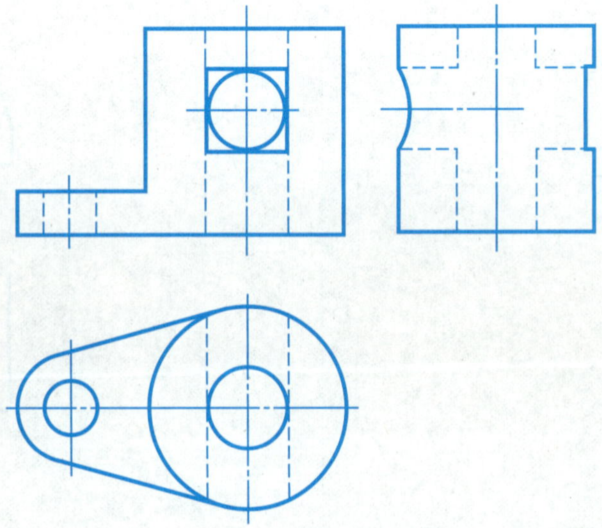

6.

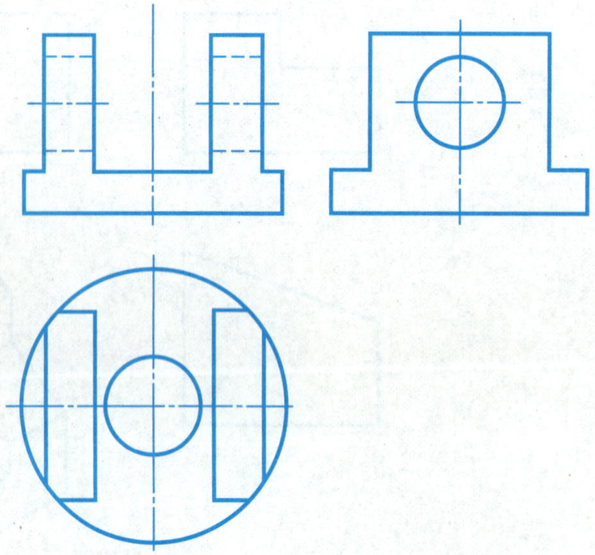

续 6-6 读组合体的视图 五、画出组合体三视图中所缺漏的图线（包括虚线）

1.

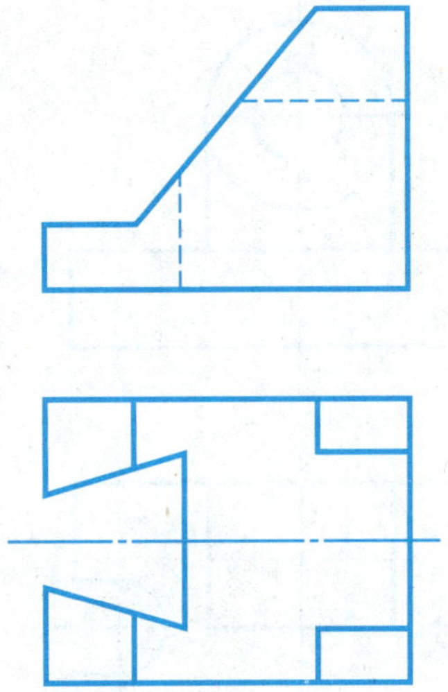

3.

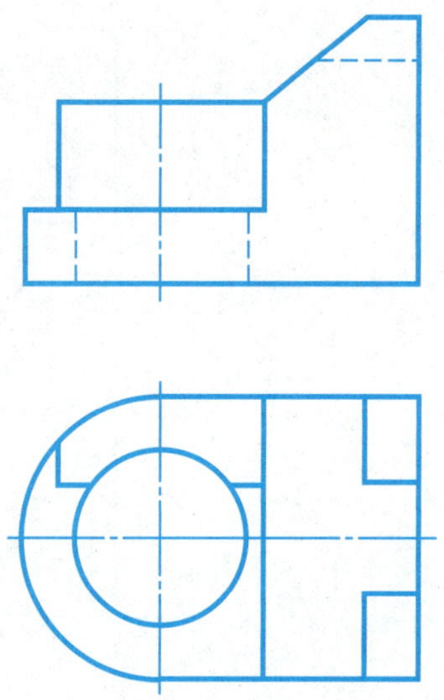

2.

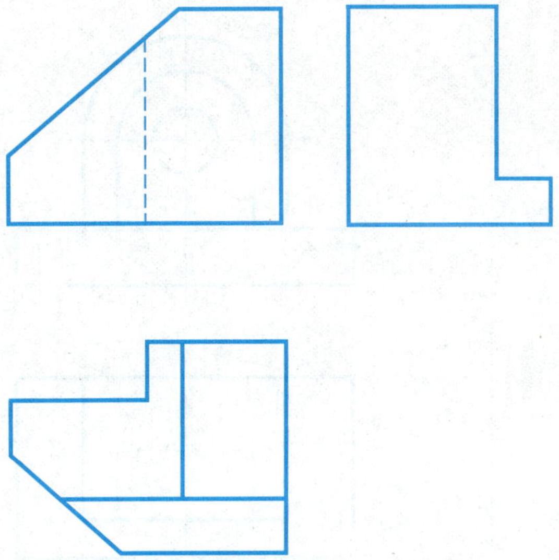

4.

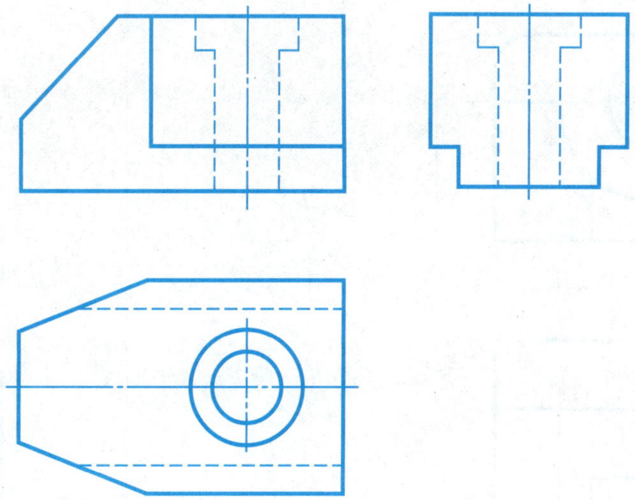

六、根据组合体的二视图，补画第三视图（包括虚线）

1.

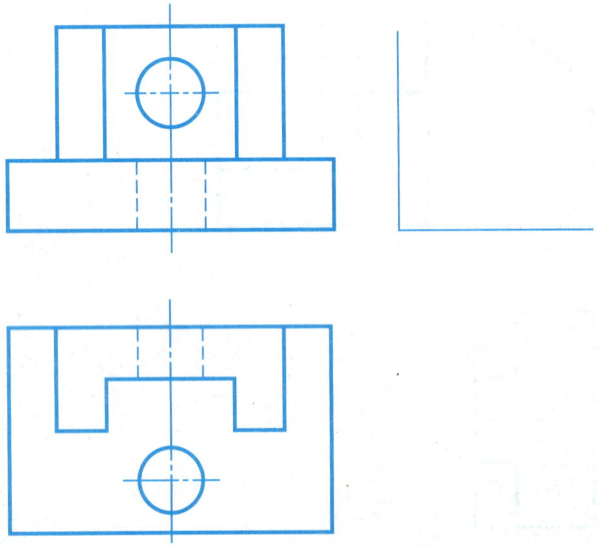

3.

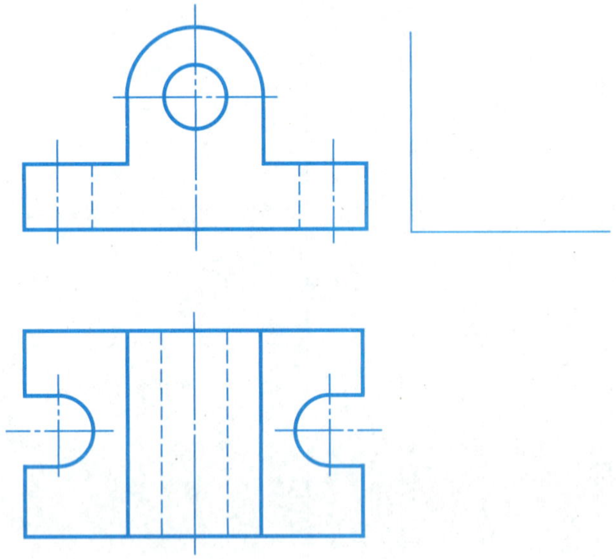

5.

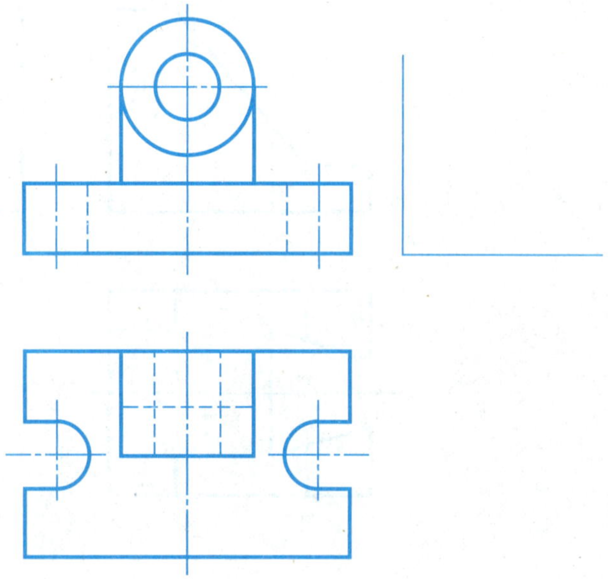

2.

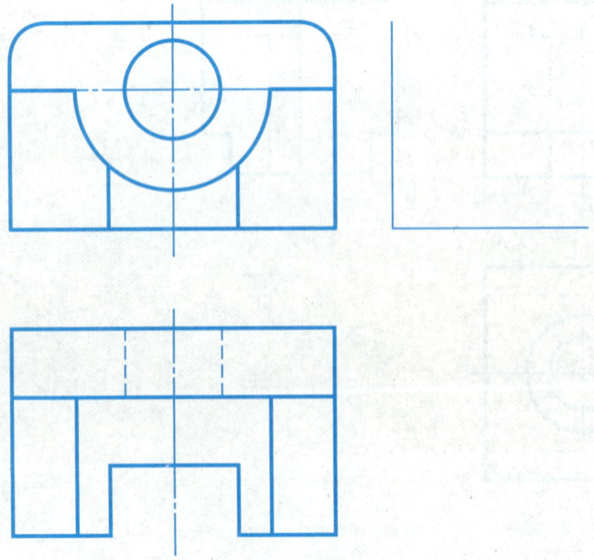

4.

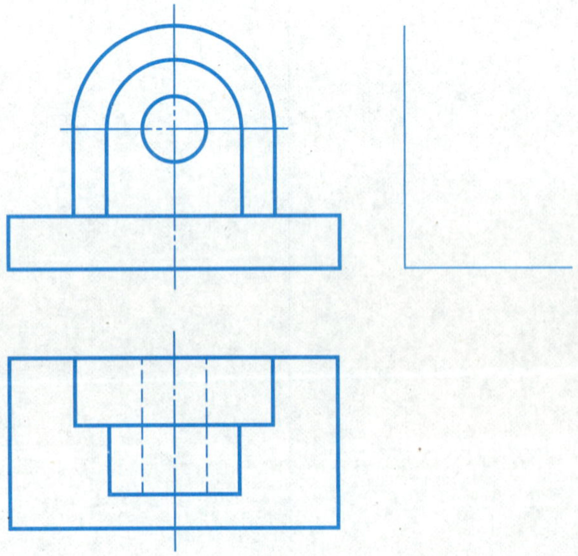

6.

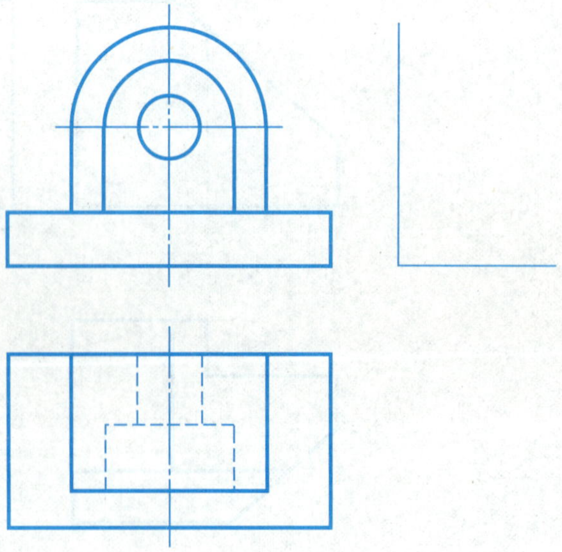

续 6-6 读组合体的视图 七、根据组合体的二视图，补画第三视图（包括虚线）

1.

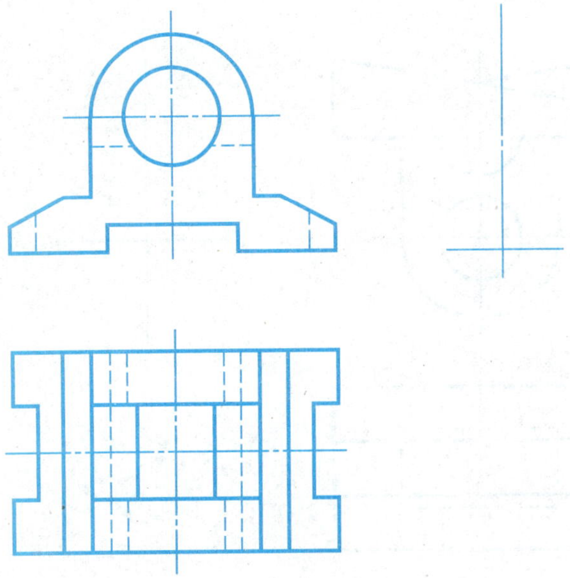

3.

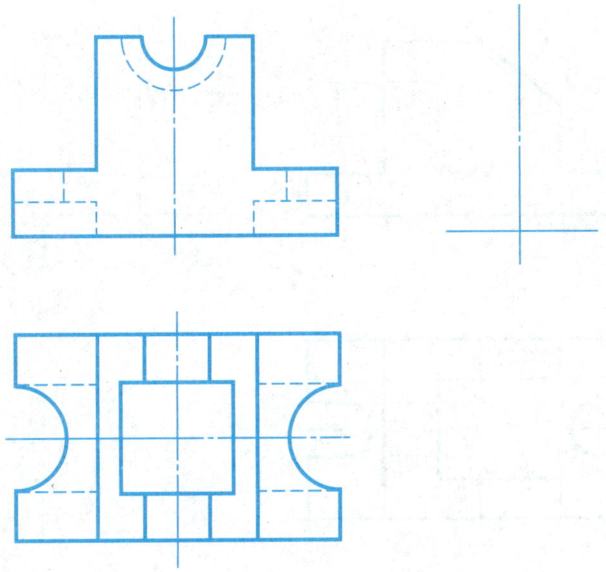

5.

2.

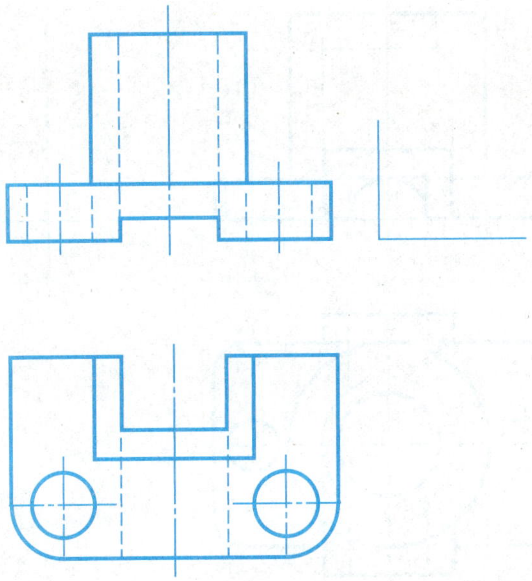

4.

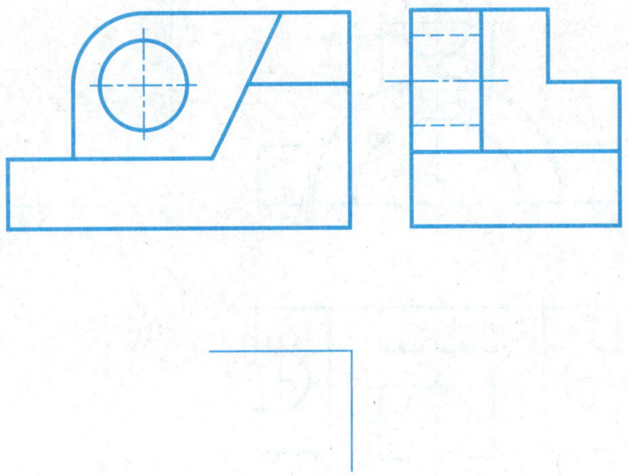

6.

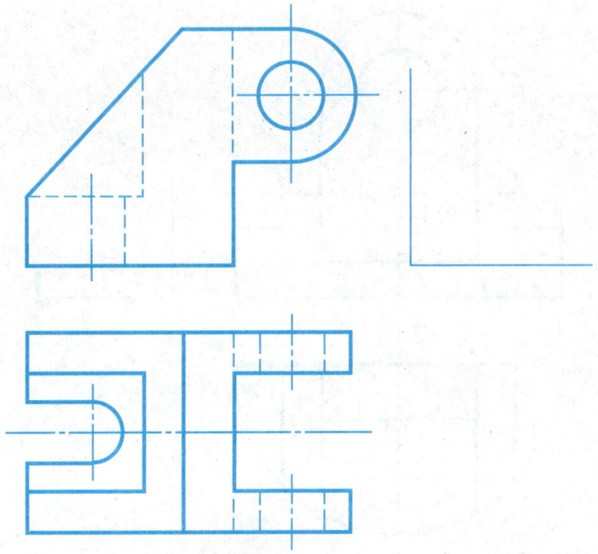

续 6-6　读组合体的视图　八、根据组合体的二视图，补画第三视图（包括虚线）

1.

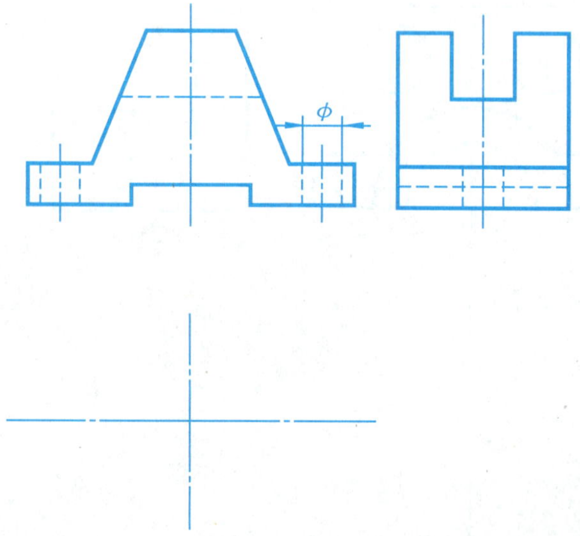

3.

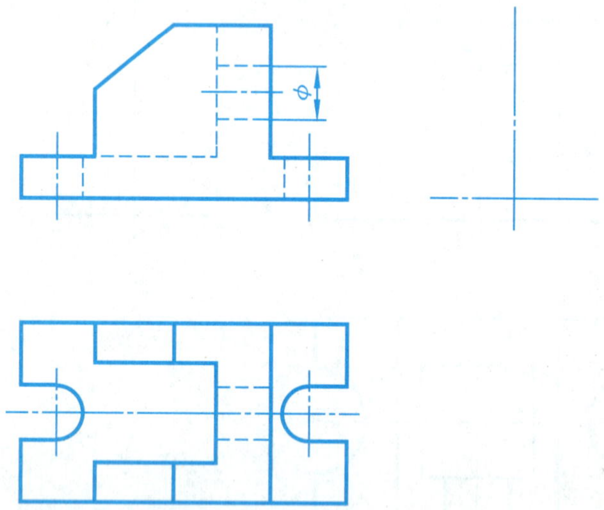

5.

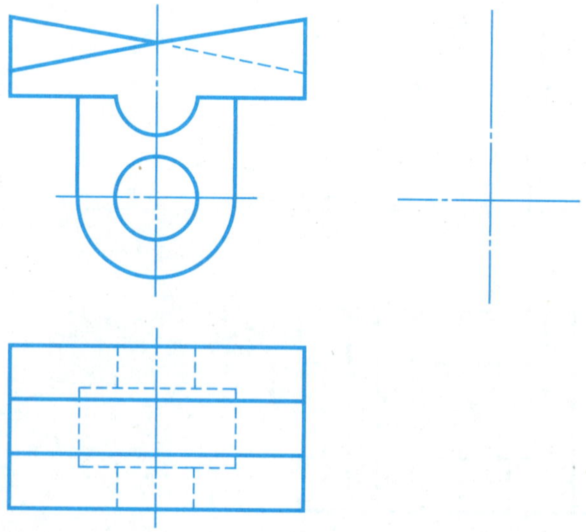

2.

4.

6.

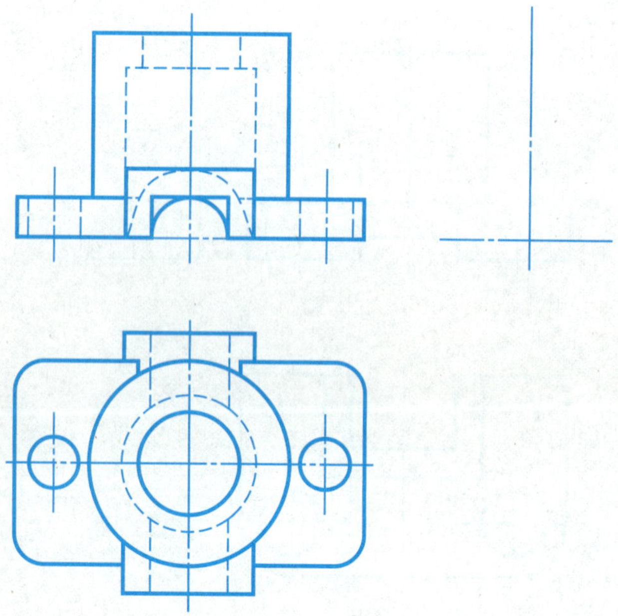

 班级________ 学号________ 姓名________

续 6-6 读组合体的视图 九、根据组合体的二视图，补画第三视图（包括虚线）

1.

2.

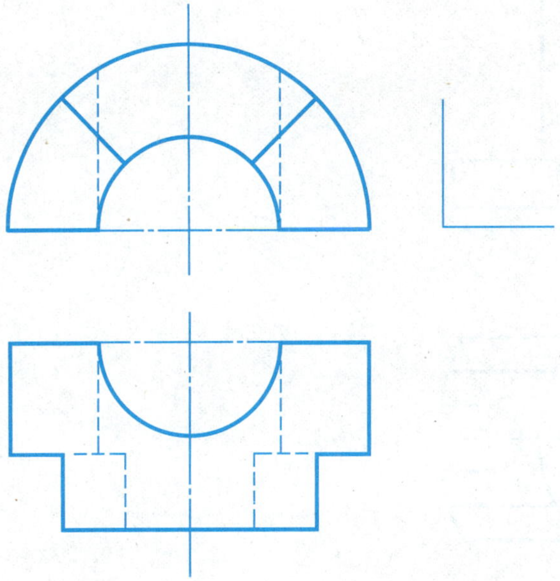

3.

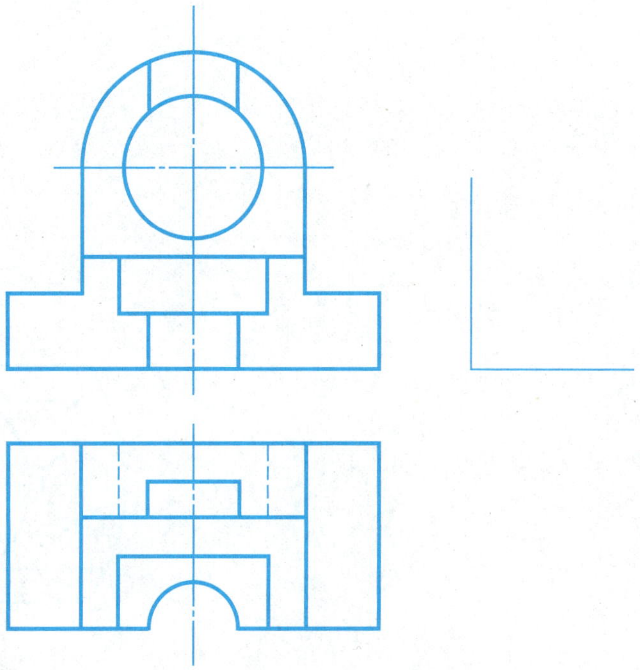

4.

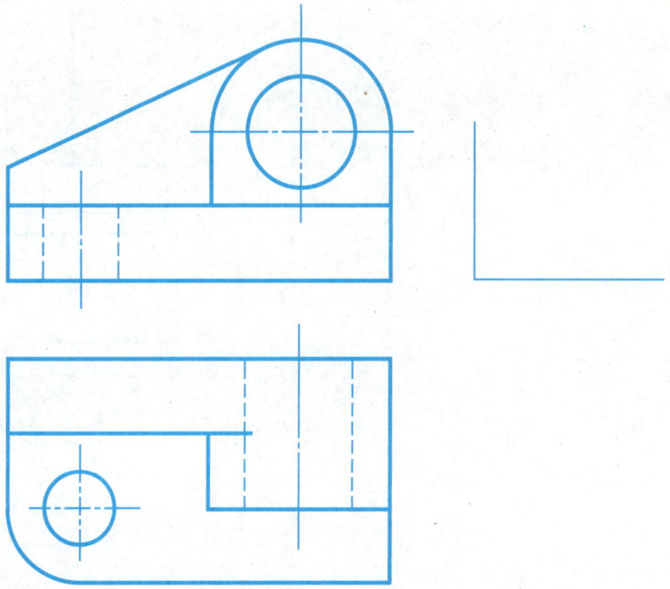

5.

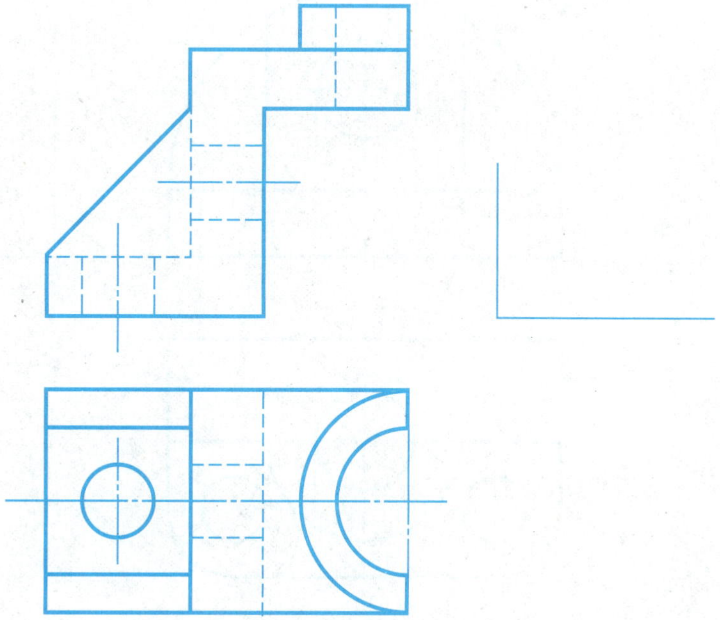

6.

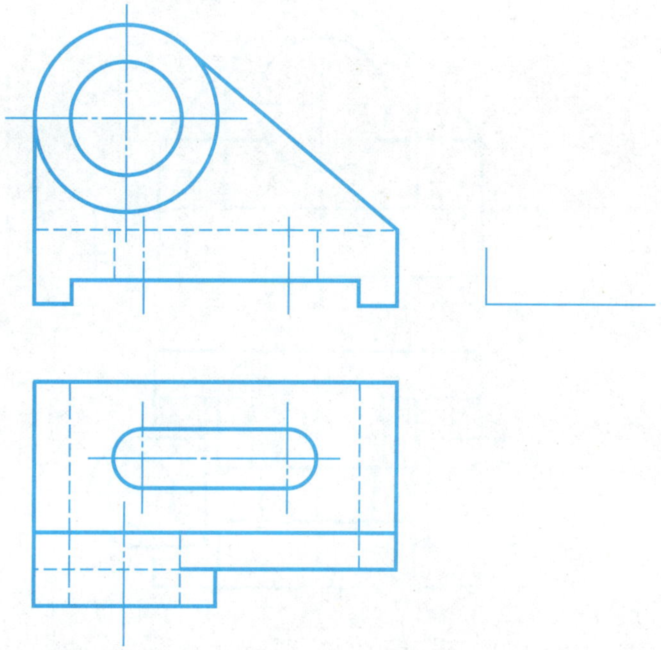

 十、根据组合体的二视图，补画第三视图（包括虚线）

1.

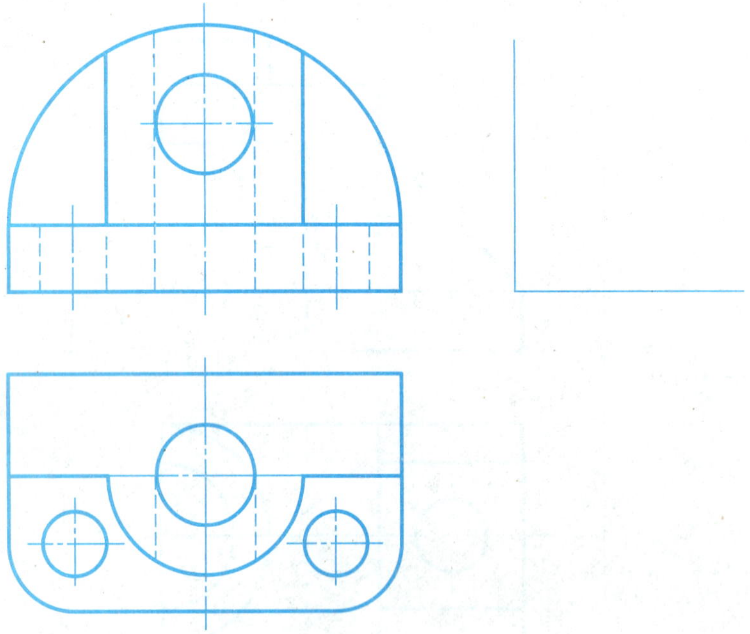

3.

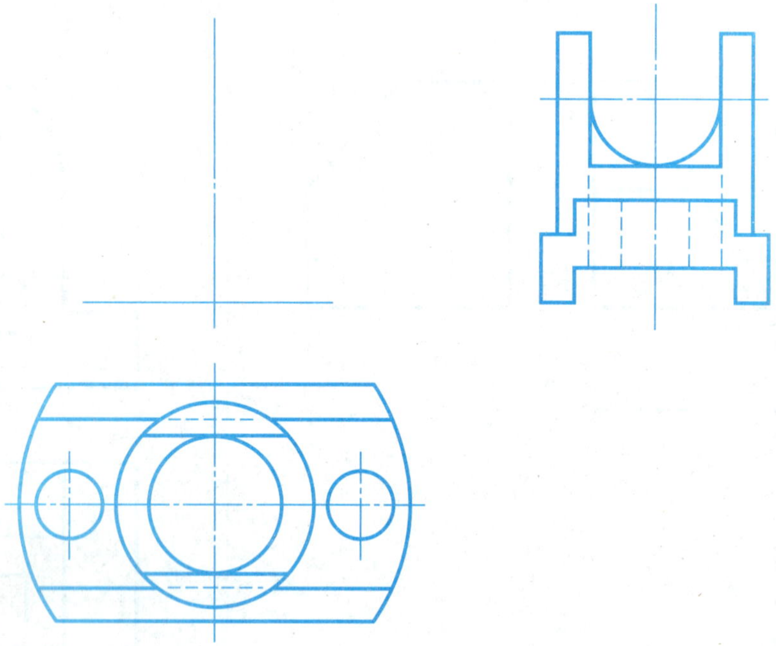

2.

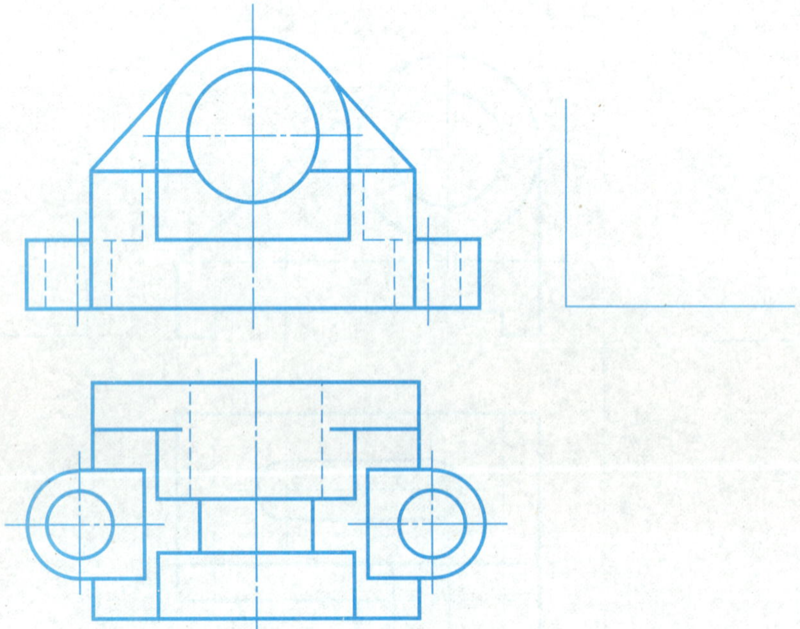

4.

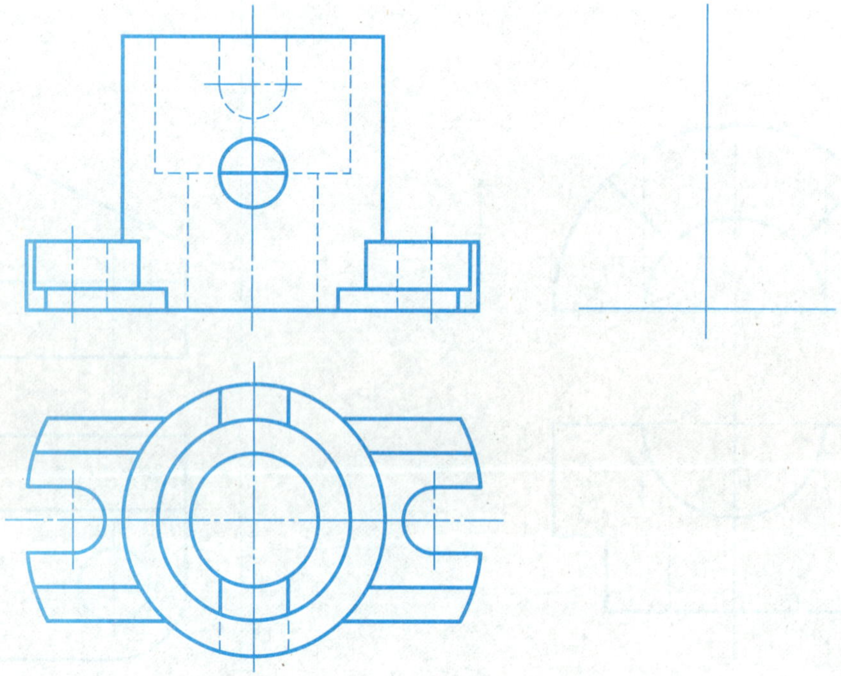

 班级________ 学号________ 姓名________

十一、根据组合体的二视图，补画第三视图（包括虚线）

1.

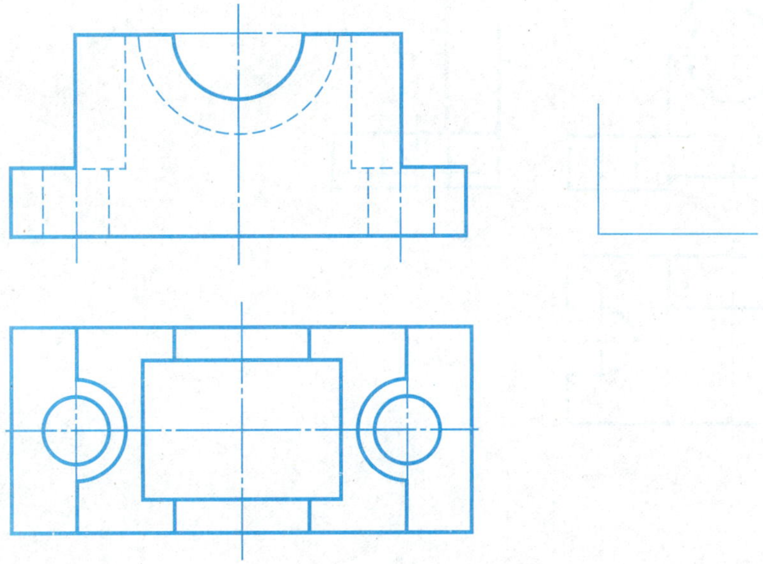

3.

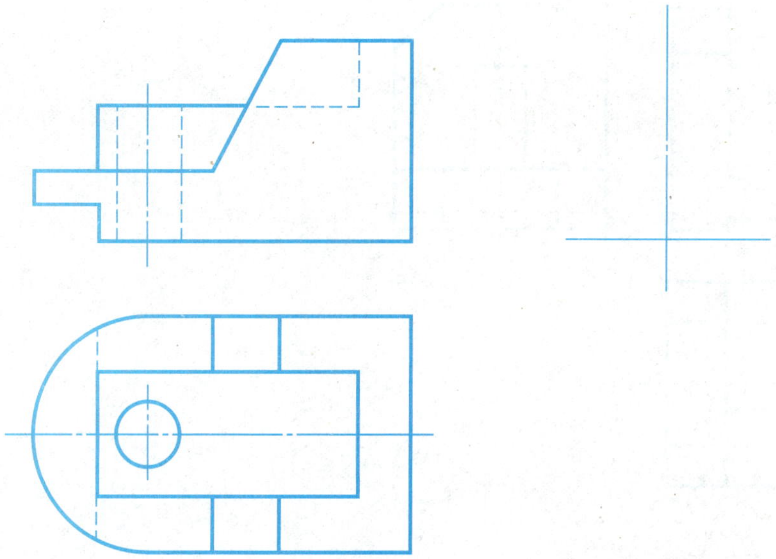

2.

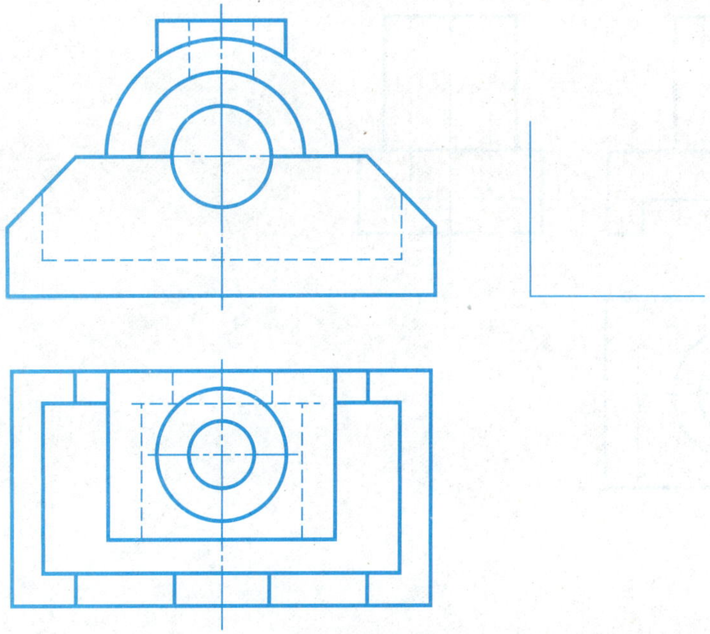

4.

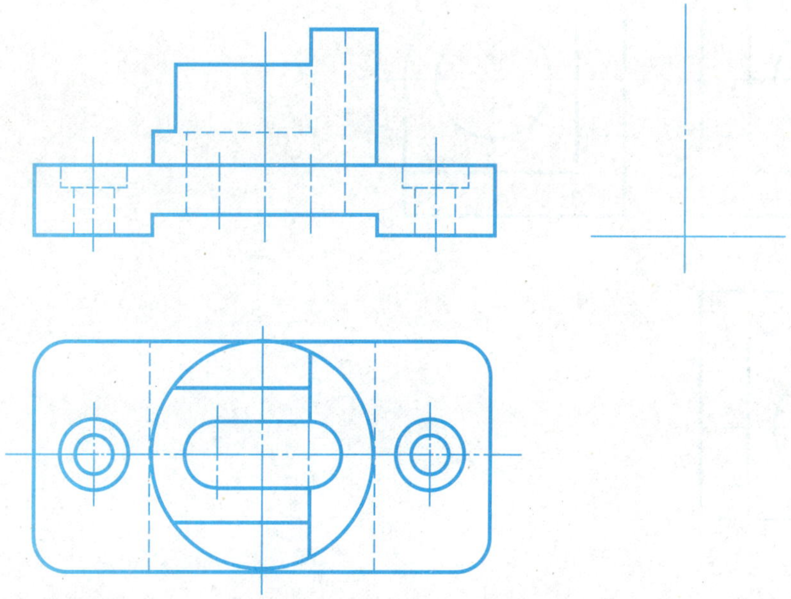

第七章　轴测投影图

7-1　正等轴测图　一、在右边空白位置，按 1:1 画出组合体的正等轴测图，其中第 4 题为正等轴测半剖视图

1.

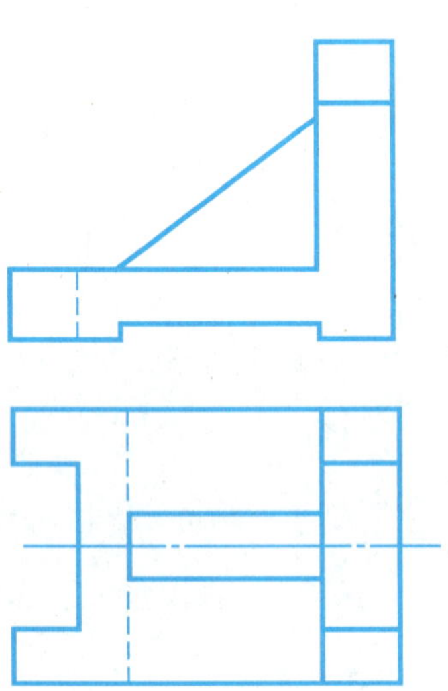

3.

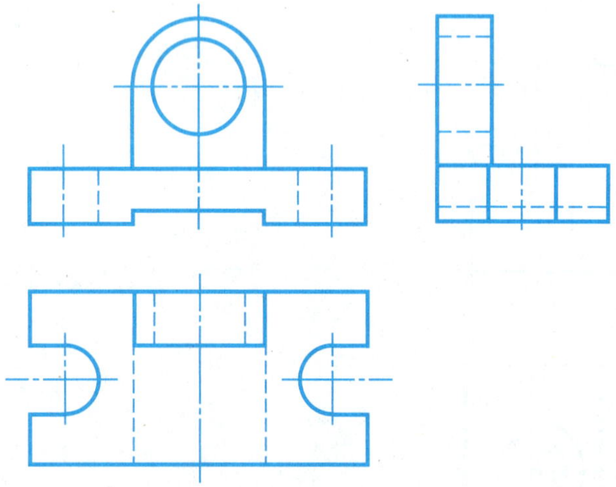

2.

4.

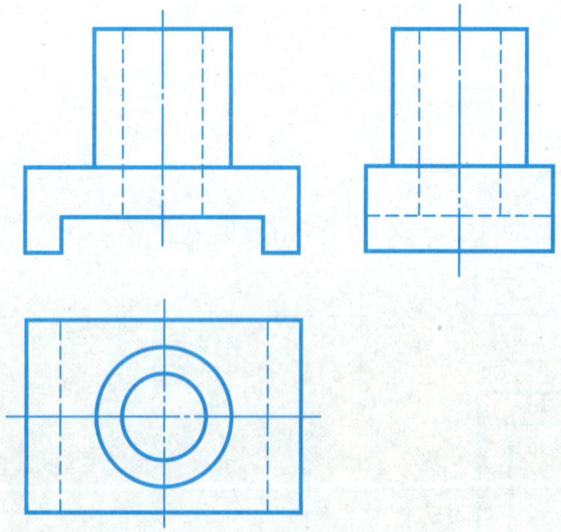

　二、在 A3 图纸上，按 2:1 画出组合体的正等轴测图（任选一题）

1.

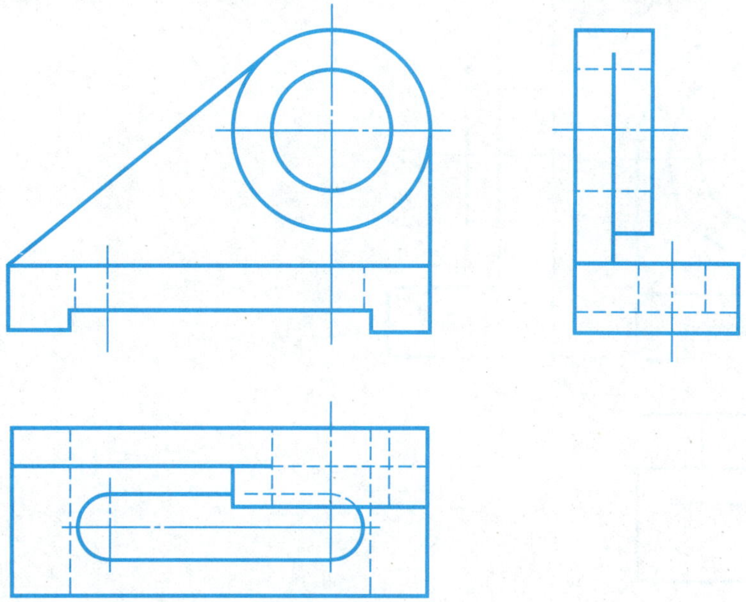

3.

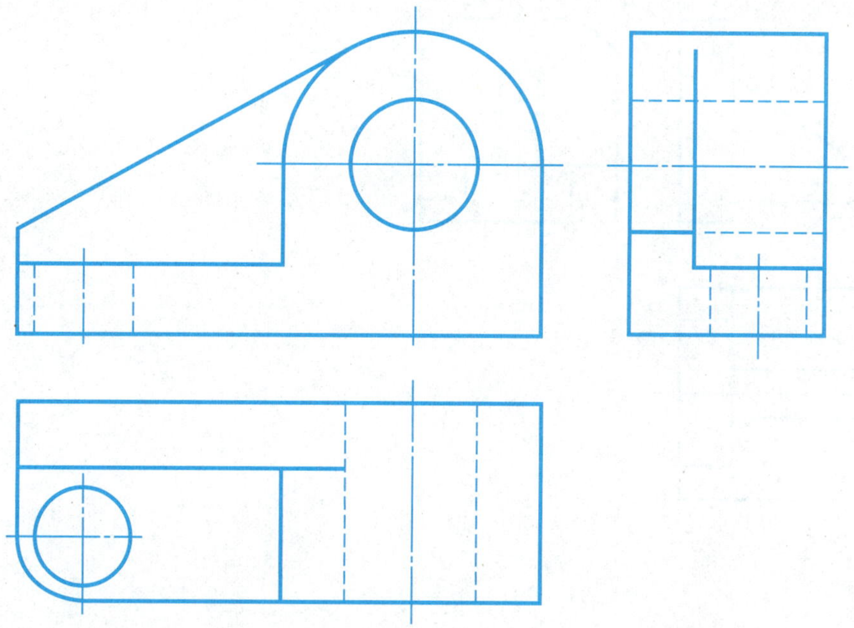

2.

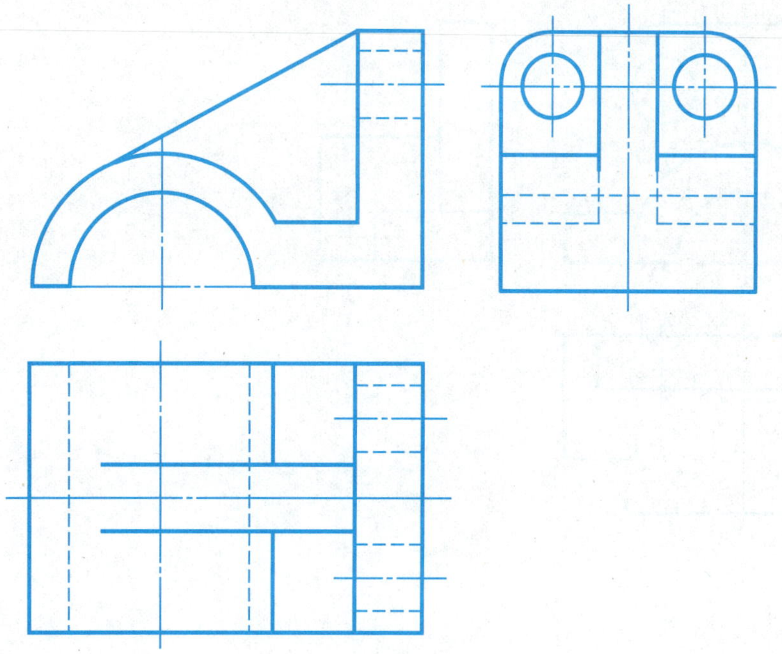

4.

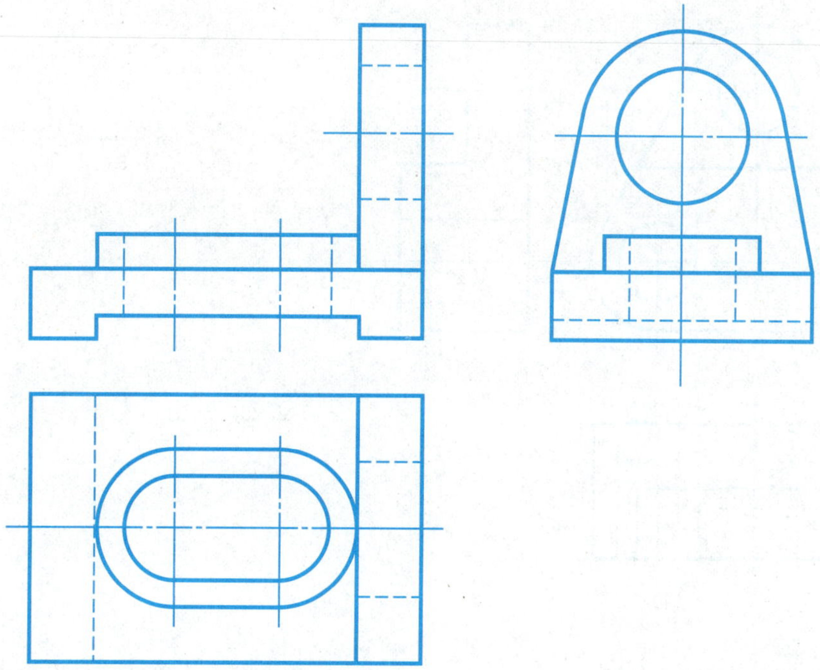

7-2　斜二轴测图　在右边空白位置，按 1:1 画出组合体的斜二轴测图

1.

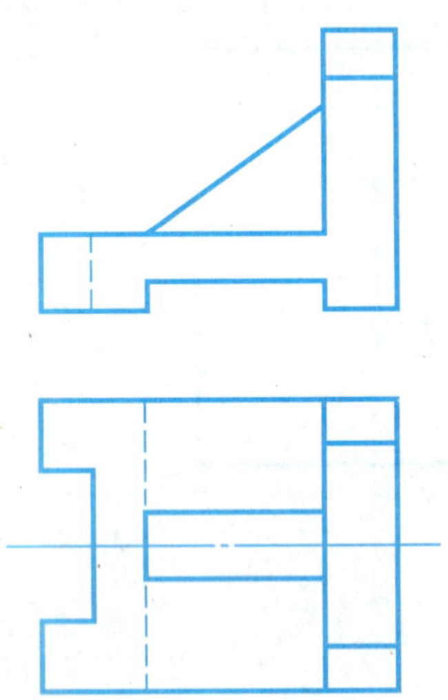

3.

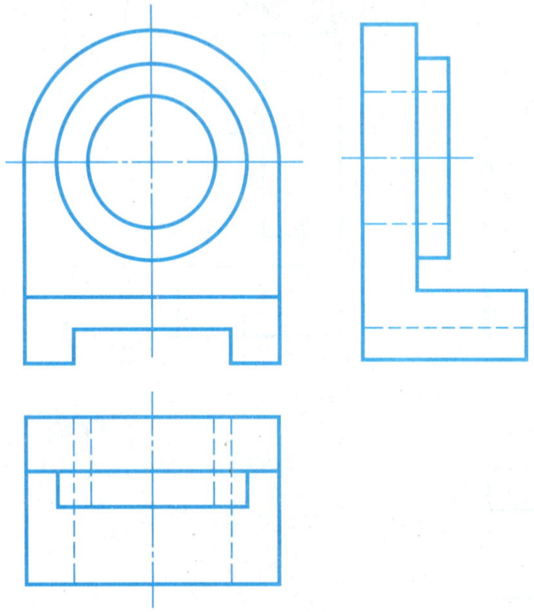

2.

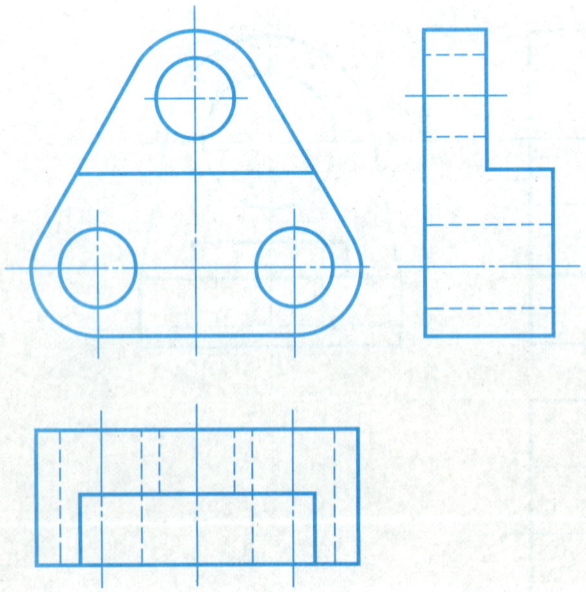

4.

第八章　机件常用的表达方法

8-1　视图　一、基本视图和向视图

1. 画全物体的六个基本视图（第一角画法）

3. 根据物体的三个基本视图，在指定位置画出物体的其他三个基本视图：*A* 向视图，*B* 向视图和 *C* 向视图（第一角画法）

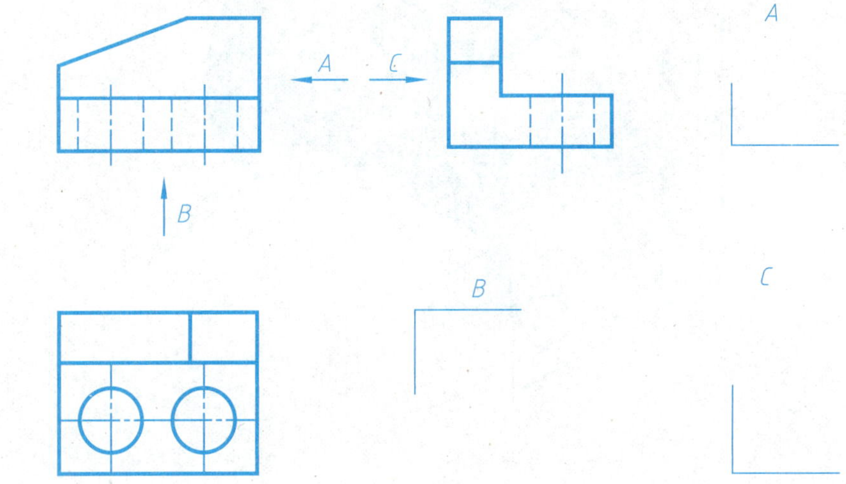

2. 画全物体的六个基本视图（第三角画法）

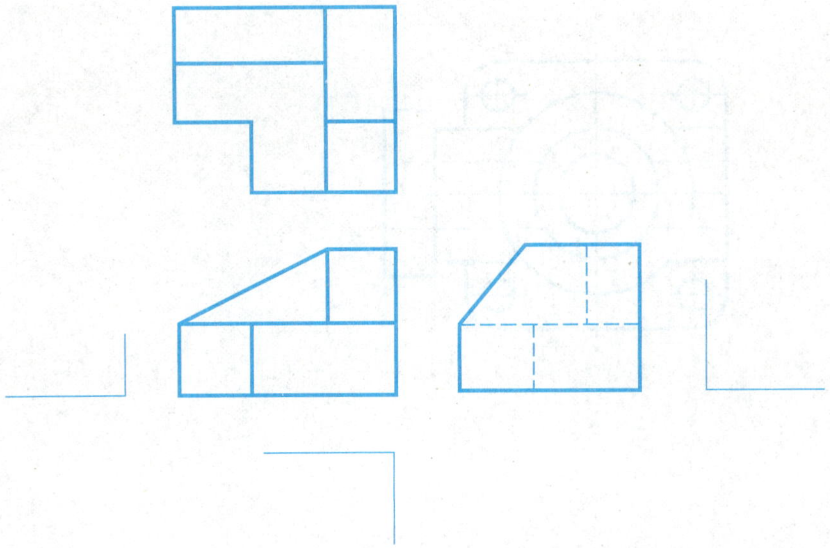

4. 根据物体的六个基本视图和图示的投射方向，在相应视图的上方正确标注它们的名称

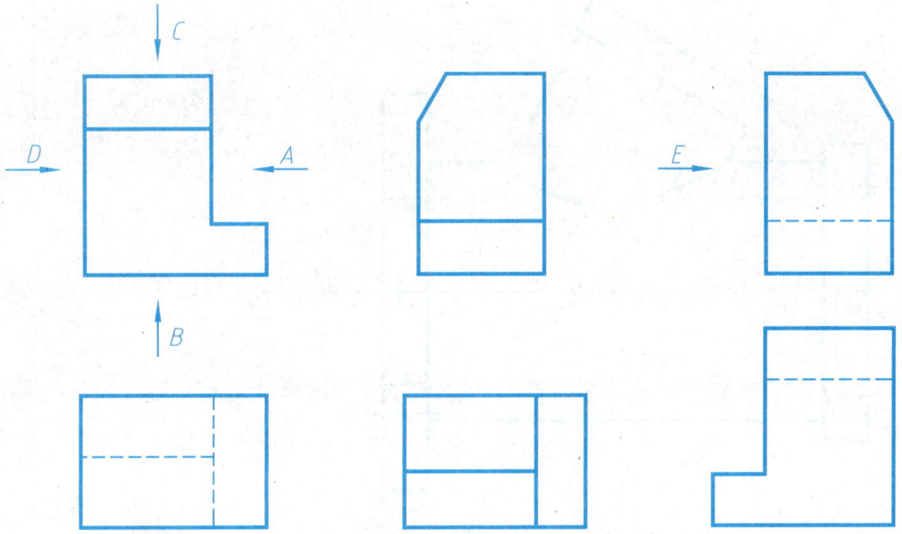

续 8-1 视图 二、局部视图和斜视图

1. 在指定位置画出物体的 *A* 向、*B* 向局部视图和 *C* 向斜视图（比例为 1:2）

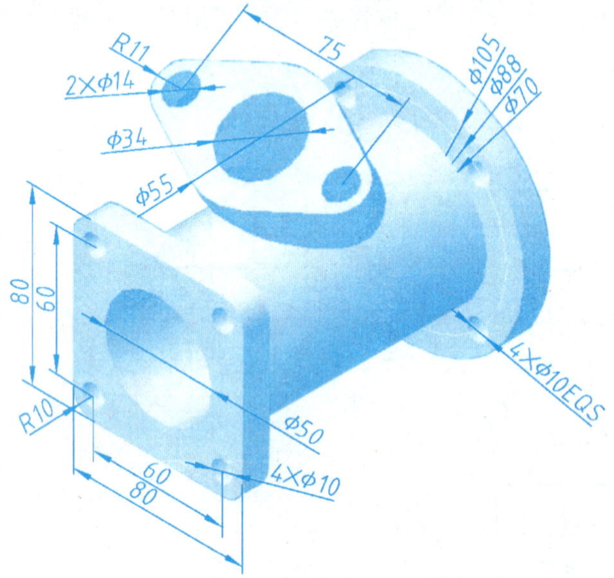

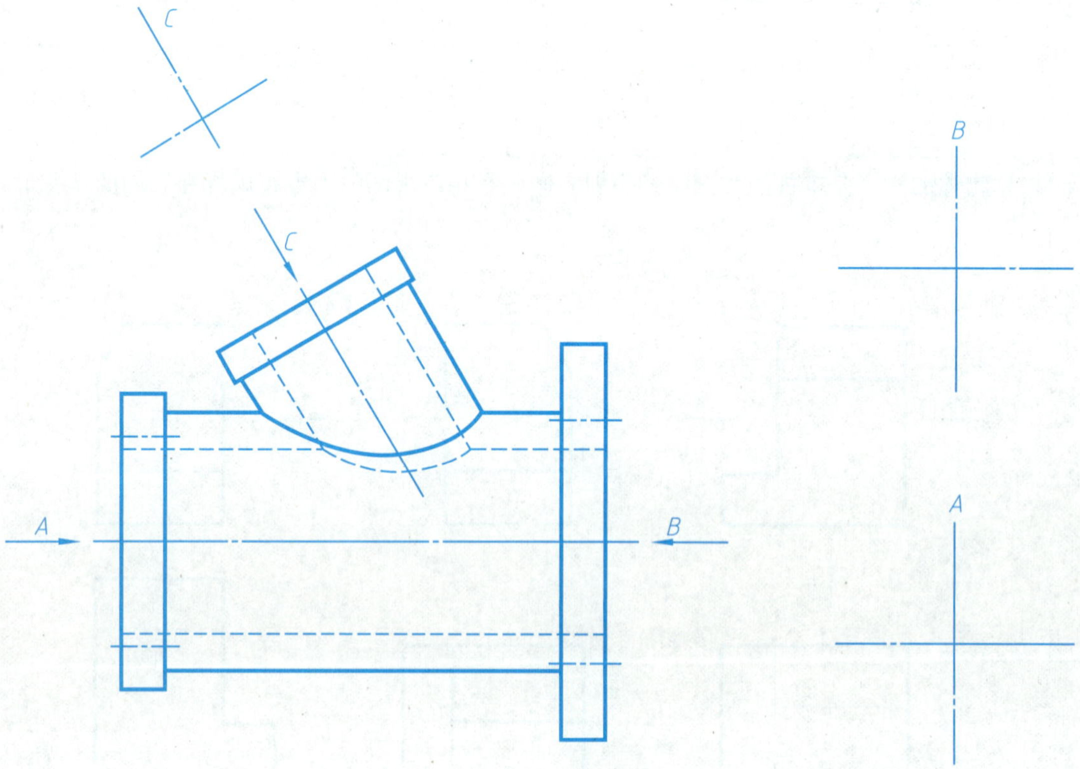

2. 根据物体的主、俯视图，在指定位置画出它的 *A* 向、*B* 向和 *C* 向局部视图（本题 *C* 向局部视图的形状参考题 1 中的 *C* 向斜视图，而尺寸由本题确定）

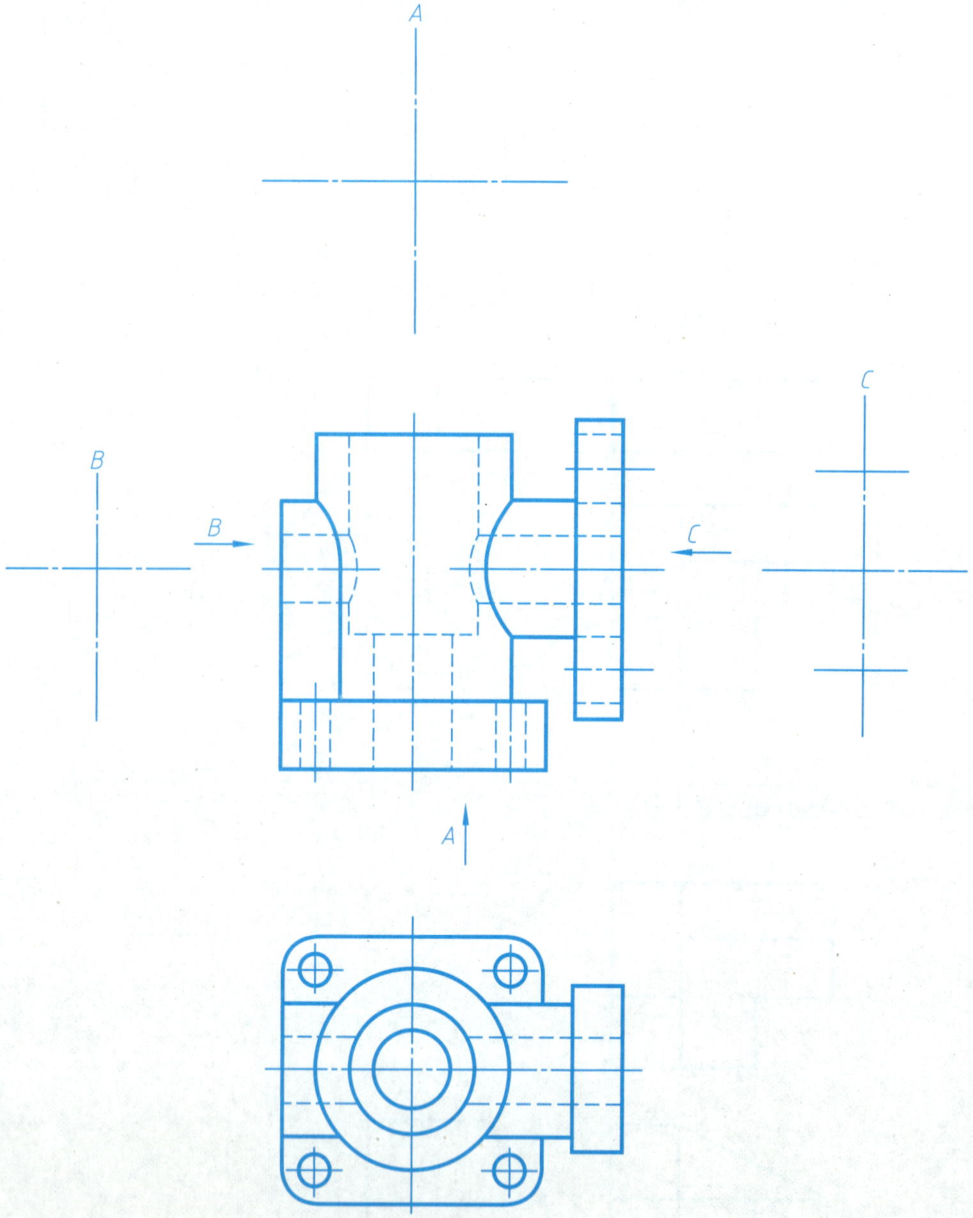

8-2 剖视图 一、全剖视图 在指定位置画出物体全剖视的第三视图

1.

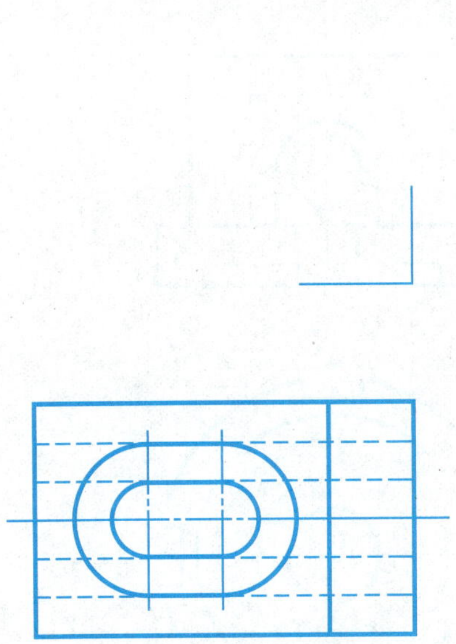

3.

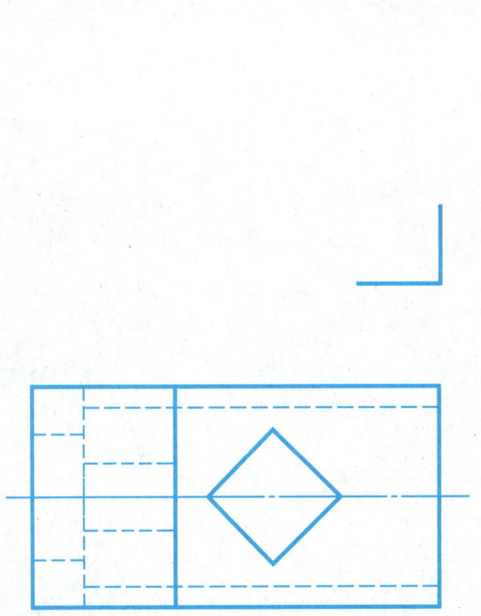

5.

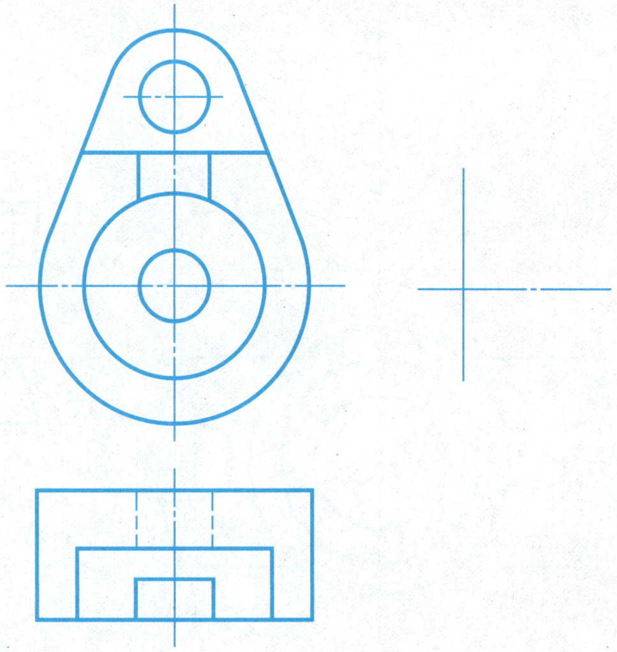

2.

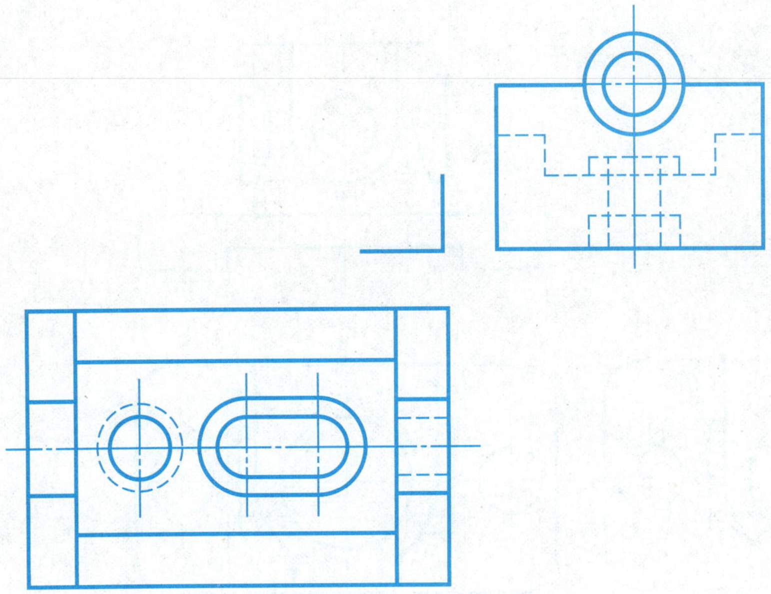

4.

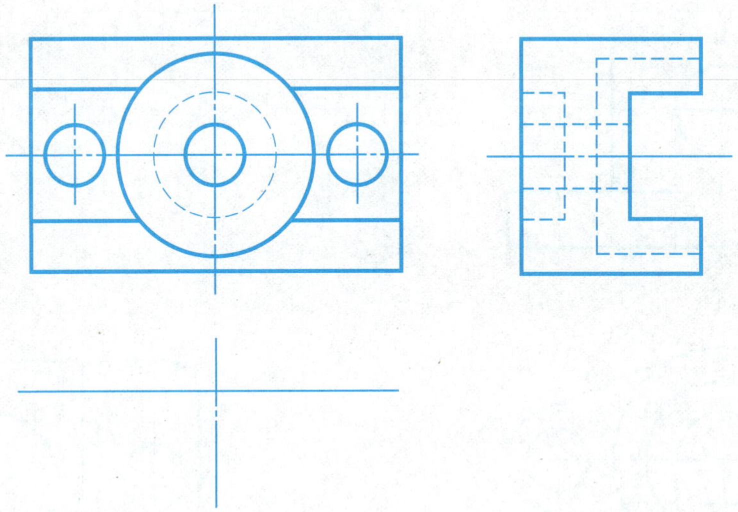

6.

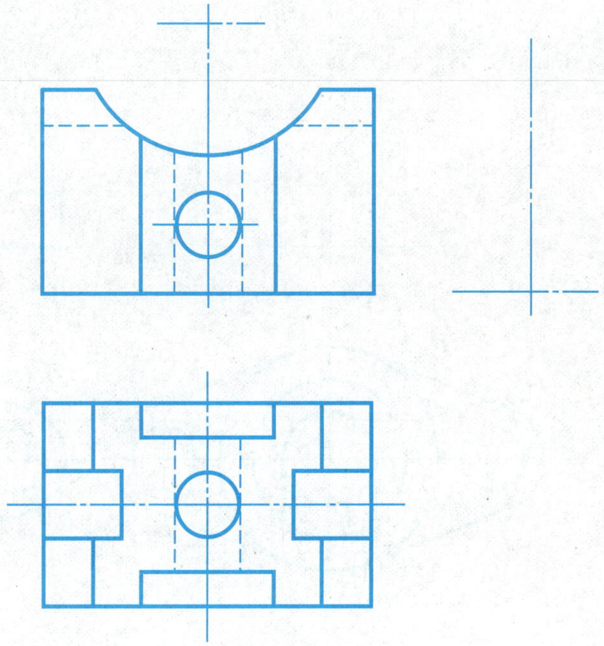

续 8-2　剖视图　二、半剖视图　根据每题右边给出的物体的主、俯视图，在左边俯视图的上方指定位置处画出半剖视的主视图

1.

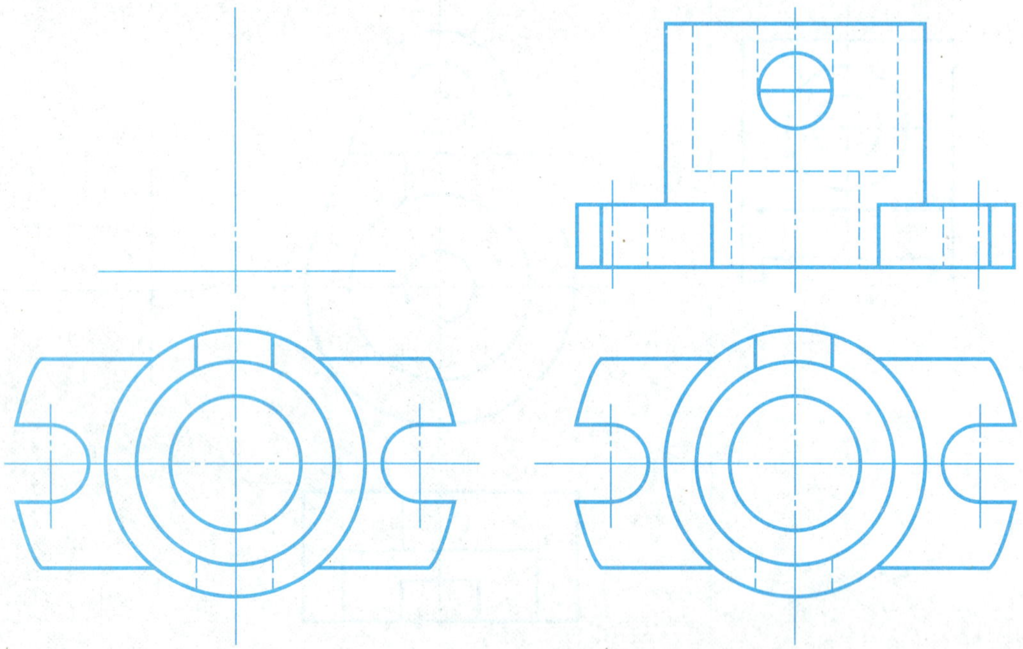

3.

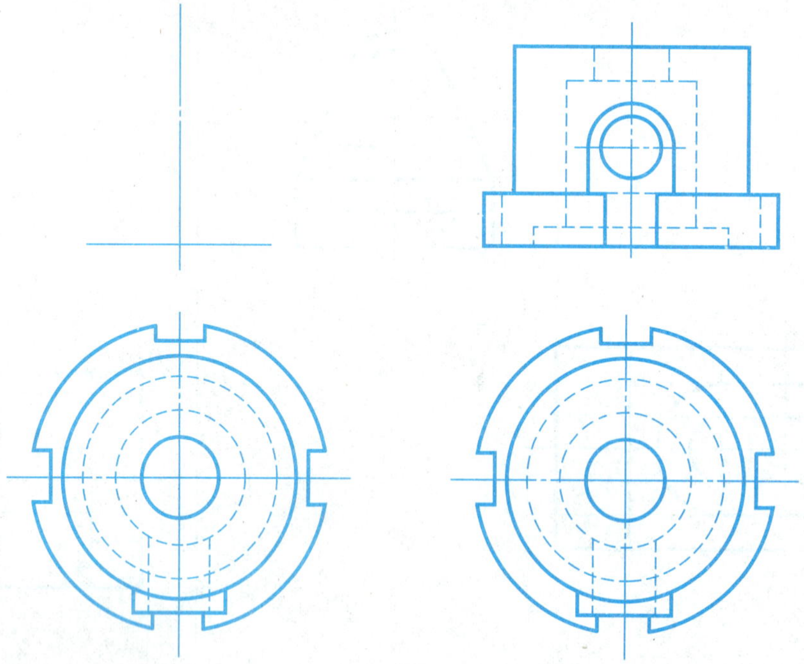

2.

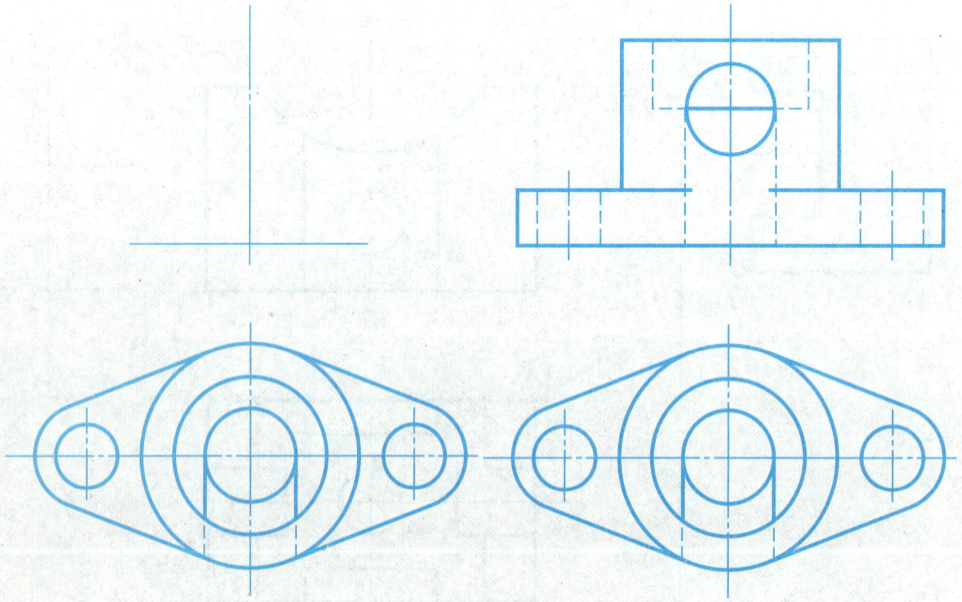

4.

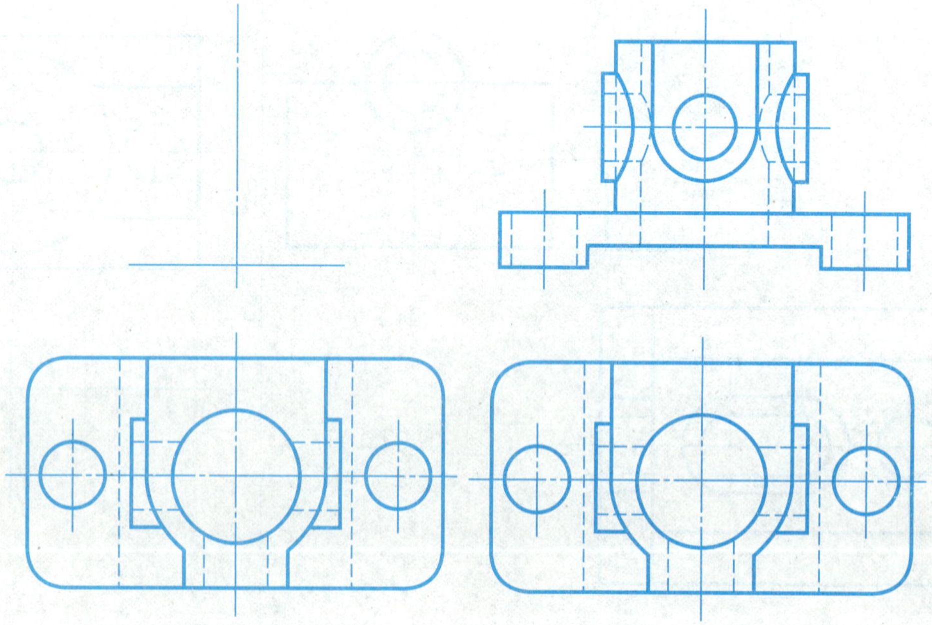

续 8-2 剖视图 三、补漏线 补画出各视图中所缺漏的图线（5、6 两题，还要求在多余的图线上打上“×”，其他错误可用文字说明）

1.

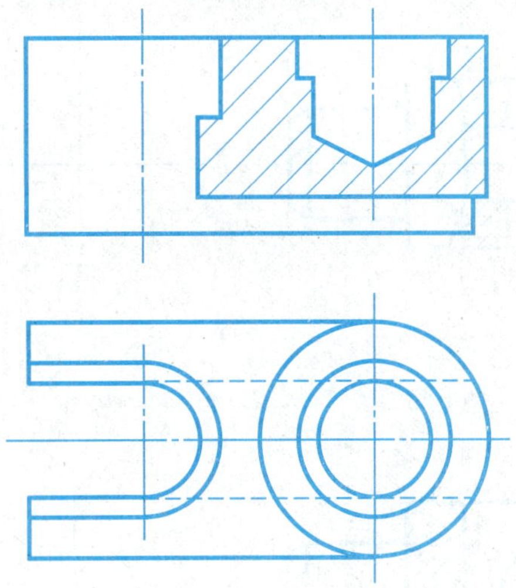

3.

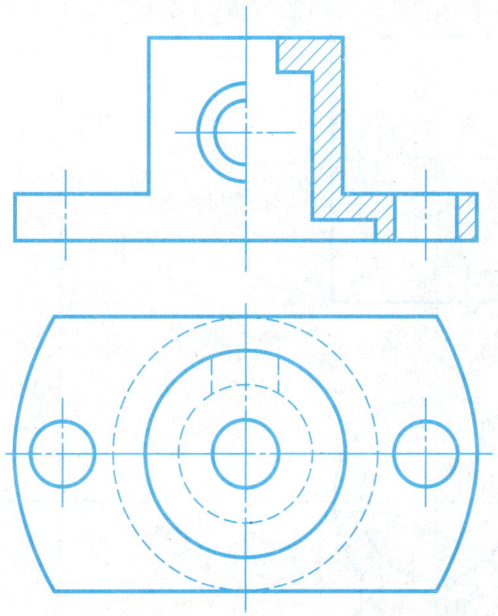

5.

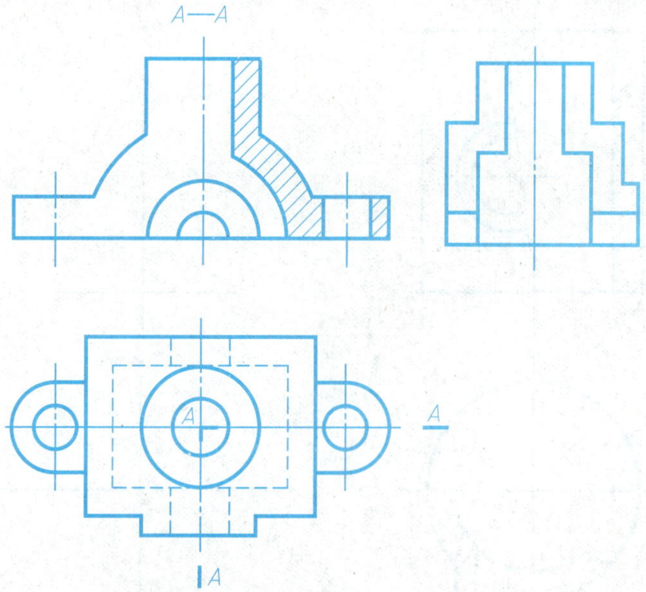

2.

4.

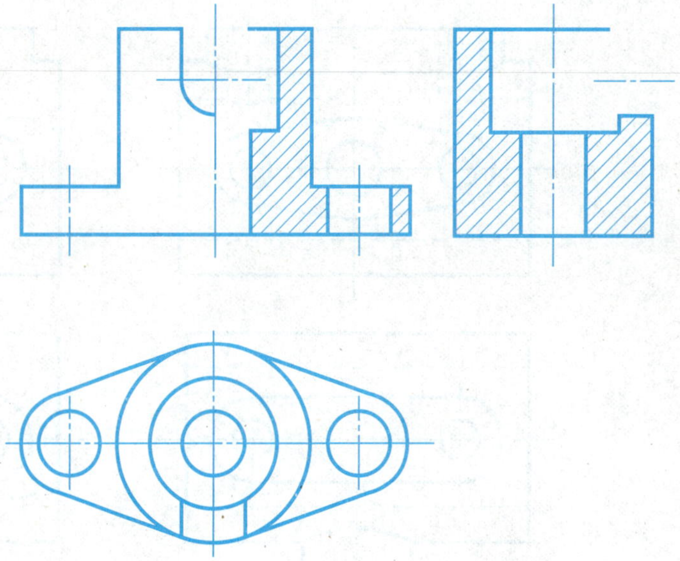

6.

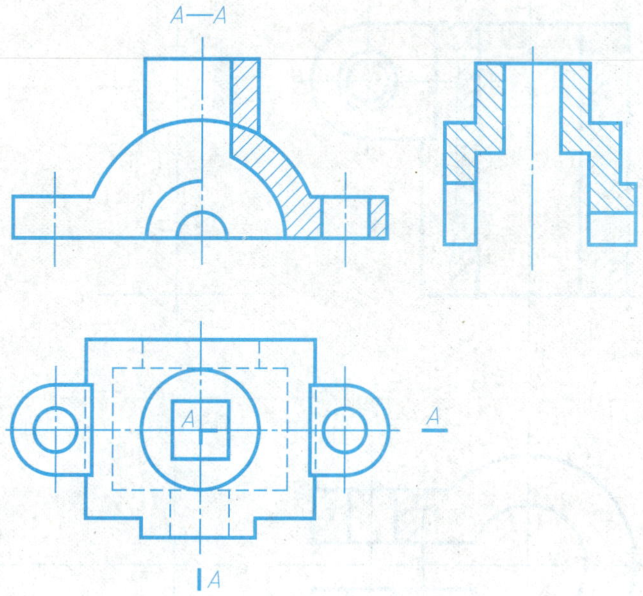

续 8-2　剖视图　四、局部剖视图　请在指定位置或指定范围内（第 4 题）画出正确的局部剖视图

1.

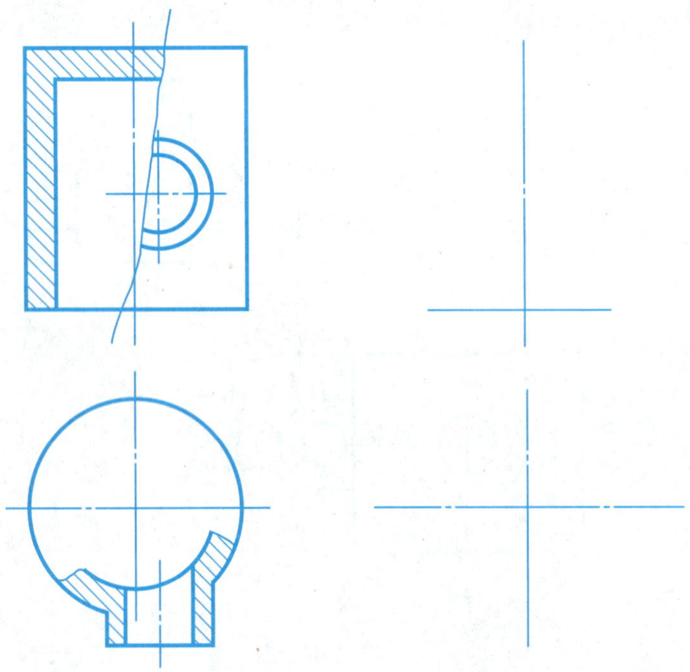

3.

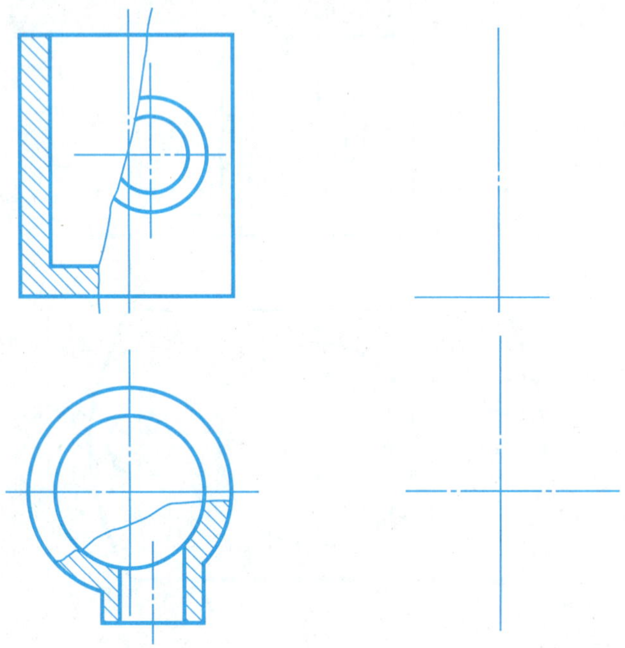

5.

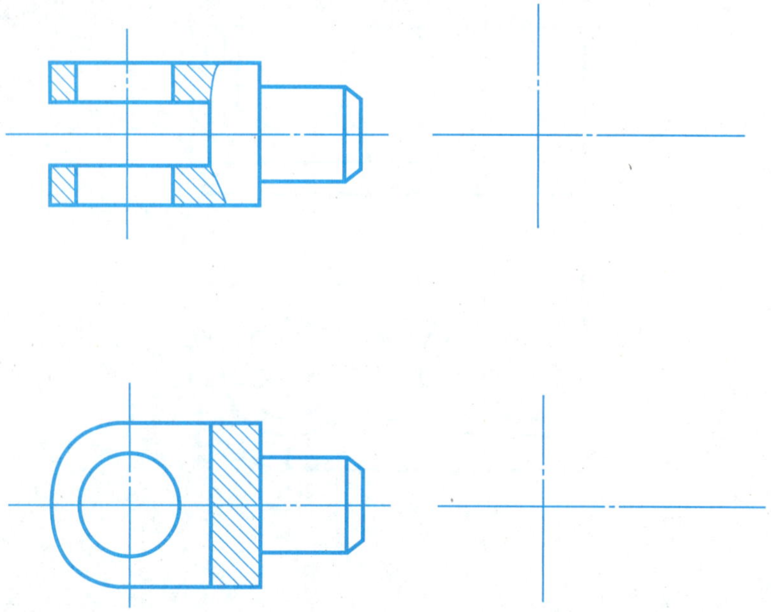

2.

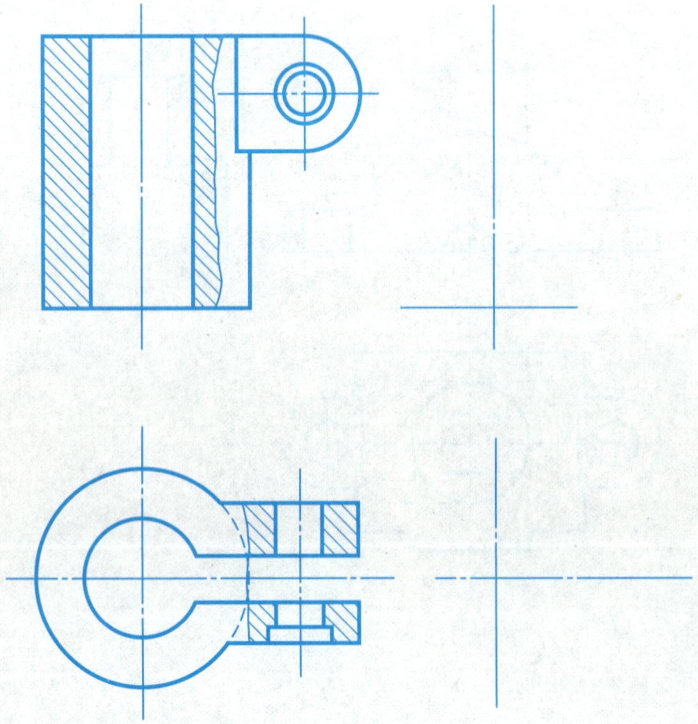

4.

 班级________ 学号________ 姓名________

续 8-2　剖视图　五、旋转剖的全剖视图　根据物体的主、俯视图，在指定位置将主视图画成 *A*—*A* 剖视图，并加以标注

1.

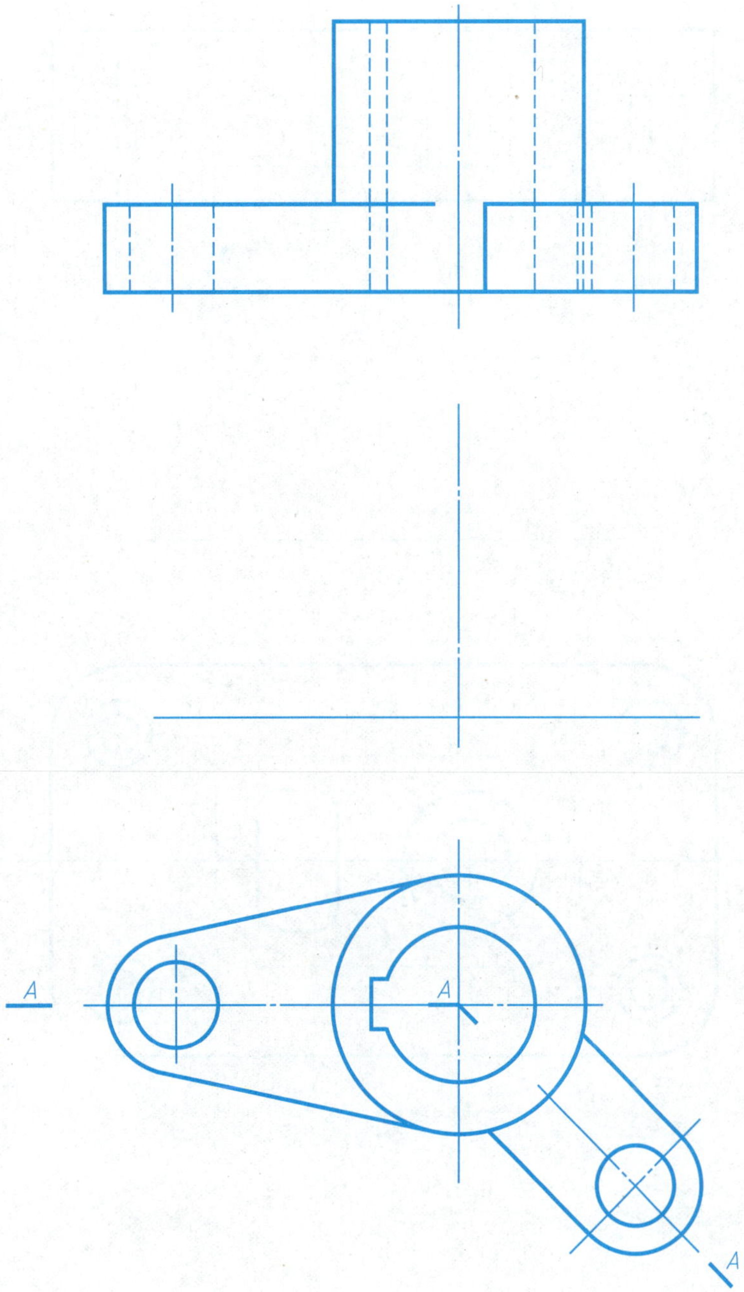

2.

续 8-2　剖视图　六、阶梯剖的全剖视图　根据物体的主、俯视图，在指定位置将主视图画成 *A*—*A* 剖视图，并加以标注

1.

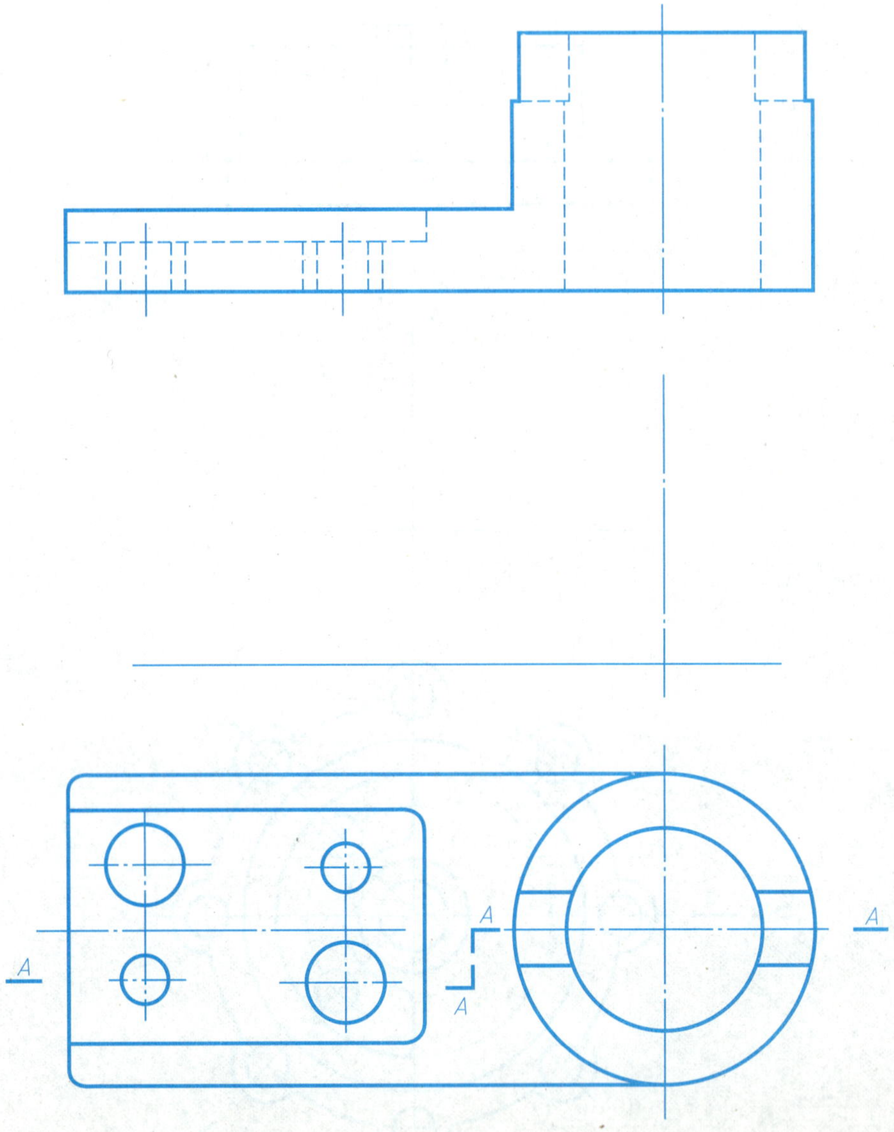

2.

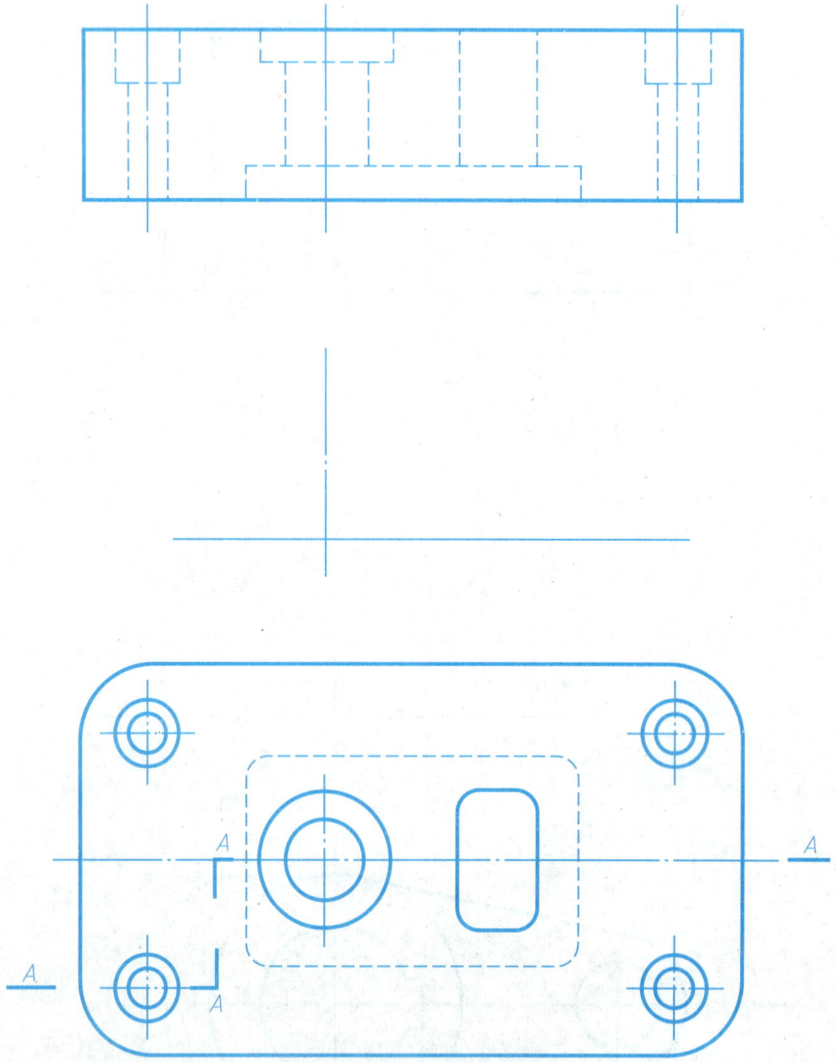

七、斜剖的全剖视图 在指定位置将主视图画成 *A*—*A* 全剖视图

1.

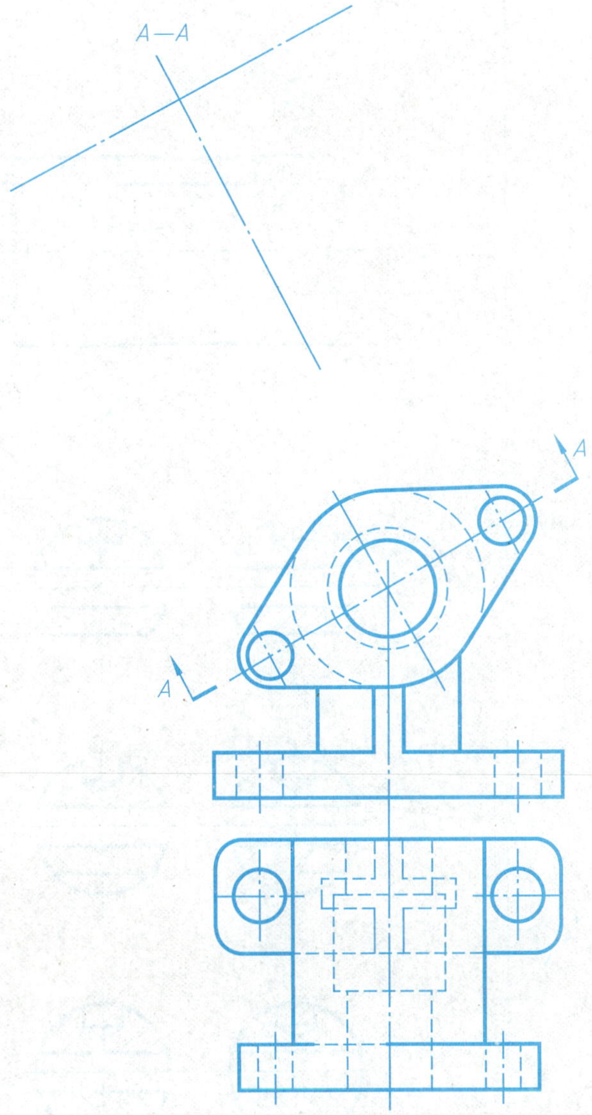

2.

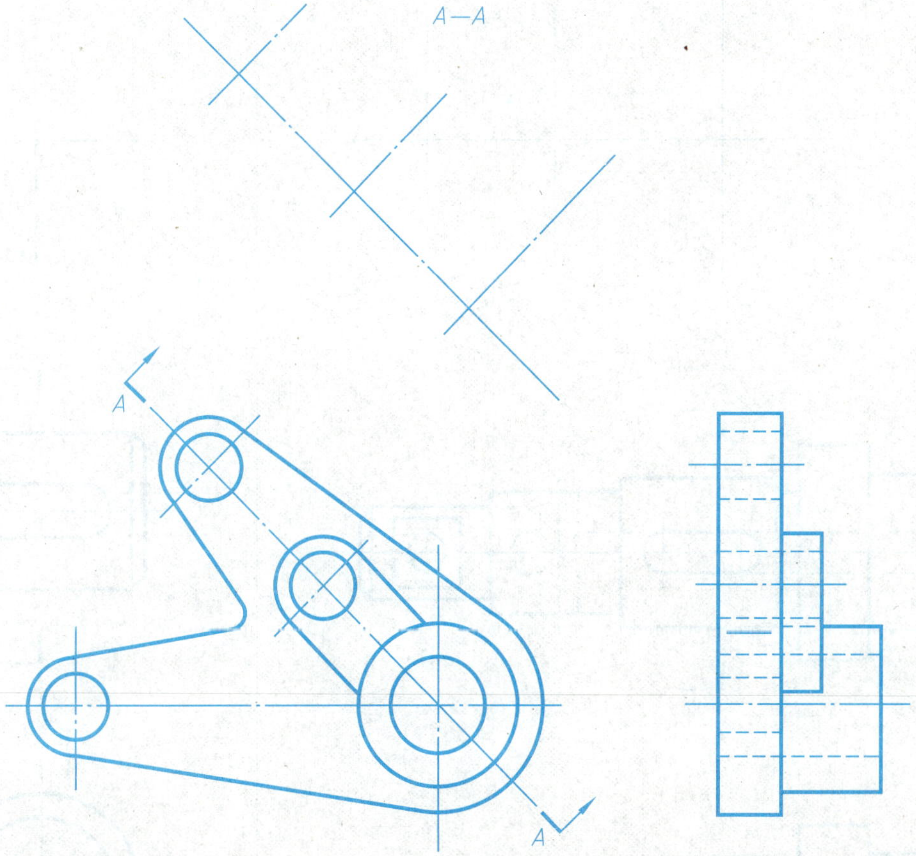

8-3 断面图

1. 在指定位置画出三个移出断面（即改用主视图和断面图的表达方案，而省去俯视图）

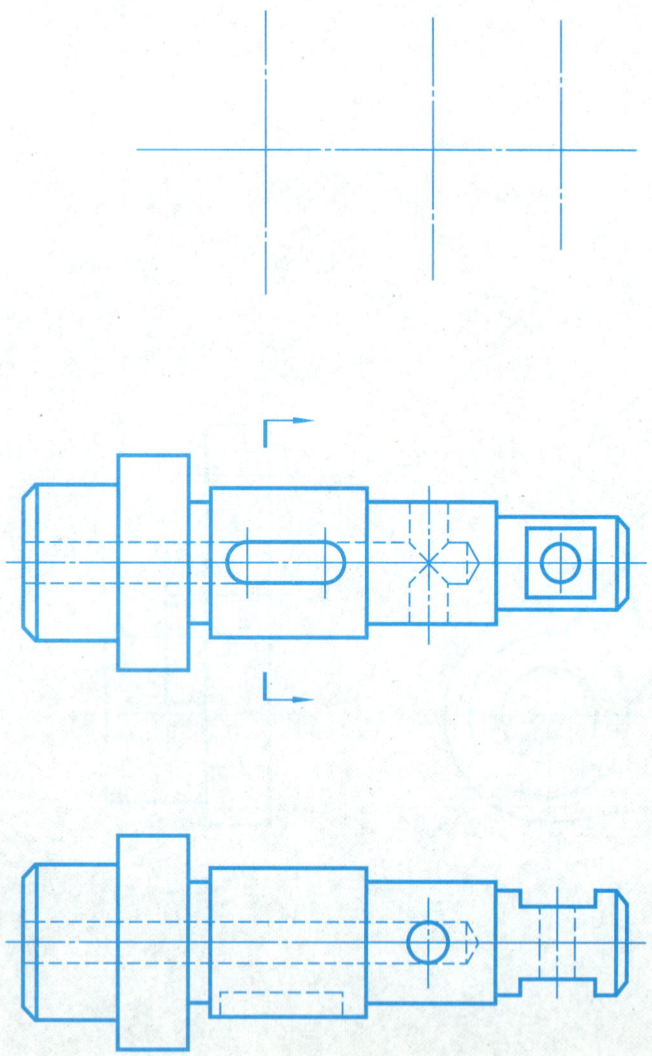

2. 找出断面图中的错误，并在指定位置画出正确的断面图

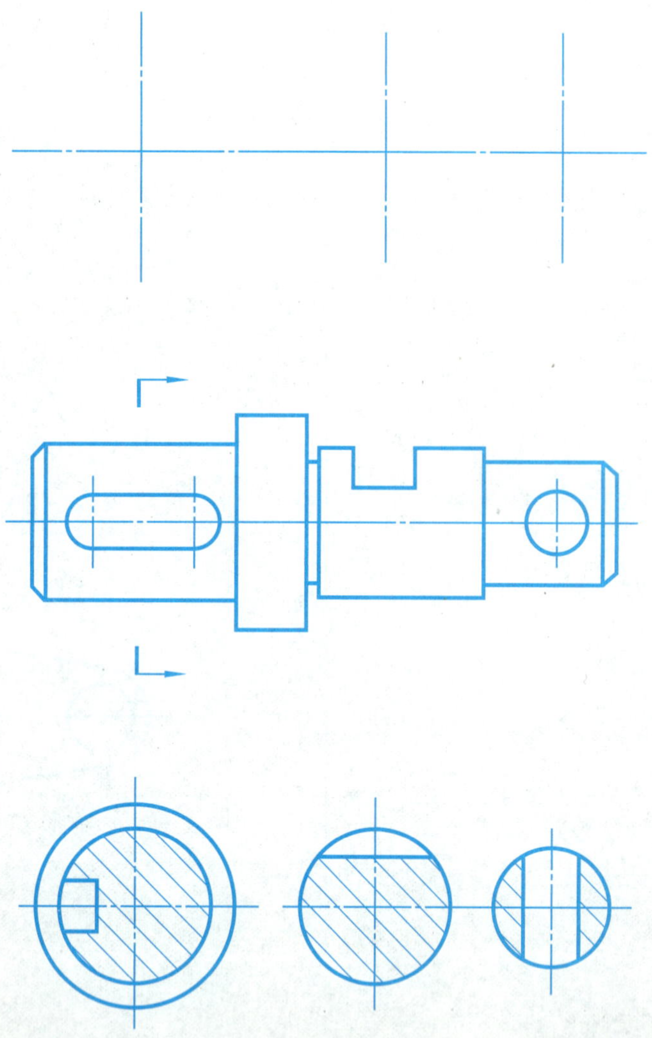

3. 找出正确的断面图，并在其上方标注 $A—A$

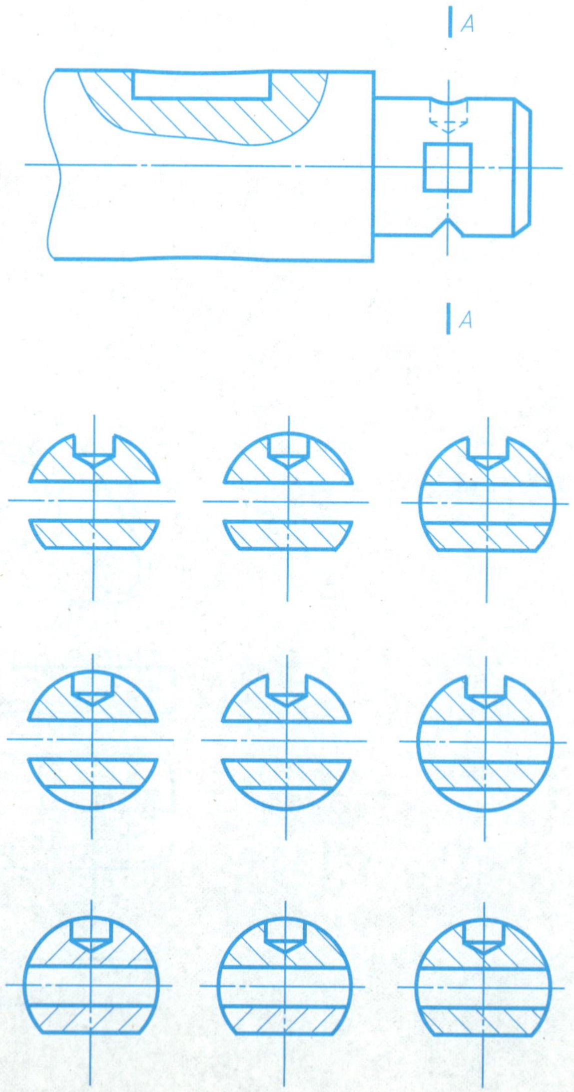

8-4 简化画法

1. 找出剖视图中的错误，在右边画出正确的剖视图

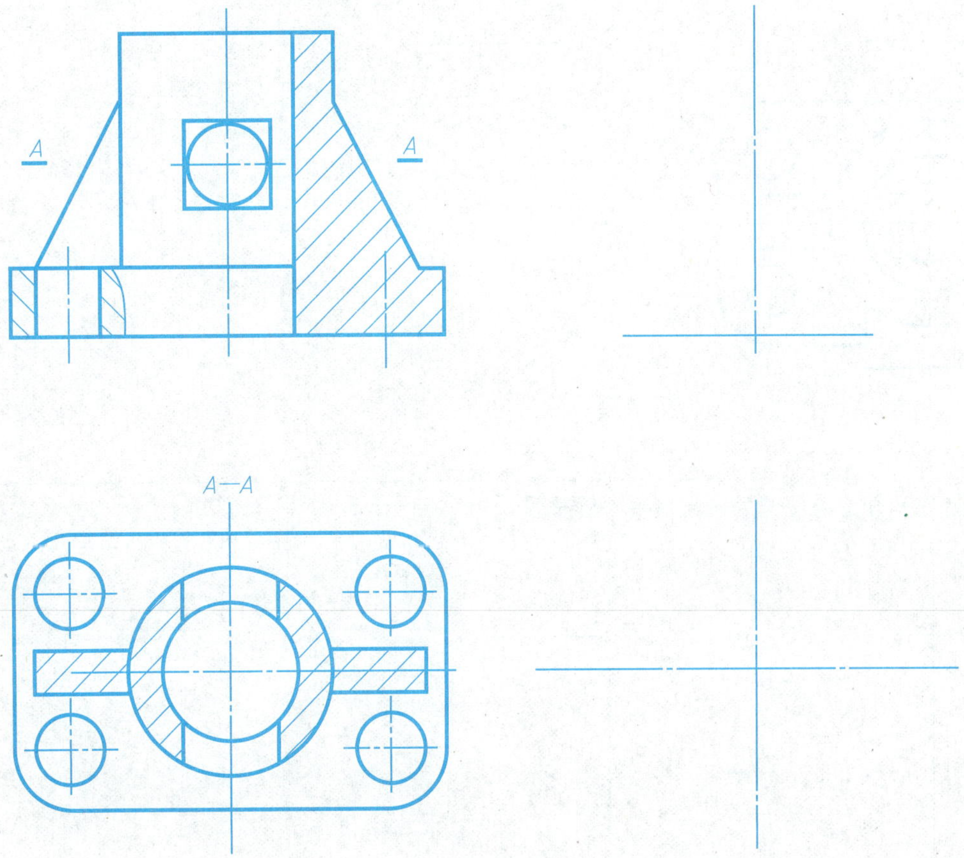

2. 根据给出的主、俯视图，在右边重新画出物体全剖视的主视图，并采用简化画法

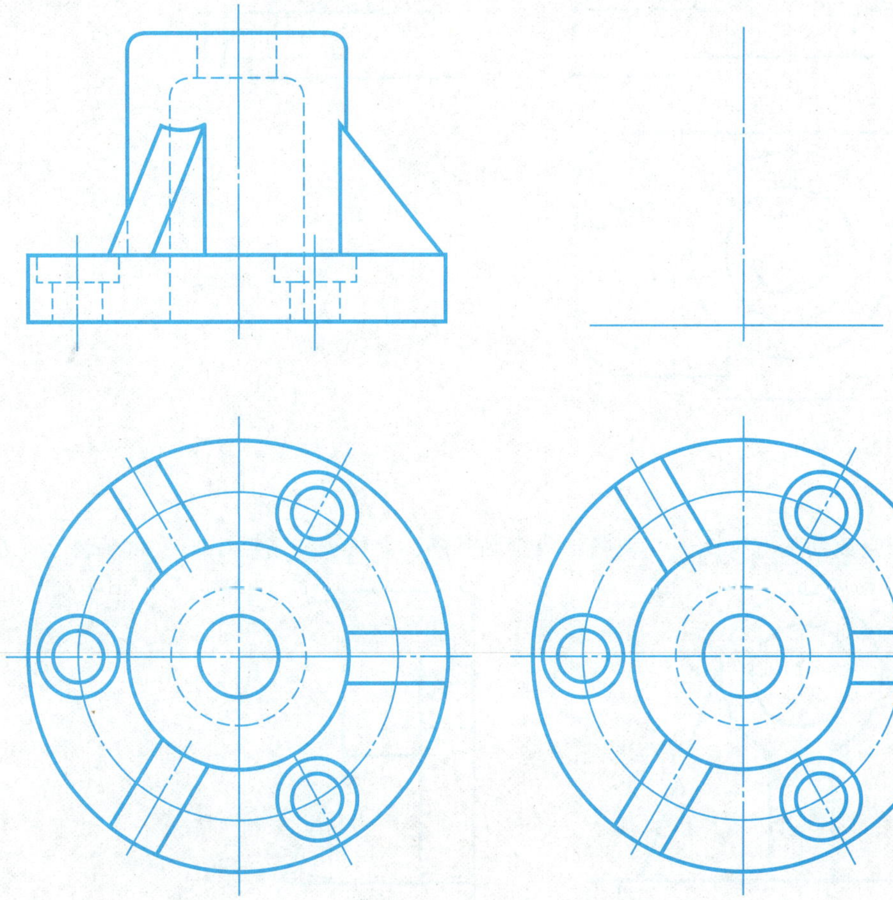

8-5 综合题 一、看懂所给的三视图，用指定的表达方法，将机件表达清楚（画在右边指定位置处）

1. 将主视图画成半剖视图和局部剖视图，左视图画成全剖视图（省略不必要的虚线）

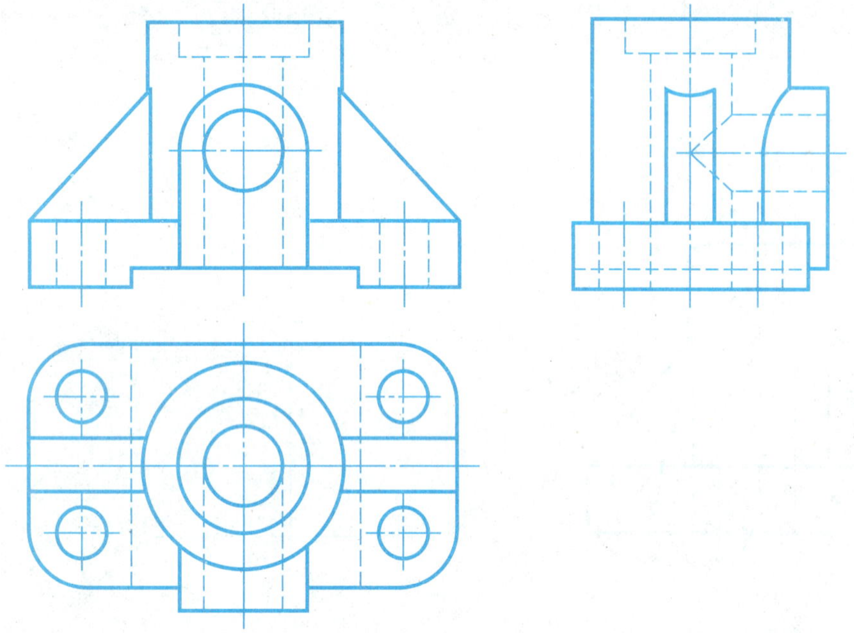

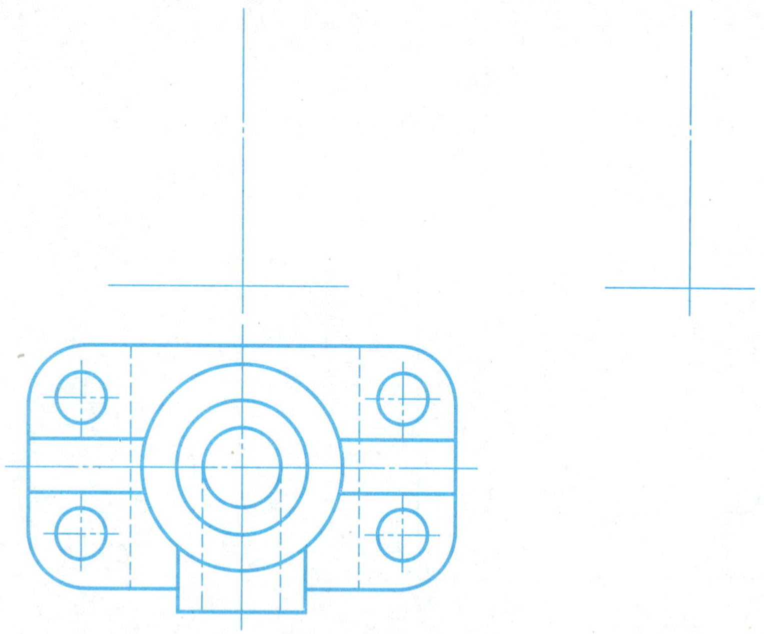

2. 将主视图画成局部剖视图，左视图画成全剖视图，原俯视图省略不画，而在该位置处画出 *B* 向视图，并在右下方指定位置处画出 *A*—*A* 断面图

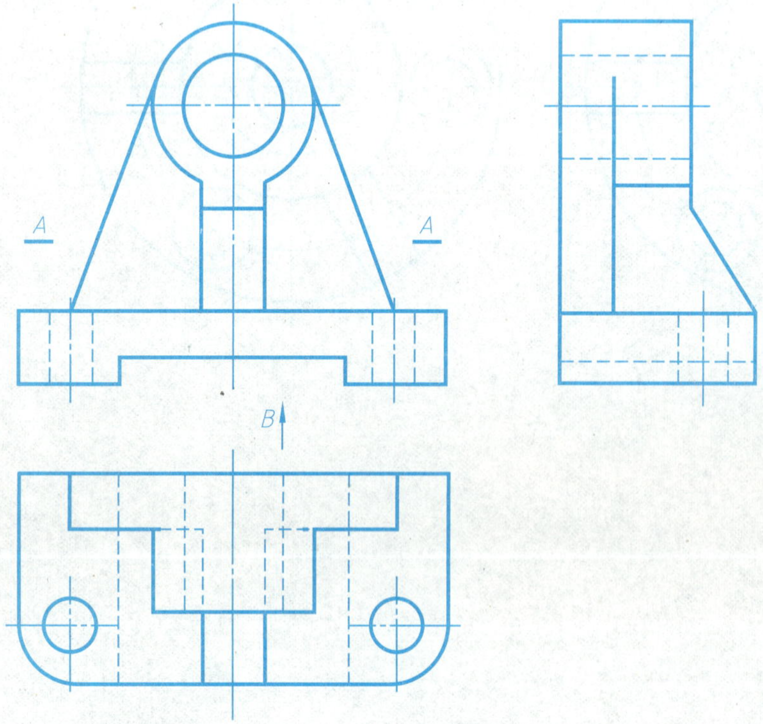

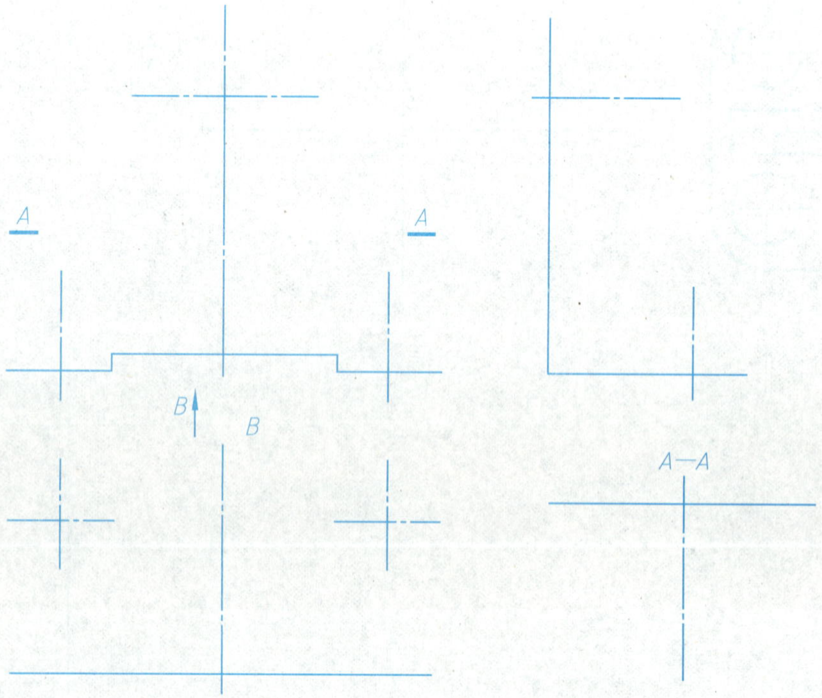

续 8-5　综合题　二、看懂所给的三视图和尺寸（参见轴测图），用适当的表达方法，将机件表达清楚（用比例 1:1，画在 A3 图纸上）

第九章　标准件和常用件

9-1　螺纹　画出下列螺纹，并标注螺纹的标记及有关尺寸

1. 粗牙普通螺纹，大径 20mm，螺距 2. 5mm，螺纹长度 30mm，右旋，倒角 *C*2（中径公差带代号 5g，顶径公差带代号 6g）

3. 细牙普通螺纹，大径 20mm，螺距 1mm，孔口倒角 *C*2，左旋，孔深 40mm，螺孔深 30mm，螺纹中径、顶径公差带代号均为 6H（主视图画成全剖视）

2. 梯形螺纹，大径 24mm，导程 10mm，线数为 2，左旋，螺纹长度 35mm，倒角 *C*2

4. 圆柱管螺纹副，尺寸代号 3/4，左旋，倒角均为 *C*2。其中管子的外螺纹长 20mm，公差等级 A 级；管接头两端内螺纹各长 25mm。画出螺纹并标注尺寸，查表确定其大径、小径和螺距

大径 =　　　　小径 =　　　　螺距 =

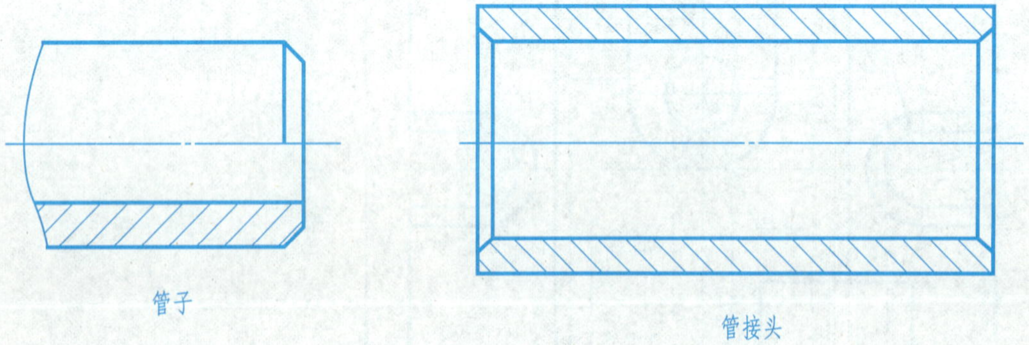

9-2 螺纹紧固件 查表确定下列螺纹紧固件各部分的尺寸，填入图中，并在图的下方填写其规定标记

1. GB/T 5782—2000 的 A 级六角头螺栓，螺纹规格 d = 16mm，公称长度 l = 55mm（1:1）

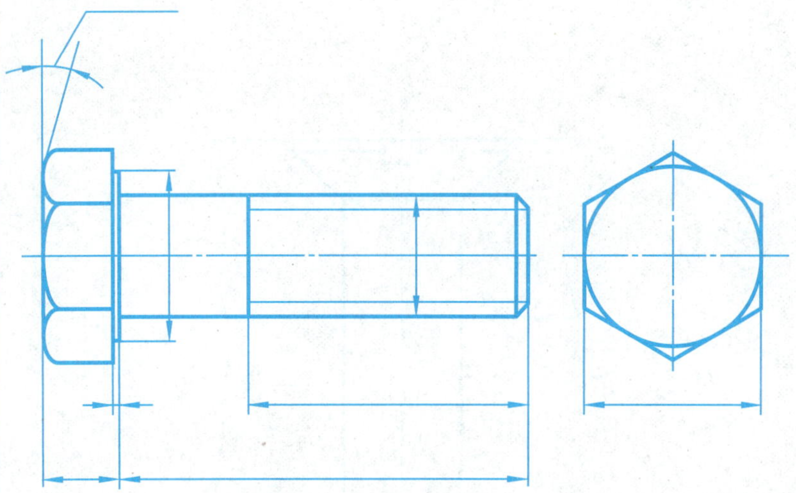

标记：________________

2. GB/T 6170—2000 的 A 级 1 型六角螺母，螺纹规格 D = 16mm（1:1）

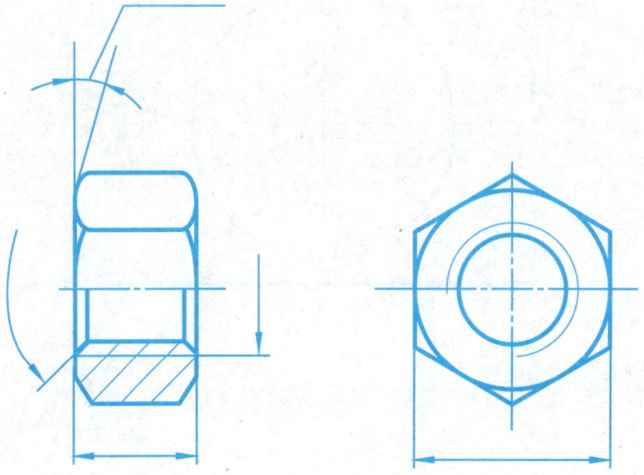

标记：________________

3. GB/T 898—1988 的 A 型螺柱，螺纹规格 d = 16mm，公称长度 l = 50mm（1:1）

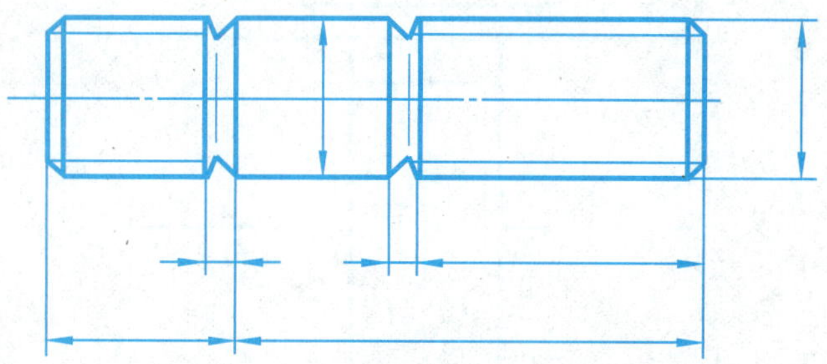

标记：________________

4. GB/T 97.1—2002 的 A 级平垫圈，螺纹规格 d = 16mm（1:1）

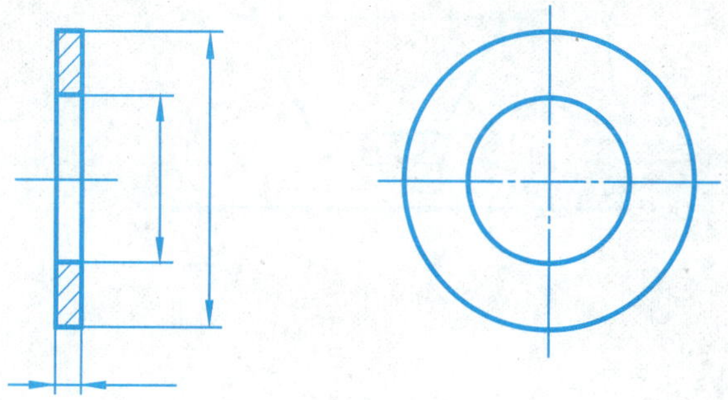

标记：________________

5. GB/T 68—2000 的开槽沉头螺钉，螺纹规格 d = 8mm，公称长度 l = 40mm（2:1）

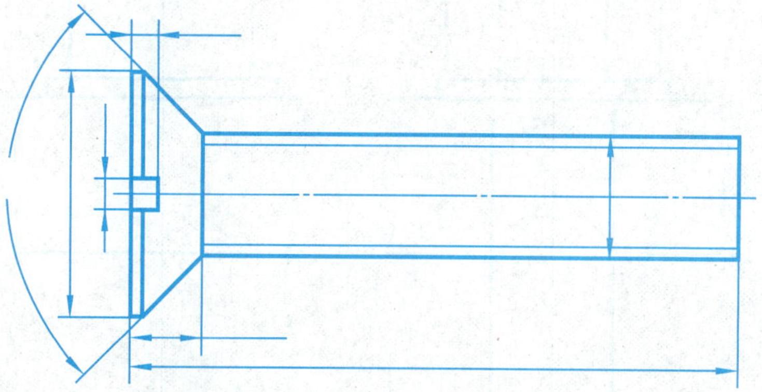

标记：________________

6. GB/T 119.1—2000 的圆柱销，公称直径 d = 10mm，公称长度 l = 35mm，材料为钢，不经表面处理（2:1）

标记：________________

9-3 螺纹紧固件的连接画法 一、完成下列三种连接的画法

1. 螺栓连接 螺栓 GB/T 5782 M16×75，垫圈 GB/T 97.1 16，螺母 GB/T 6170 M16（1:1）

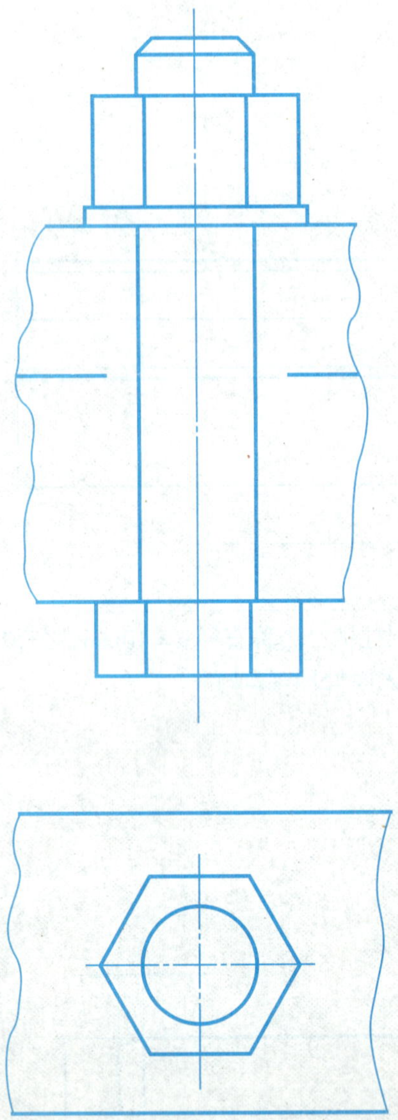

2. 螺柱连接 螺柱 GB/T 898 M16×45，垫圈 GB/T 93 16，螺母 GB/T 6170 M16（1:1）

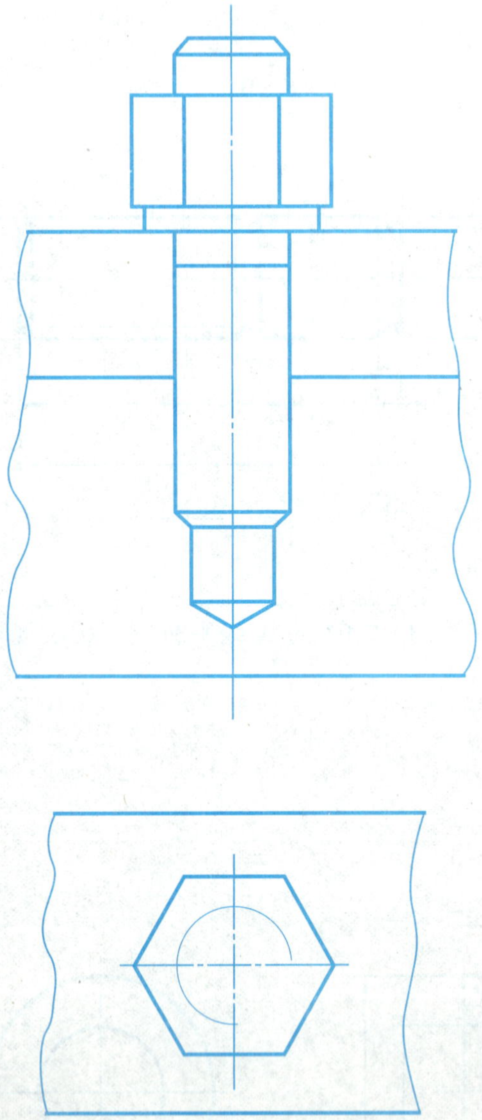

3. 螺钉连接 螺钉 GB/T 68 M8×25（2:1）

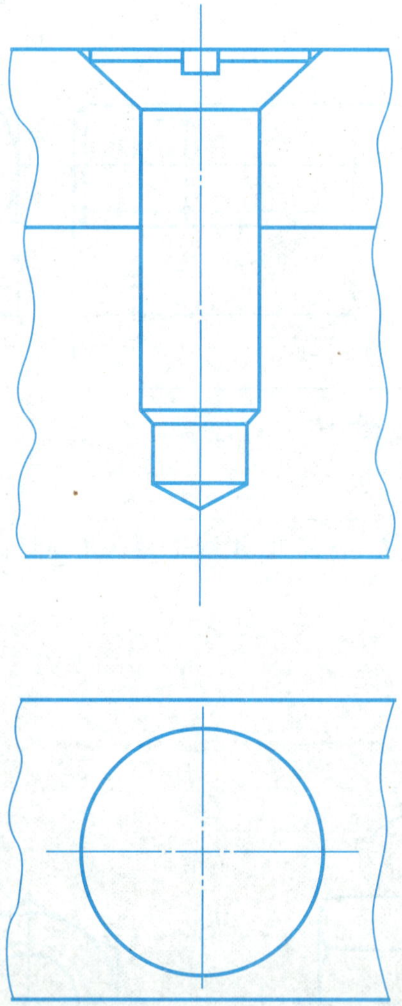

 班级________ 学号________ 姓名________

续 9-3　螺纹紧固件的连接画法

二、根据 1 ~4 题中给出的四个螺纹紧固件，在题 5 图中两块被连接板的左边画出螺栓连接，右边画出螺柱连接（可采用简化画法）

1. 螺栓 GB/T 5782　M16 ×55（1∶1）

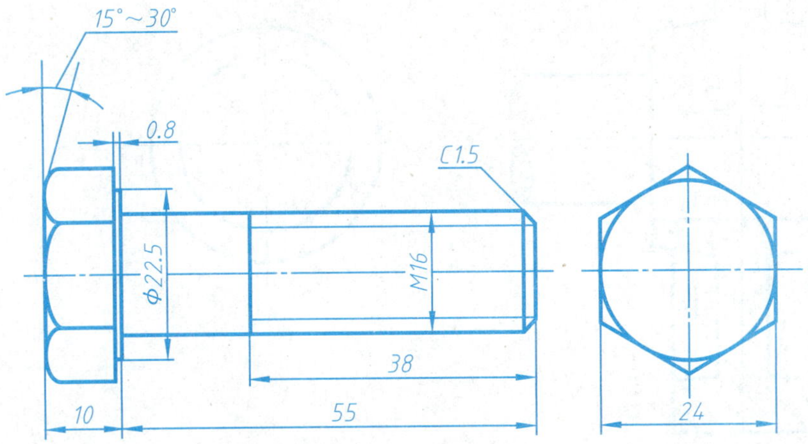

3. 螺柱 GB/T 898　M16 ×40（1∶1）

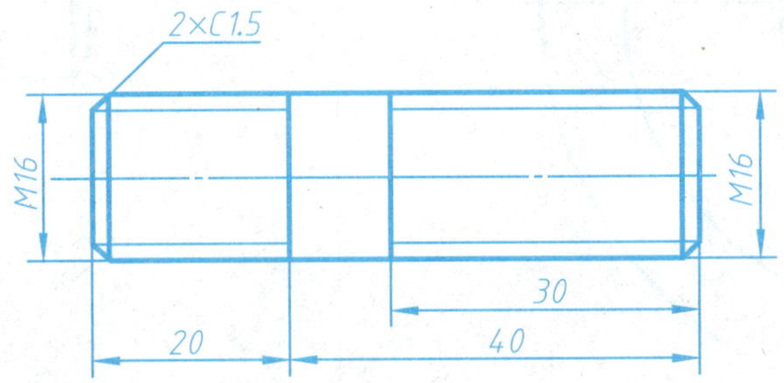

5. （1∶1）

2. 螺母 GB/T 6170　M16（1∶1）

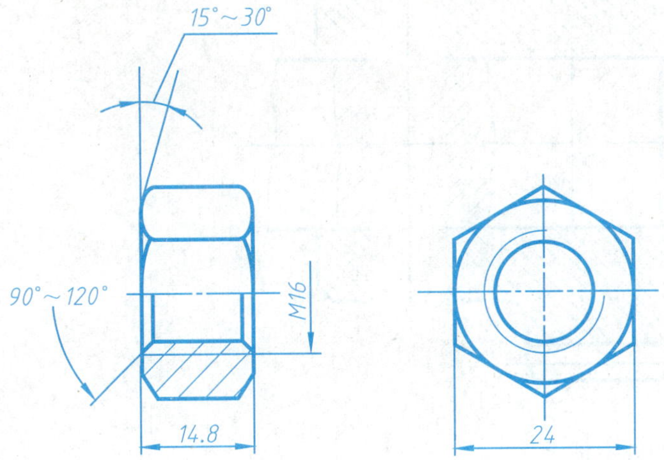

4. 垫圈 GB/T 97.1　16（1∶1）

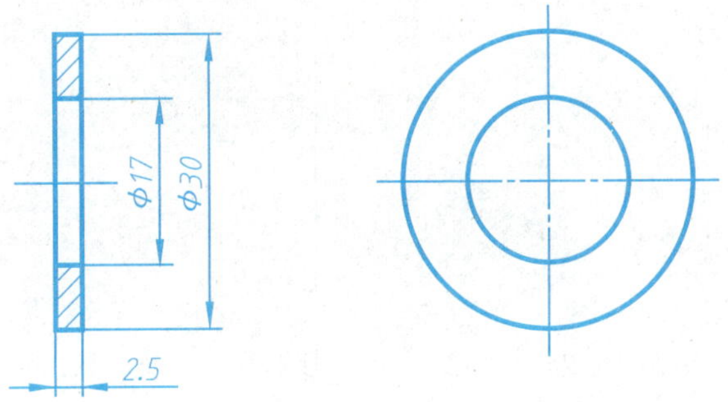

9-4 键连接和销连接 画出键连接和销连接的装配图

1. 查表决定带轮中键槽的尺寸，并在图中标注

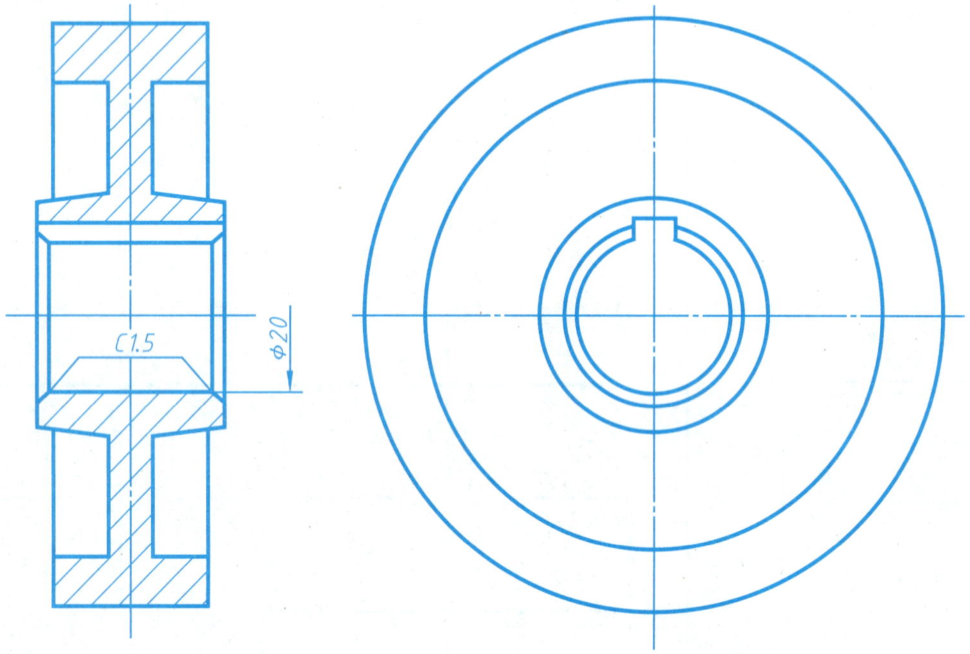

3. 将题1、2中的带轮和轴用键连接起来，画出它们的装配图（键画在上方），并填写键的规定标记

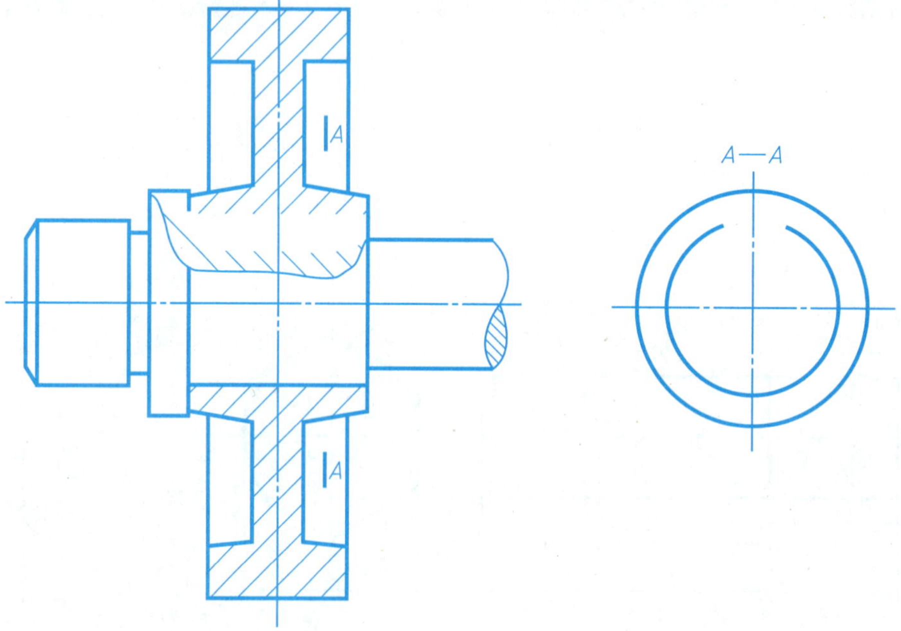

键的规定标记：__________

2. 在轴上剖切符号的下方，画出相应的断面图，并标注全键槽的尺寸（尺寸由查表确定）

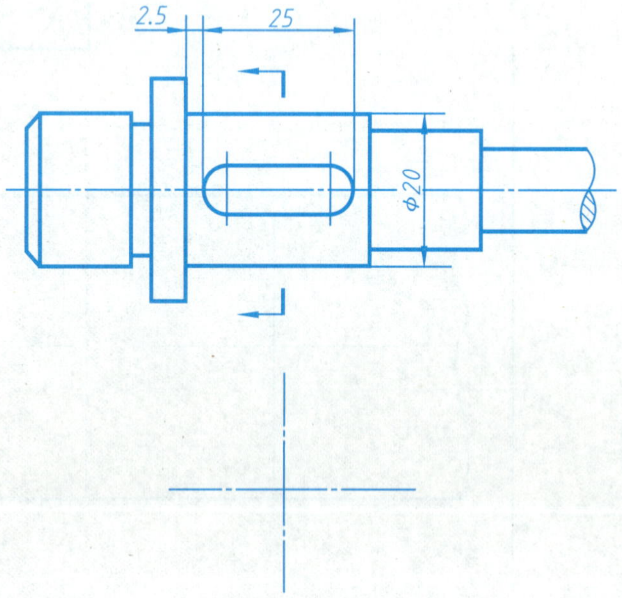

4. 已知齿轮与轴用直径为5mm、直径公差带为m6、长度为22mm的圆柱销连接，请按2:1的比例画出销连接，并填写出圆柱销的规定标记

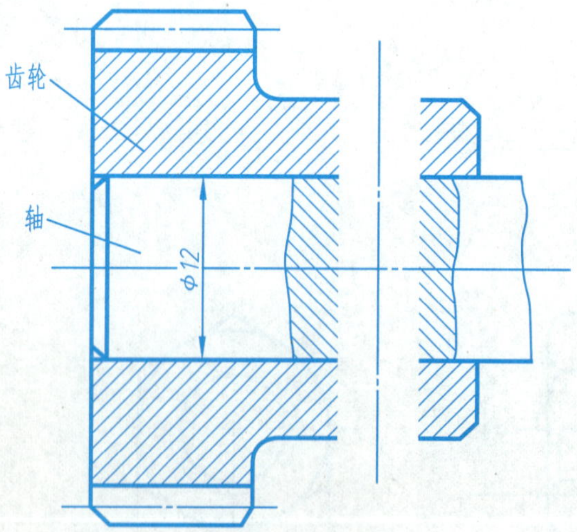

销的规定标记：__________

 班级________ 学号________ 姓名________

9-5 齿轮 根据齿轮的基本参数，计算齿轮的几何尺寸，并画全齿轮零件图和啮合图

1. 已知直齿圆柱齿轮模数 $m=5\text{mm}$，齿数 $z=40$，压力角 $\alpha=20°$，试计算该齿轮的分度圆、齿顶圆和齿根圆的直径。按 1:2 完成下列两视图，并标注主要尺寸（轮齿倒角为 $C1.5$），填写参数表（精度等级为 7 级）

模数	m	
齿数	z	
压力角	α	
精度等级		

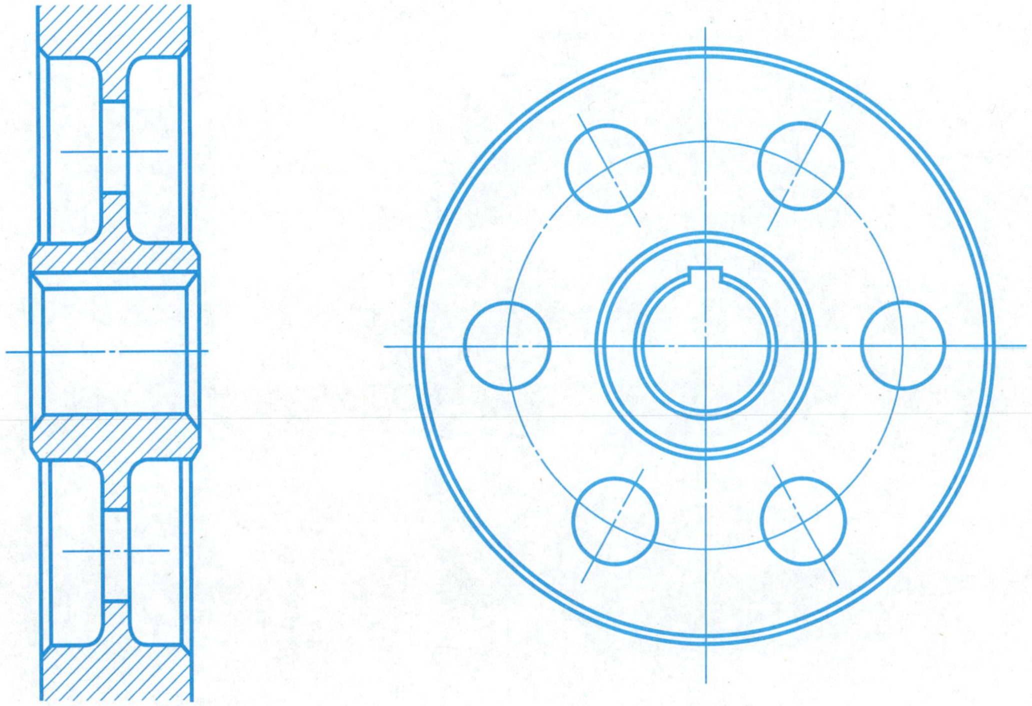

计算（列出公式、代入数据、得出结果）：

$d=$

$d_a=$

$d_f=$

2. 一对标准直齿圆柱齿轮传动，已知模数 $m=4\text{mm}$，中心距 $a=110\text{mm}$，从动大齿轮的齿数 $z_2=38$，计算下方列出的几何尺寸，并按 1:2 的比例完成这对齿轮的啮合图

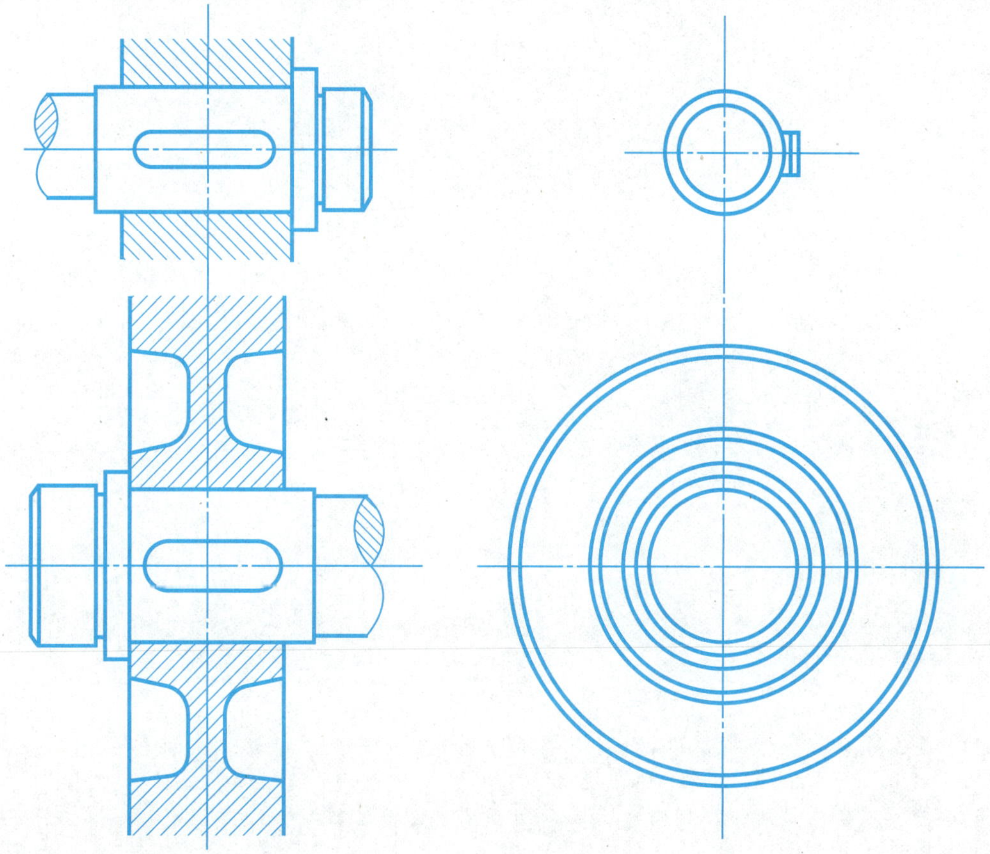

计算：$z_1=$ $\quad$ $i=$

$d_1=$ $\quad$ $d_2=$

$d_{a1}=$ $\quad$ $d_{a2}=$

$d_{f1}=$ $\quad$ $d_{f2}=$

9-6 滚动轴承和弹簧

1. 查表确定深沟球轴承 6210 的外形尺寸：内径 d = __________ mm，外径 D = __________ mm，宽度 B = __________ mm；并分别用通用画法、特征画法和规定画法，在下面对应的空白位置处，按 1∶1 画出该滚动轴承

通用画法　　特征画法　　规定画法

2. 画出圆柱螺旋压缩弹簧的主视图（通过弹簧轴线剖切的全剖视图或外形图）。弹簧参数为：外径 D_2 = 70mm，材料直径 d = 8mm，节距 t = 15mm，有效圈数 n = 9.5，总圈数 n_1 = 12，右旋

 班级__________ 学号__________ 姓名__________

第十章 零 件 图

10-1 根据轴测图画零件图（图幅 A3，比例 1:1）

1. 名称：轴
材料：45
键槽尺寸查表

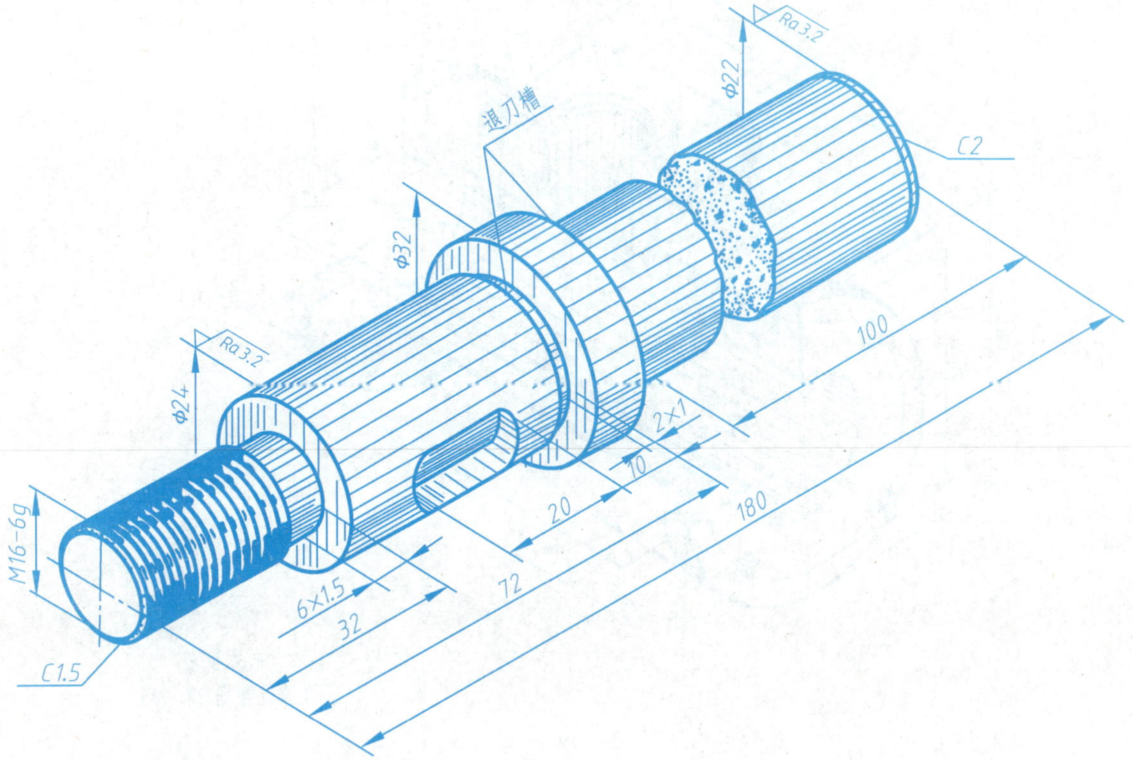

2. 名称：法兰盘
材料：Q235

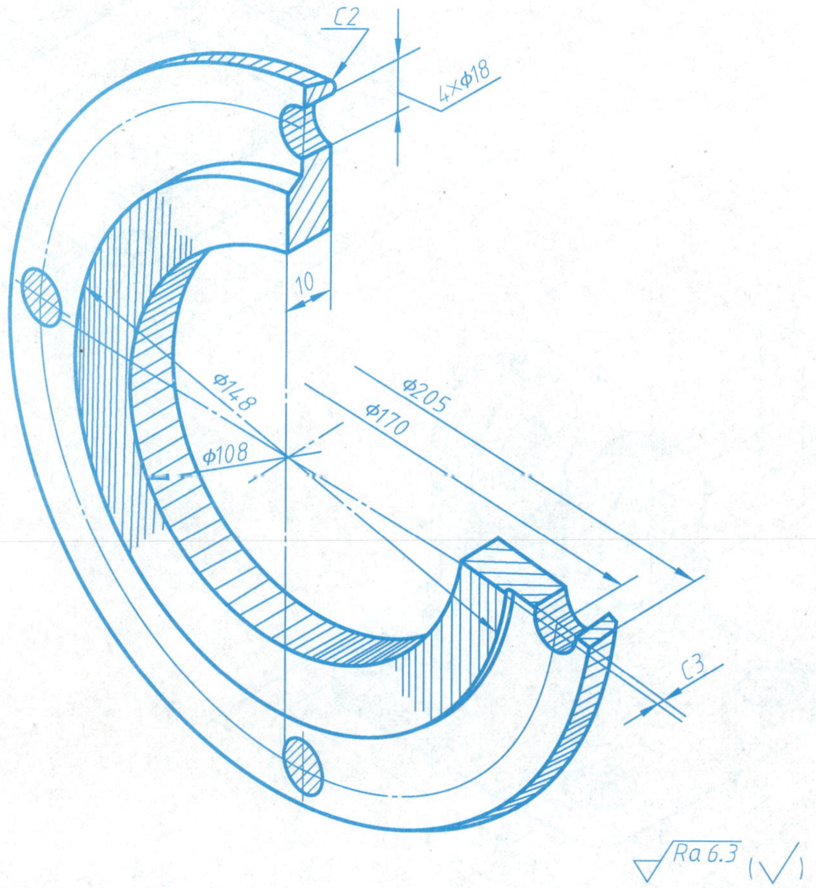

续 10-1　根据轴测图画零件图（图幅 A3，比例 1:1）

3. 名称：支架
   材料：HT150

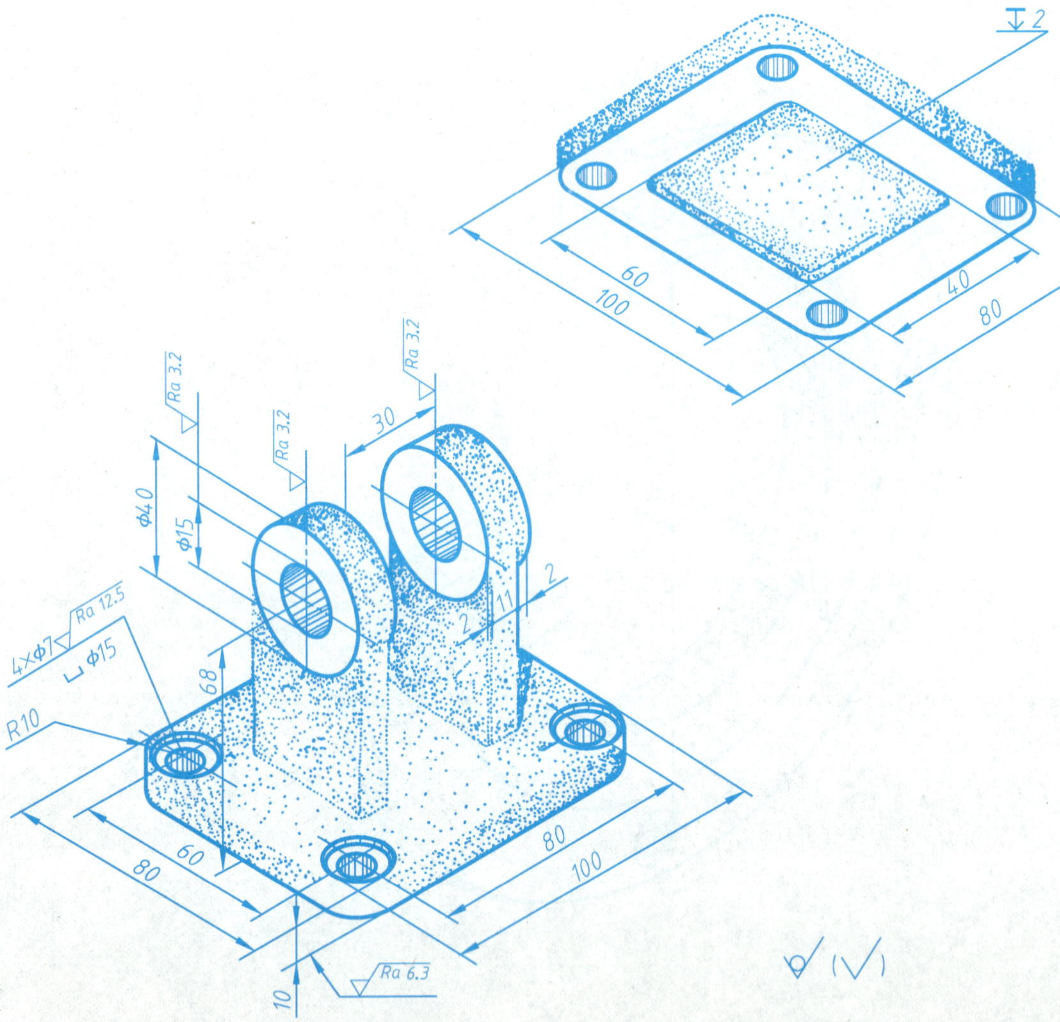

4. 名称：三通
   材料：HT150

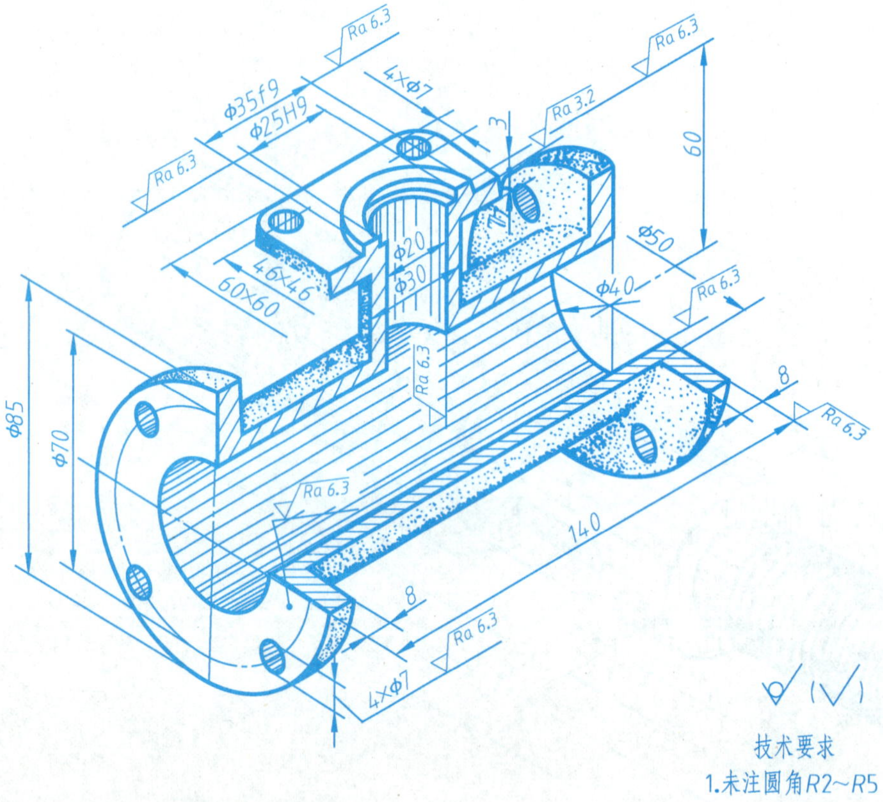

 班级＿＿＿＿＿ 学号＿＿＿＿＿ 姓名＿＿＿＿＿

5. 名称：支架

材料：HT150

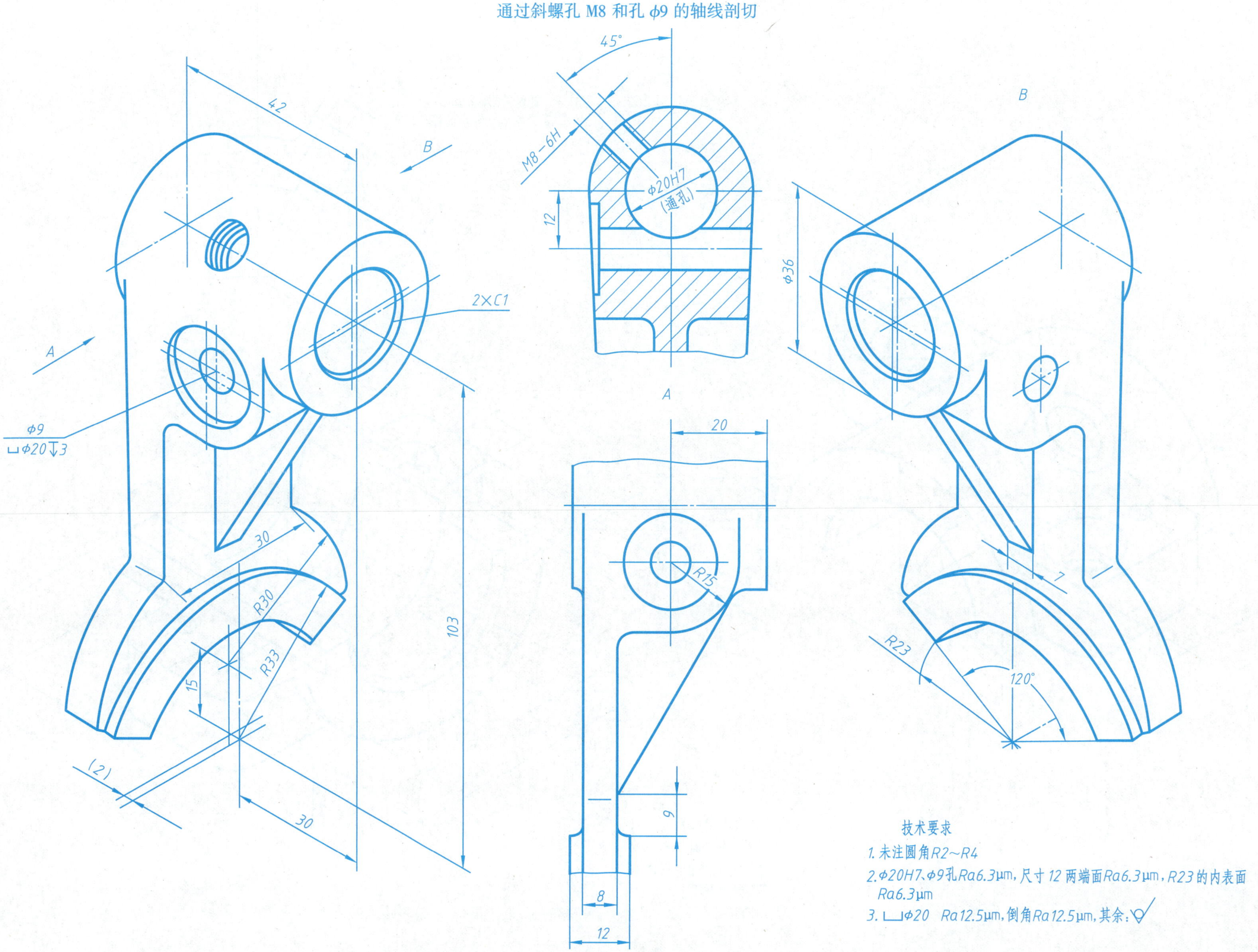

技术要求

1. 未注圆角R2～R4
2. ϕ20H7、ϕ9孔Ra6.3μm，尺寸 12 两端面Ra6.3μm，R23的内表面Ra6.3μm
3. ⌴ϕ20　Ra12.5μm，倒角Ra12.5μm，其余：∀

6. 名称：轴承盖
   材料：HT150

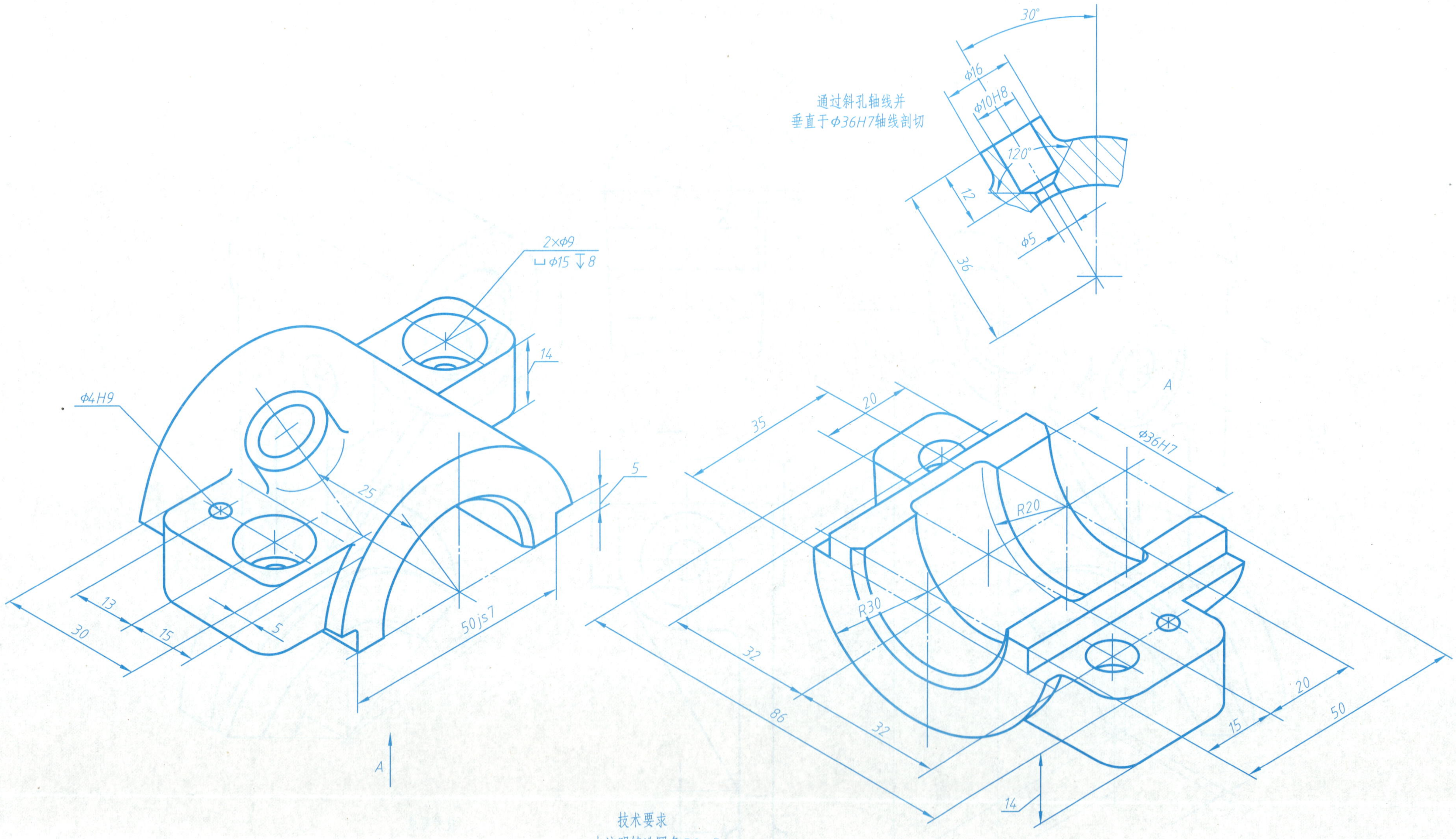

技术要求
1. 未注明铸造圆角R2～R4
2. Φ36H7两端孔口倒角为C1
3. 各表面粗糙度自选

10-2 读零件图 看懂零件图并回答问题

1.

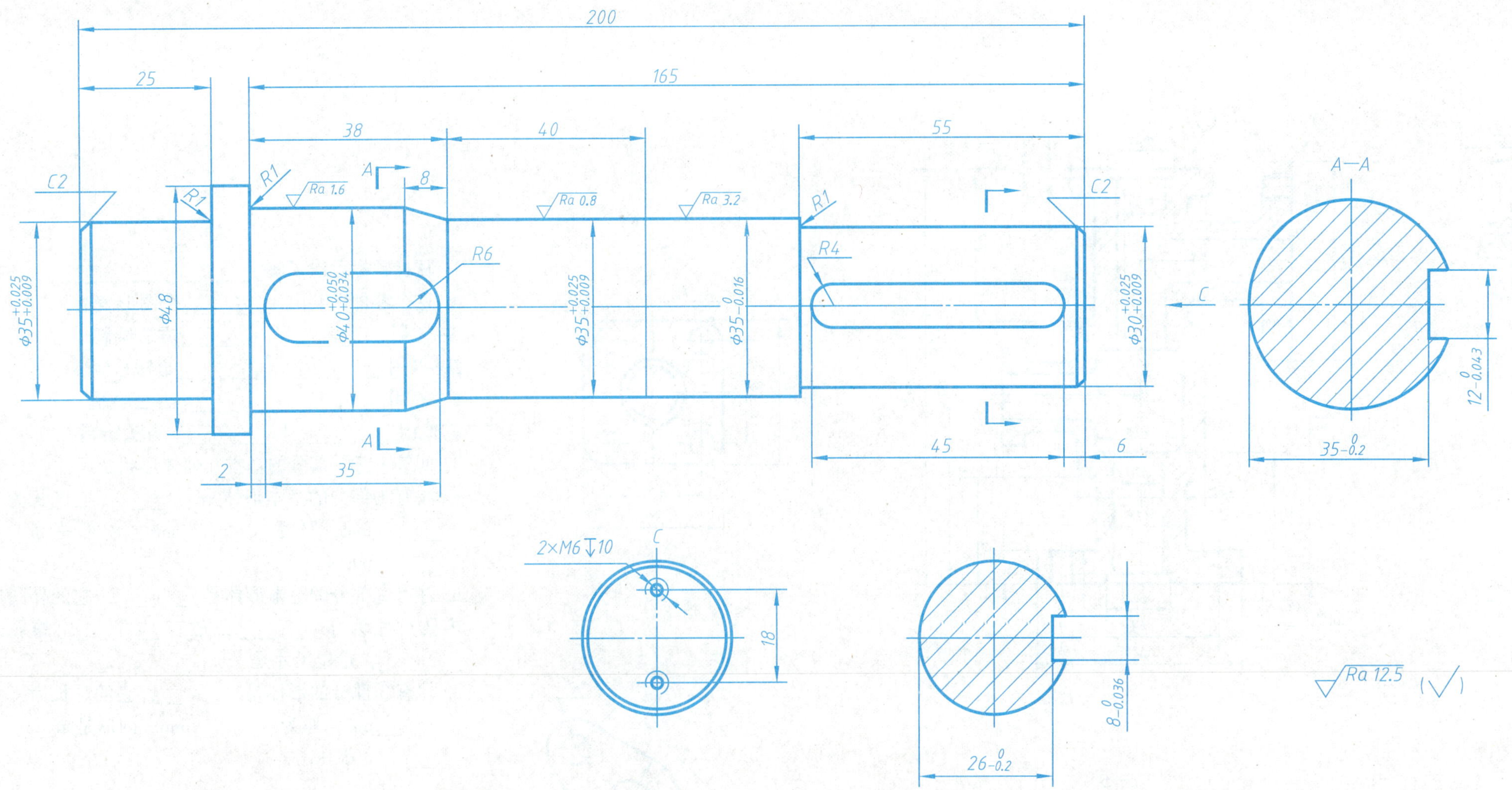

设计		轴	材料	45
班级			数量	1
学号		（校名）	比例	1:1
审核			图号	

1. 零件的名称是________，材料为________，数量为________，比例为________
2. 零件共用了________个图形，它们的名称是________________
3. 零件的基本形体为________体，右边键槽长为________mm，宽为________mm，深为________mm
4. 最大直径圆柱体的定形尺寸是________，表面粗糙度为________
5. 试述 $\phi35$mm 圆柱体的偏差与表面粗糙度

2.

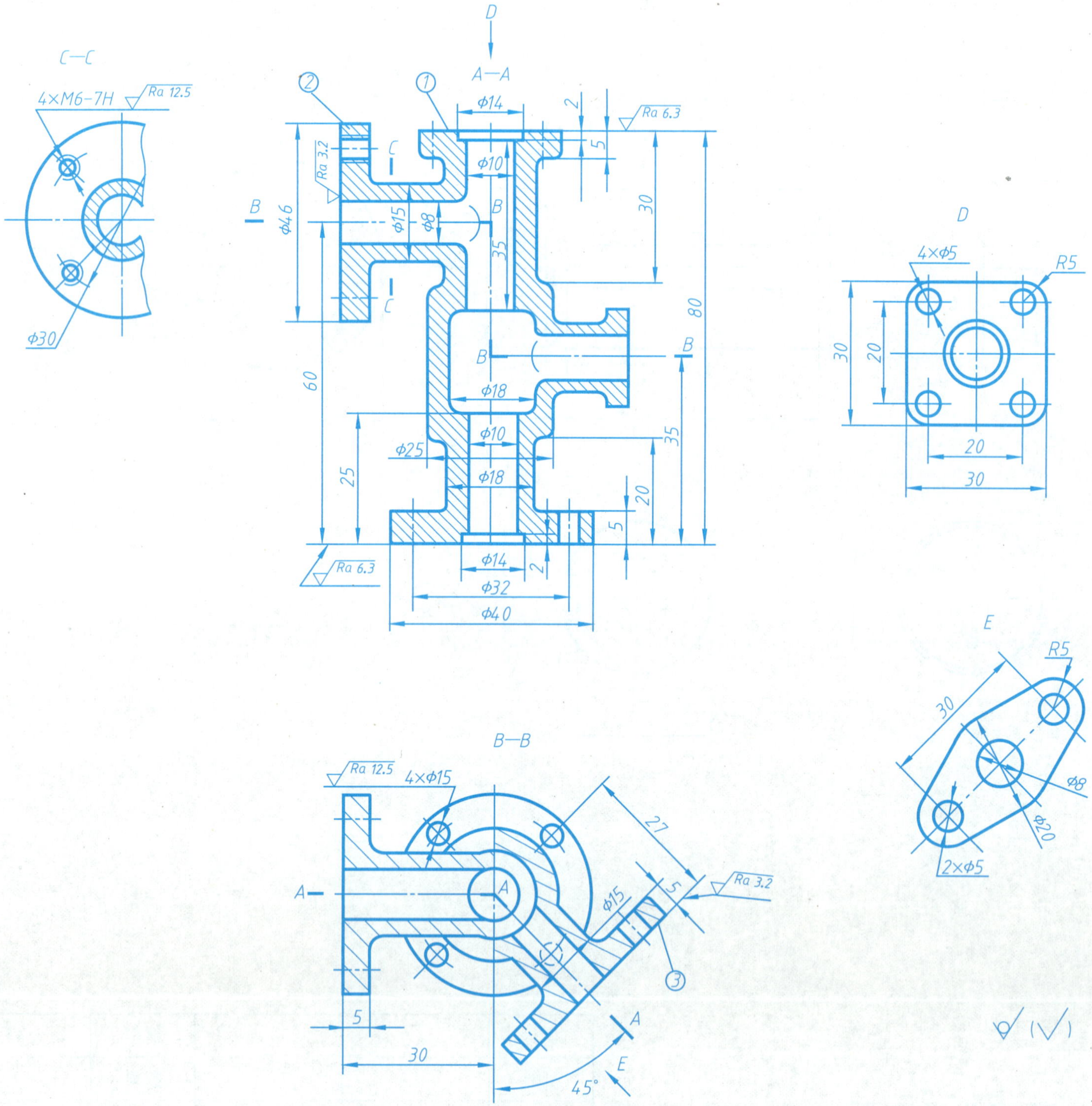

1. 从标题栏可以了解________

2. 这个零件图共由______个图形表达

A—A 用________方法绘制

B—B 用________方法绘制

C—C 用________方法绘制

其他用______和______方法绘制

3. 回答①②③部分的基本几何体形状及尺寸：

a. 注有①部分的基本形体是______，它的长为______mm，宽为______mm，厚为______mm，内部是 φ______mm 孔和 φ______mm 孔

b. 注有②部分的基本形体是______，它的外圆尺寸为 φ______，内孔尺寸为 φ______，还有______个螺孔，它的定形尺寸是______，定位尺寸是________

c. 注有③部分的形体是______，它的总长为______mm，总宽为______mm，厚为______mm，内形是 φ______和______个 φ______的小孔

设计		四通	材料	HT200
班级			数量	2
学号		（校名）	比例	
审核			图号	

3.

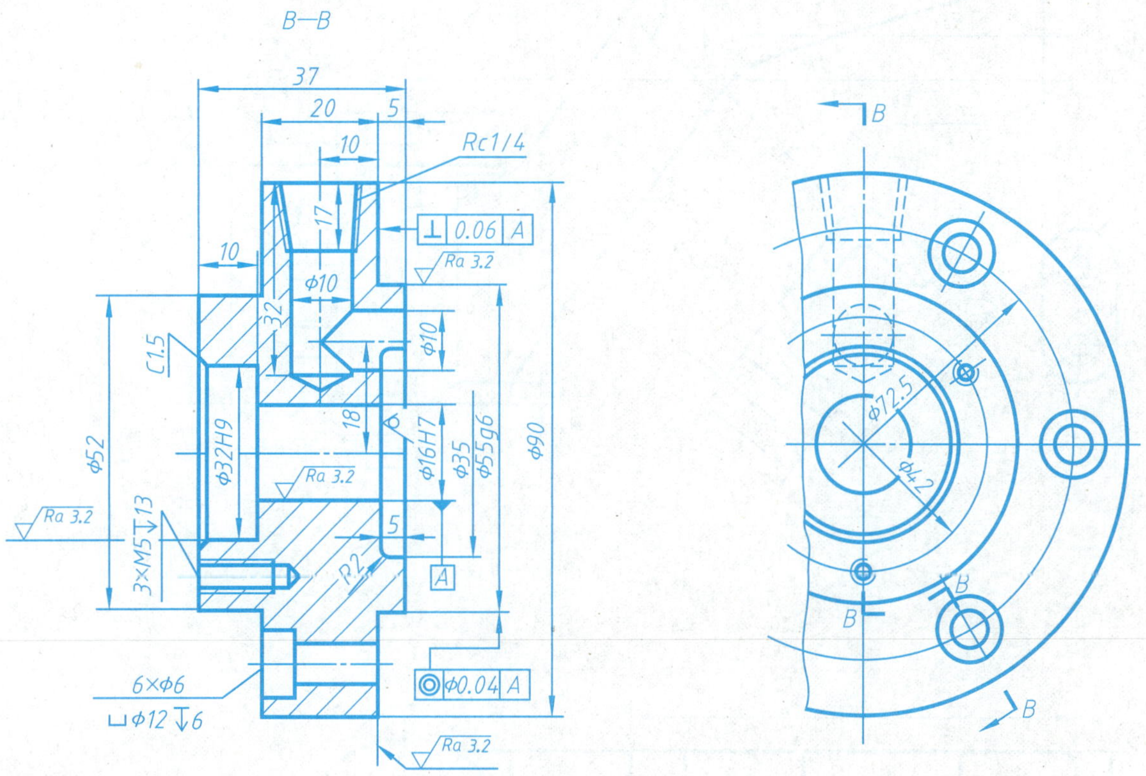

技术要求
1. 铸件不得有砂眼、裂纹
2. 锐边倒角C1

Ra 12.5 (√)

1. 该零件左端凸缘有__________个螺孔，尺寸是__________

2. 该零件 ϕ90mm 左端面有__________个沉孔，尺寸是__________

设计		端盖	材料	HT150
班级			数量	1
学号		（校名）	比例	
审核			图号	

4.

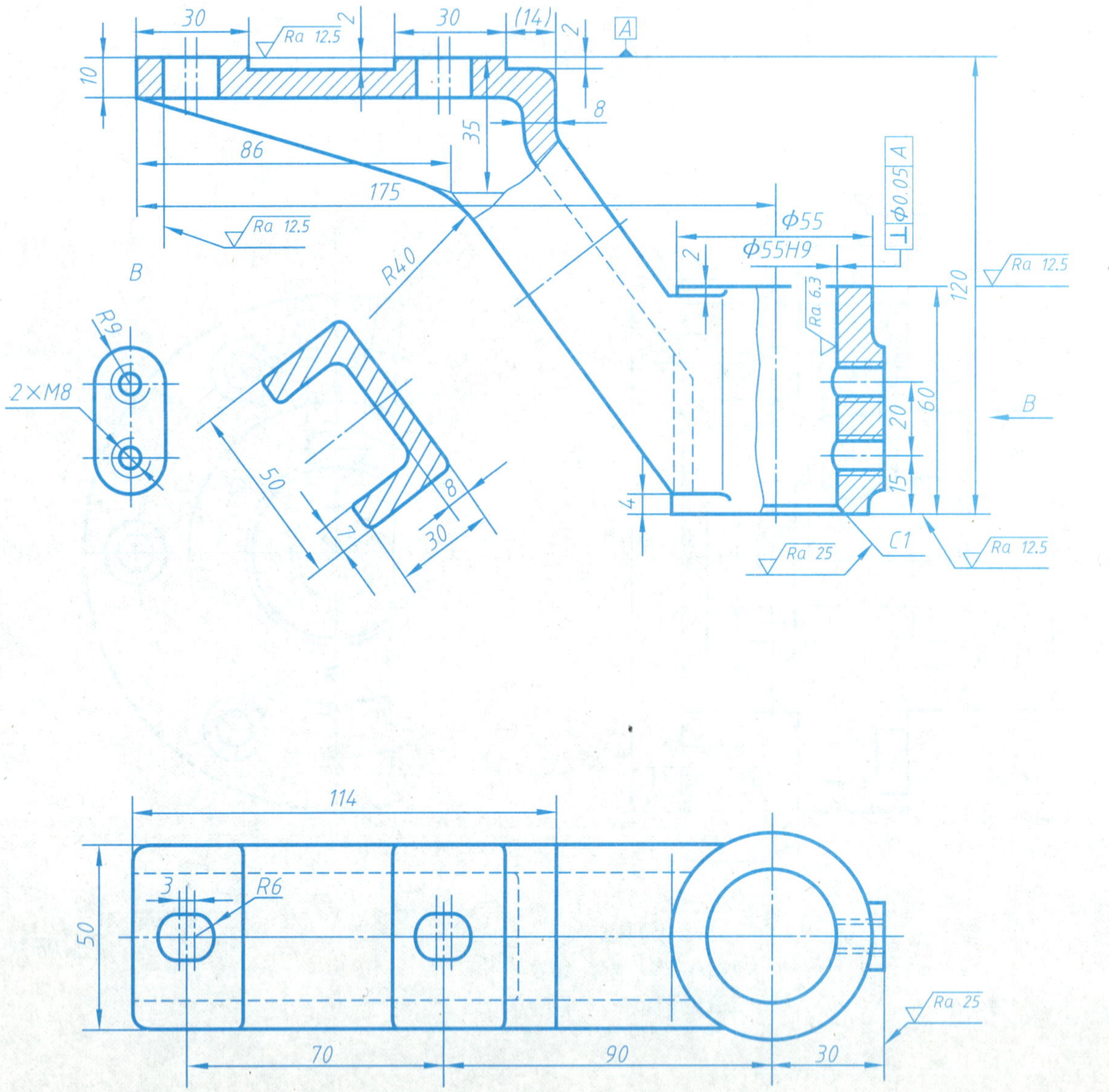

技术要求

1. 未注圆角 $R3\sim R5$

2. 铸件不得有砂眼、裂纹

该零件安装面上有两个________形安装螺栓孔，安装面表面粗糙度为________，其尺寸长为________，宽为________

设计		托脚	材料	HT150
班级			数量	1
学号		（校名）	比例	
审核			图号	

5.

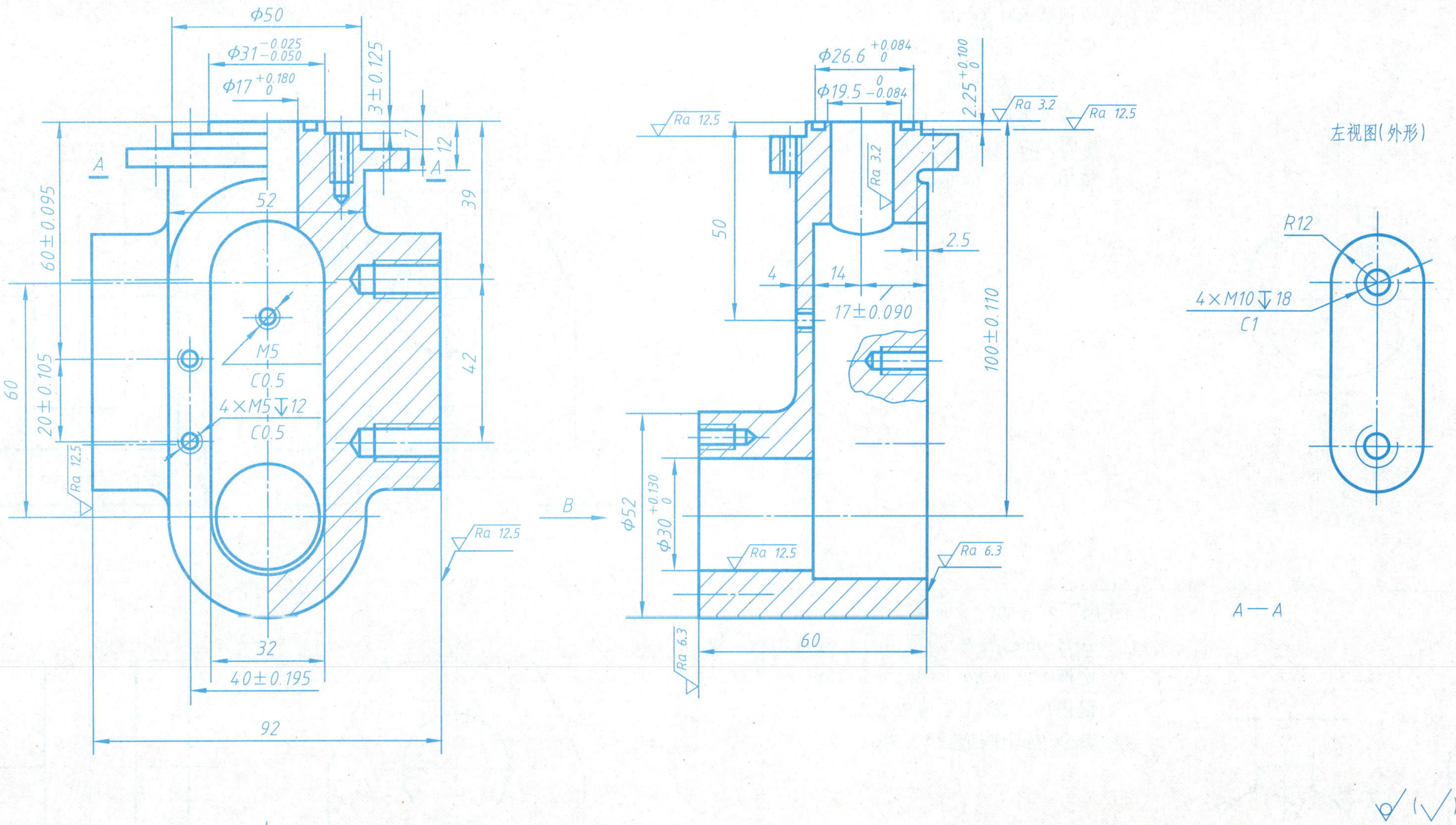

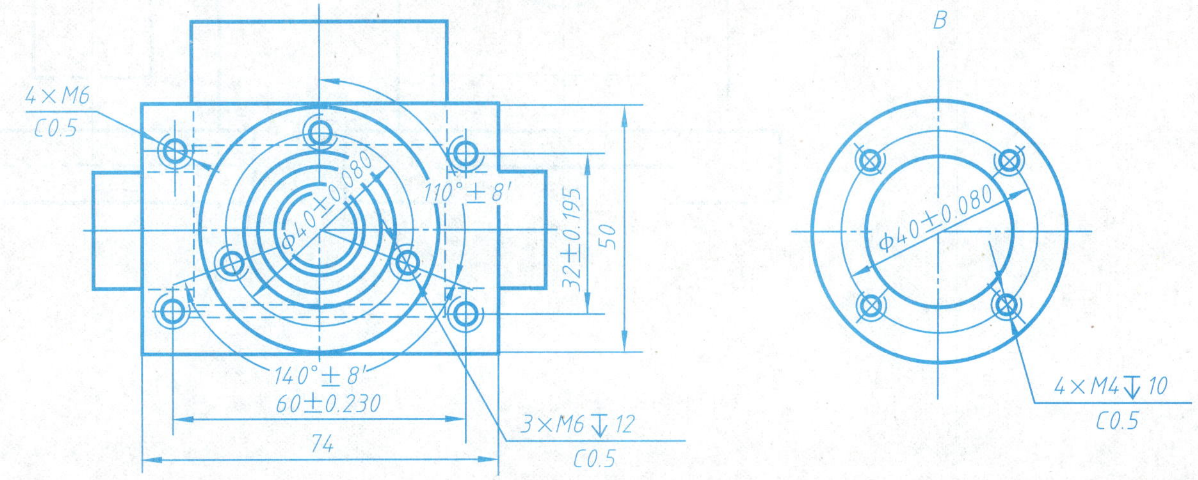

技术要求

1. 图中未注圆角均为 *R*3
2. 铸件不得有砂眼、气孔、裂纹等缺陷
3. 起模斜度 1:50
4. 除加工表面外，表面涂深灰色绉纹漆

设计		底座	材料	HT200
班级			数量	1
学号		（校名）	比例	
审核			图号	

10-3 零件图的技术要求 一、表面粗糙度

1.

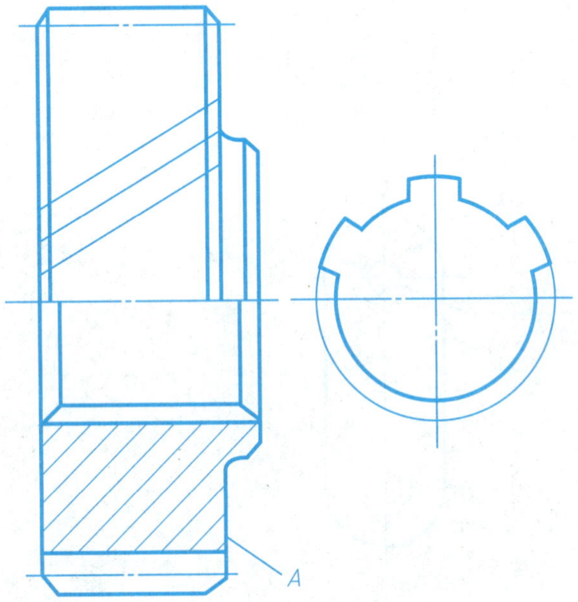

标出下列表面的表面粗糙度：

1. 齿顶圆 *Ra*1. 6μm
2. 齿轮工作面 *Ra*0. 8μm
3. 左端面 *Ra*6. 3μm
4. 右端面 *Ra*6. 3μm
5. *A* 面 *Ra*6. 3μm
6. 键槽工作面 *Ra*3. 2μm

2.

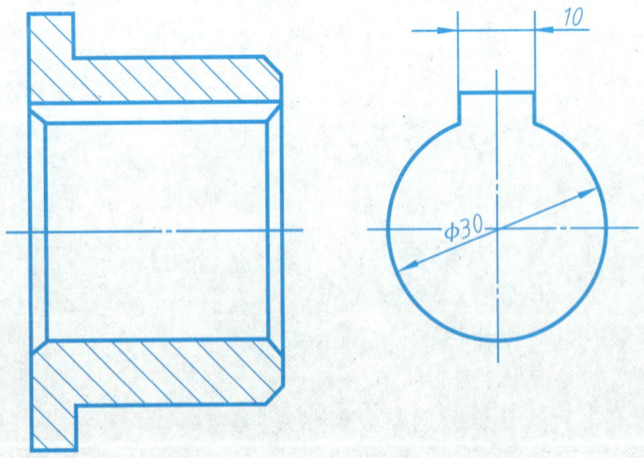

注出下列表面的表面粗糙度：

1. 孔 ϕ30mm 的 *Ra* 上限值为 1. 6μm
2. 键槽工作面 *Ra* 上限值为 3. 2μm
3. 键槽顶面 *Ra* 上限值为 6. 3μm
4. 其余 *Ra* 上限值为 12. 5μm

3. 将下图中错误注法圈出，并在下面空白处画出正确的标注

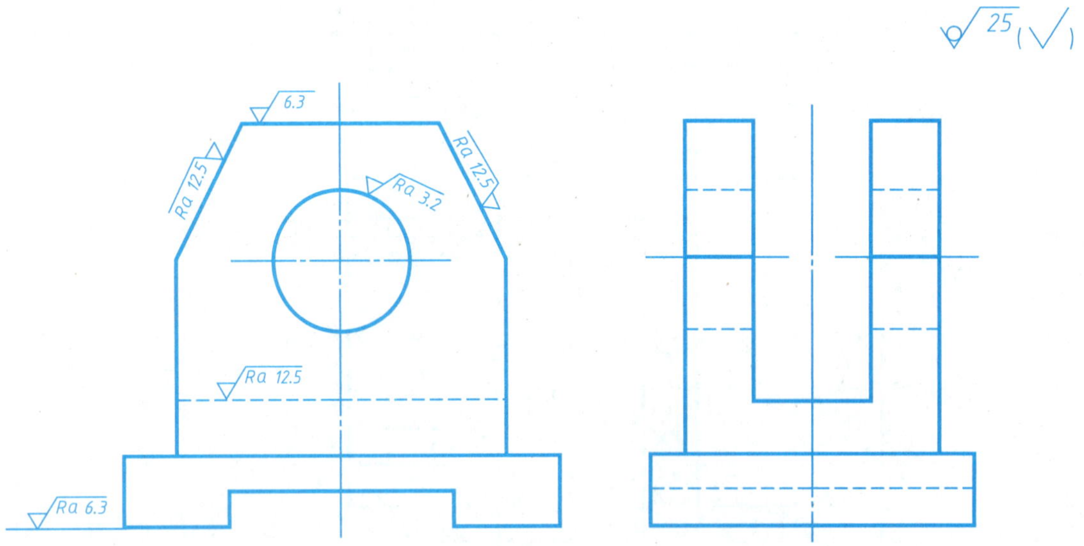

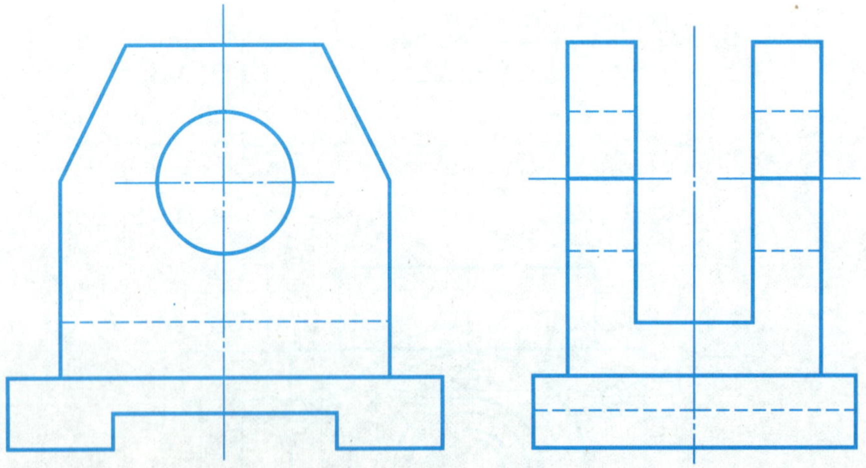

续 10-3 零件图的技术要求　二、公差与配合

1. 根据装配图中的尺寸，写出配合基准、公差带代号、配合种类，并查其极限偏差，注在零件图上

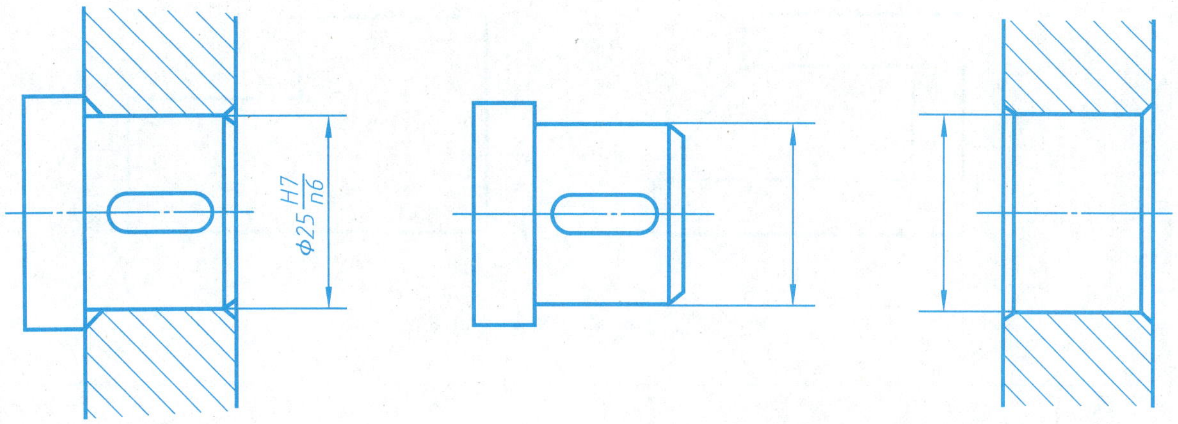

基_________制，孔公差带代号_________，轴公差带代号_________，_________配合

2. 根据装配图中配合代号，在零件图上分别标出孔和轴的尺寸、公差带代号和极限偏差数值

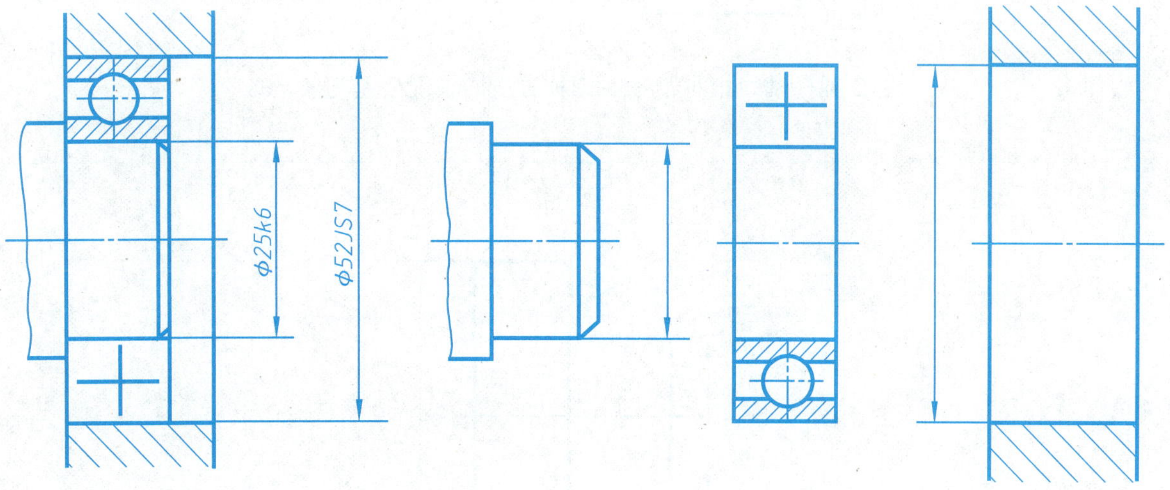

3. 根据装配图中配合代号，在零件图上分别标出孔和轴的极限偏差值

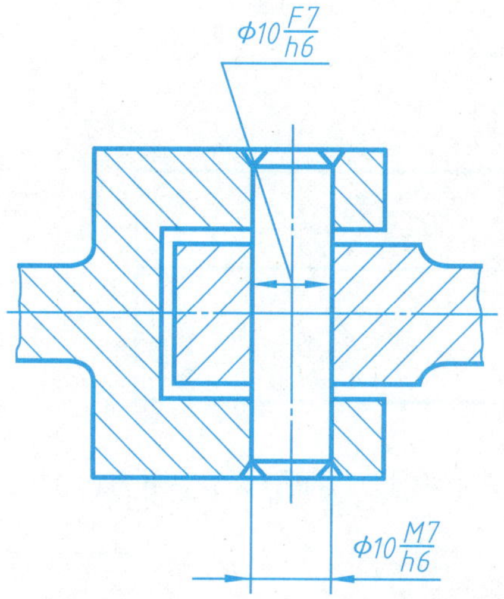

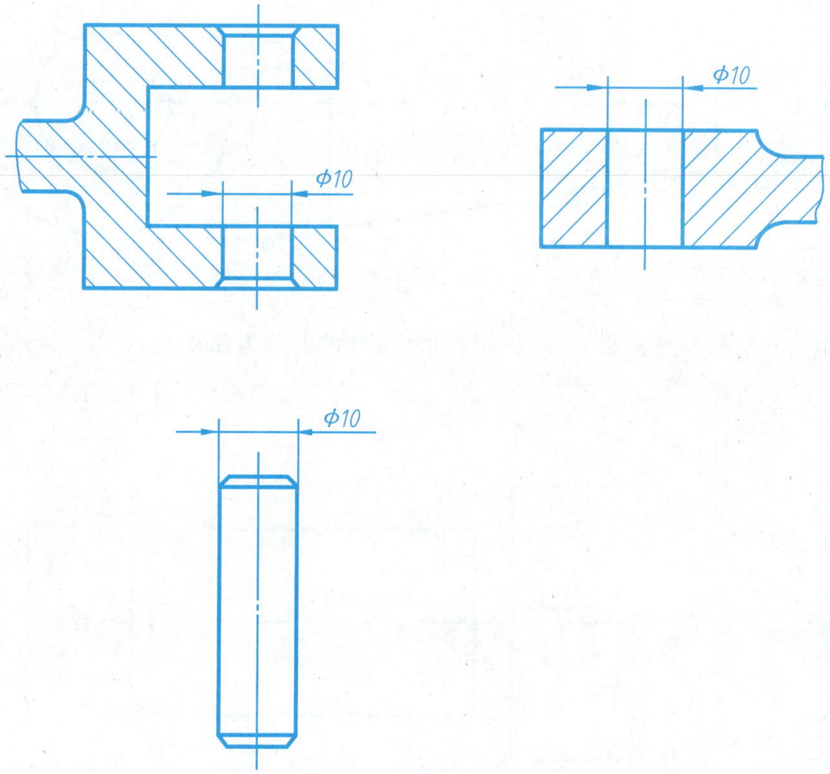

续 10-3 零件图的技术要求 三、几何公差 将被测要素的几何公差要求标注在图上（有基准要素要求时，还需标注基准符号）

1.

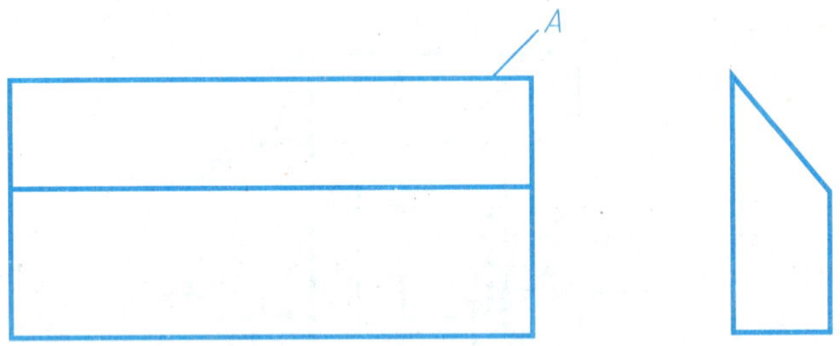

棱线 *A* 的直线度公差为 0.02

2.

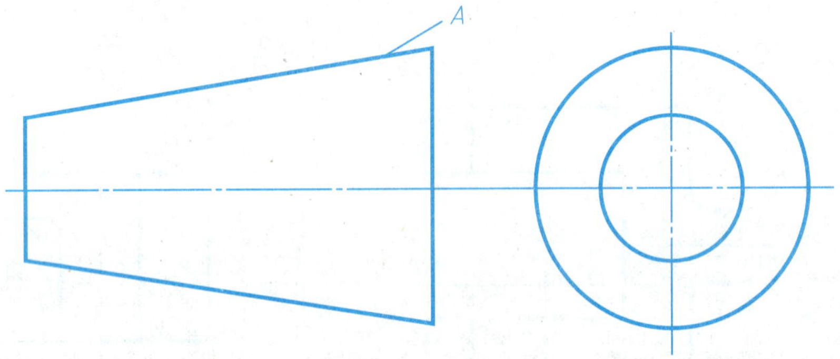

圆锥面 *A* 的圆度公差为 0.02

3.

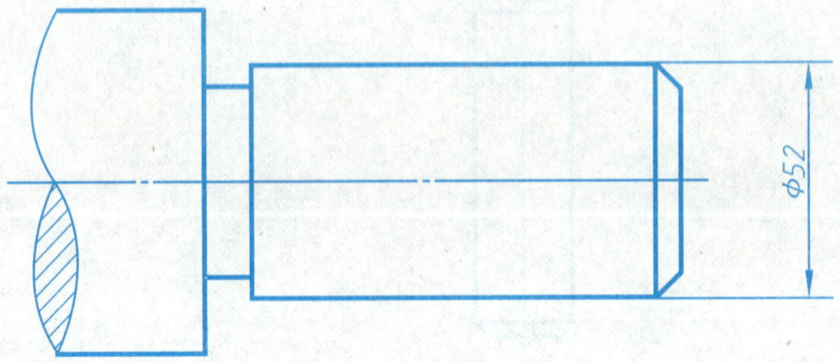

ϕ52 圆柱面的圆柱度公差为 0.05

4.

（1）

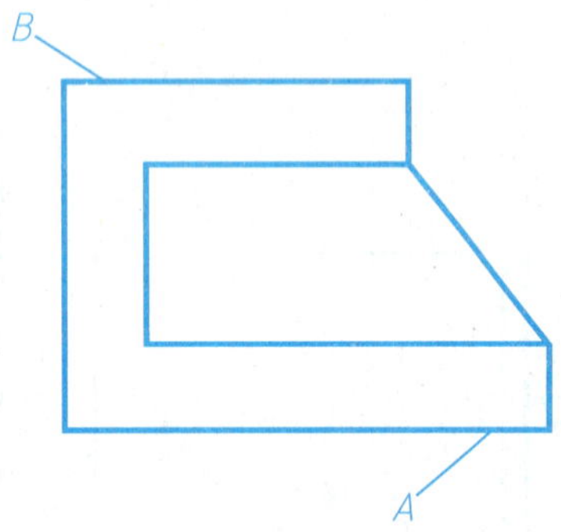

（2）

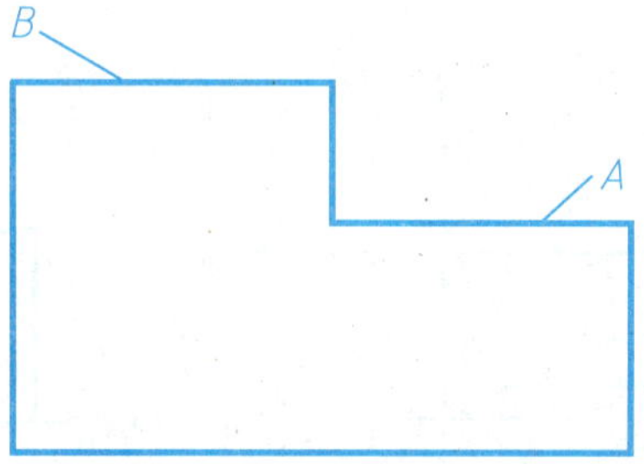

B 面相对 *A* 面的平行度公差为 0.05

5.

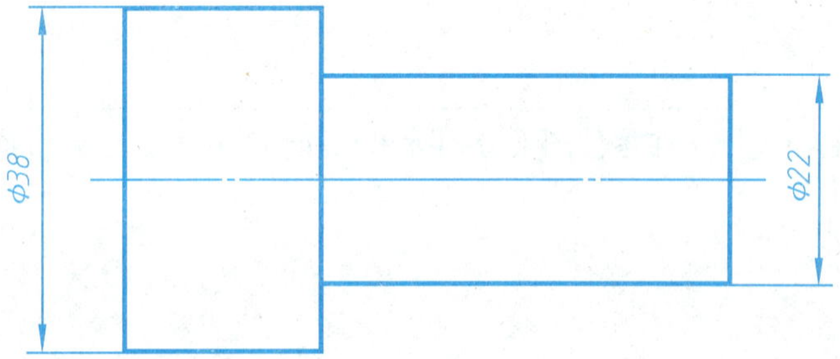

ϕ22 圆柱轴线相对于 ϕ38 圆柱轴线同轴度公差为 ϕ0.08

6.

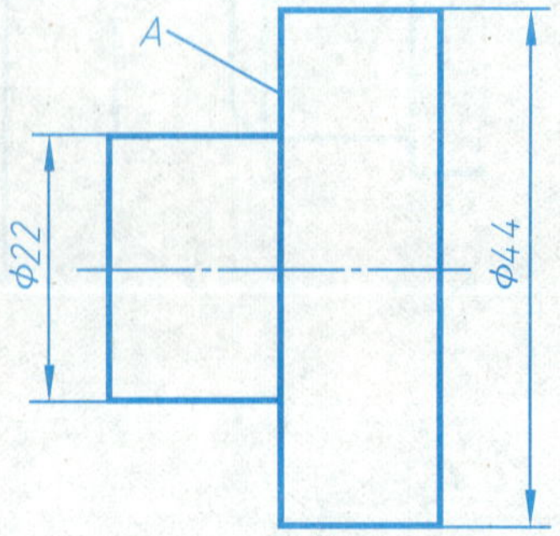

A 面相对于 ϕ22 圆柱轴线的垂直度公差为 0.03

11-1　由齿轮泵零件图和装配示意图，拼画装配图（比例 1:1，图幅 A3）

1. 齿轮泵介绍

（1）功用和工作原理　齿轮泵是一种利用一对啮合齿轮的旋转运动，以实现向系统输送压力油液的部件。齿轮泵的形式较多，其结构大同小异，但它们的工作原理基本上是相同的：如原理图所示，当主动齿轮在主动轴的带动下作顺时针旋转时，则充满在啮合区右边进油腔中的油液（刚起动时为空气）被一对齿轮的齿槽沿箭头方向（旋转方向）带至啮合区左边的排油腔。此时啮合区右边油腔形成局部真空（负压），油箱中的油液在大气压力的作用下通过进油管进入油腔，而被齿槽带至啮合区左边，排油腔中的油液则通过排油管被输送到系统中去，驱动工作机工作或用于润滑。

（2）结构　本齿轮泵由 11 种零件组成，见装配示意图。在泵体内腔中有一对啮合齿轮，主、从动轮均用圆锥销分别和主、从动轴相连，轴的两端分别支承于泵体和泵盖孔中，泵盖与泵体用 6 个 M6 的螺钉连接。为了防止主动轴右端轴伸处漏油，在泵体右端采用了密封装置，由填料、填料压盖和压盖螺母三件组成。在泵体与泵盖结合面处放入软钢纸板制的垫片，一是防止渗油，二是可以调整齿轮与泵体、泵盖间的轴向间隙。

（3）公差与配合　齿顶圆与泵体孔 $\phi40\ \frac{H8}{f7}$；主、从动齿轮的孔与轴 $\phi13\ \frac{H8}{h7}$；主、从动轴与泵体、泵盖孔 $\phi13\ \frac{G7}{h7}$。

（4）技术要求　当机油粘度为 2～5°E，油温为 40～50℃，油压为 0.4MPa，转速为 1500r/min 时，流量不小于 1000L/h。

2. 齿轮泵工作原理图

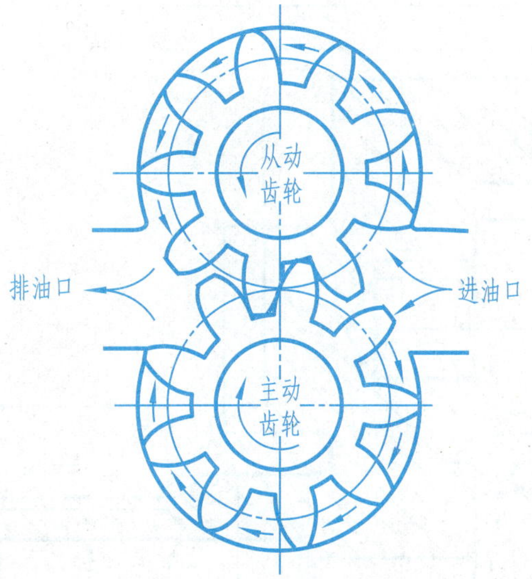

3. 齿轮泵装配示意图

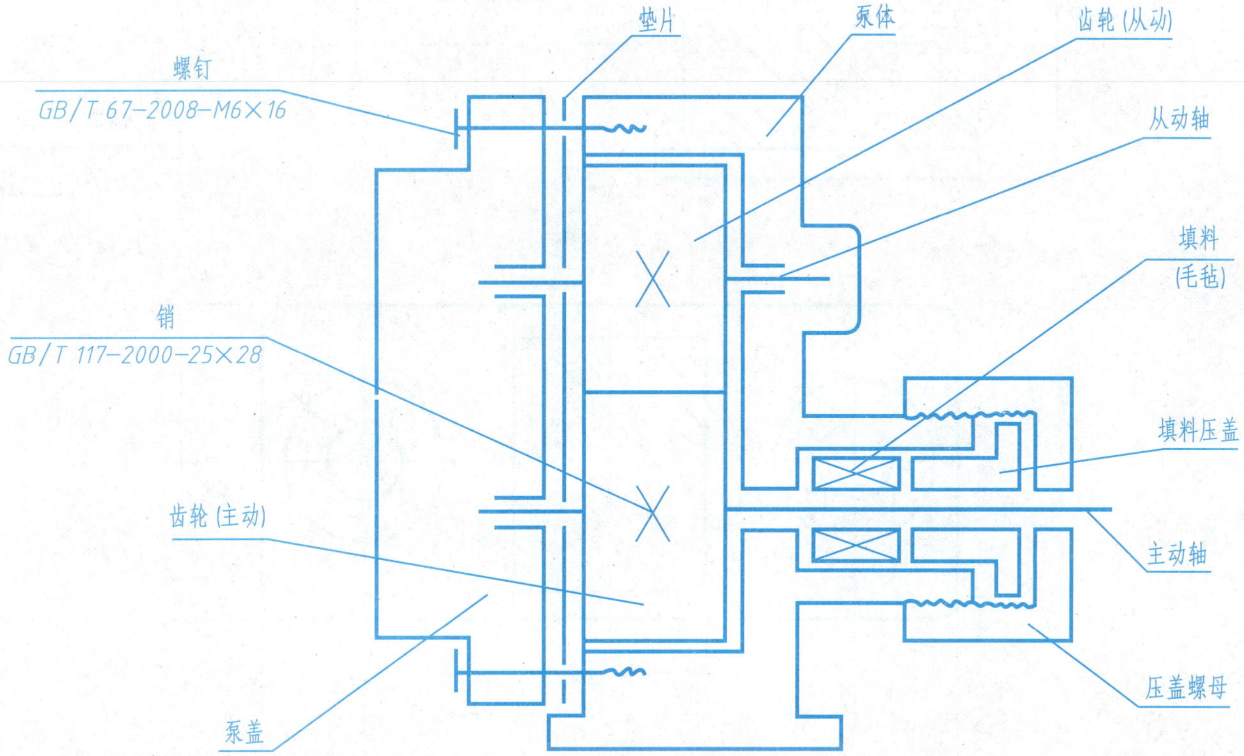

续 11-1　由齿轮泵零件图和装配示意图，拼画装配图（比例 1:1，图幅 A3）

4. 齿轮泵零件图

（1）

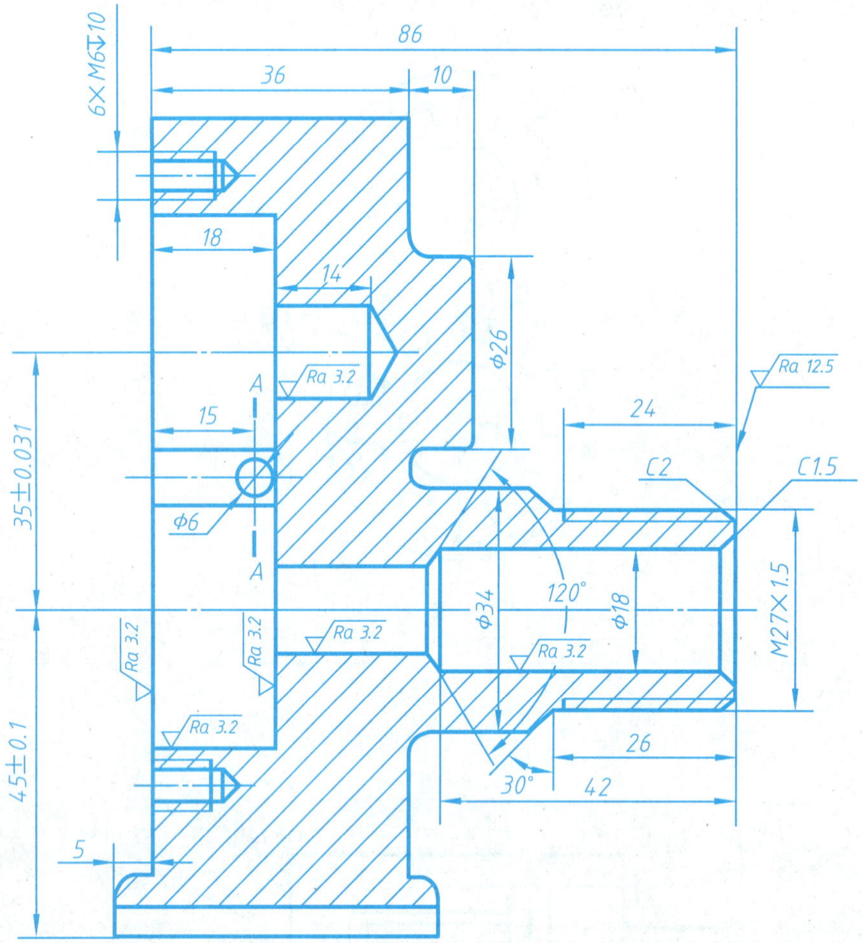

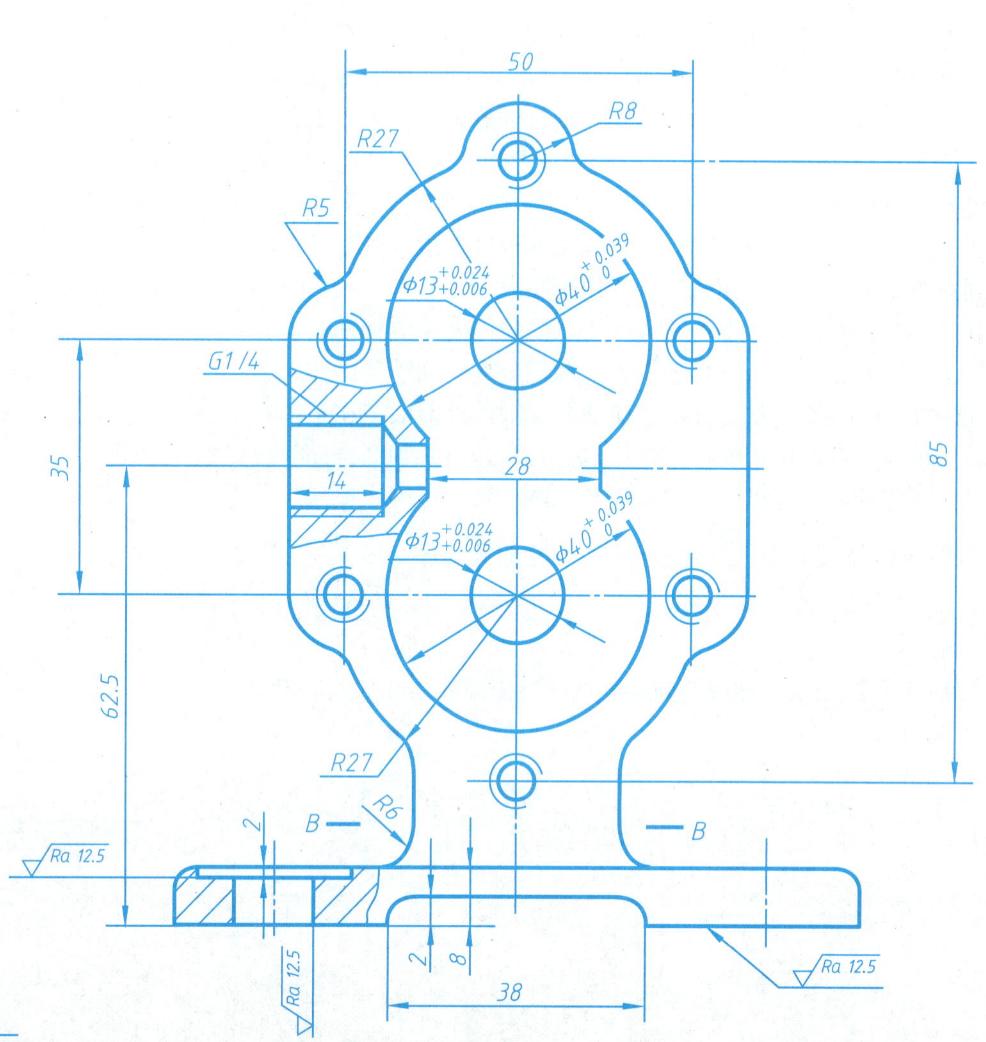

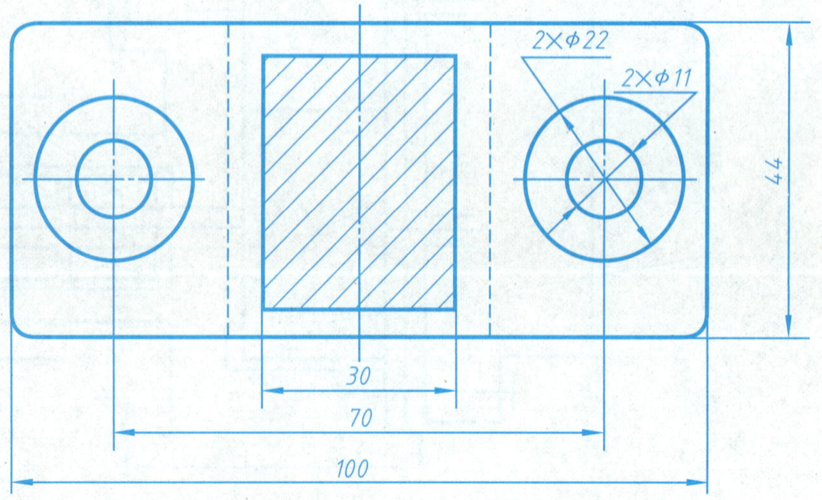

技术要求

图上未注铸造小圆角R2～R3

设计		泵体	材料	HT150
班级			数量	1
学号		（校名）	比例	
审核			图号	50、R0. 06

续 11-1　由齿轮泵零件图和装配示意图，拼画装配图（比例 1:1，图幅 A3）

4. 齿轮泵零件图

（2）

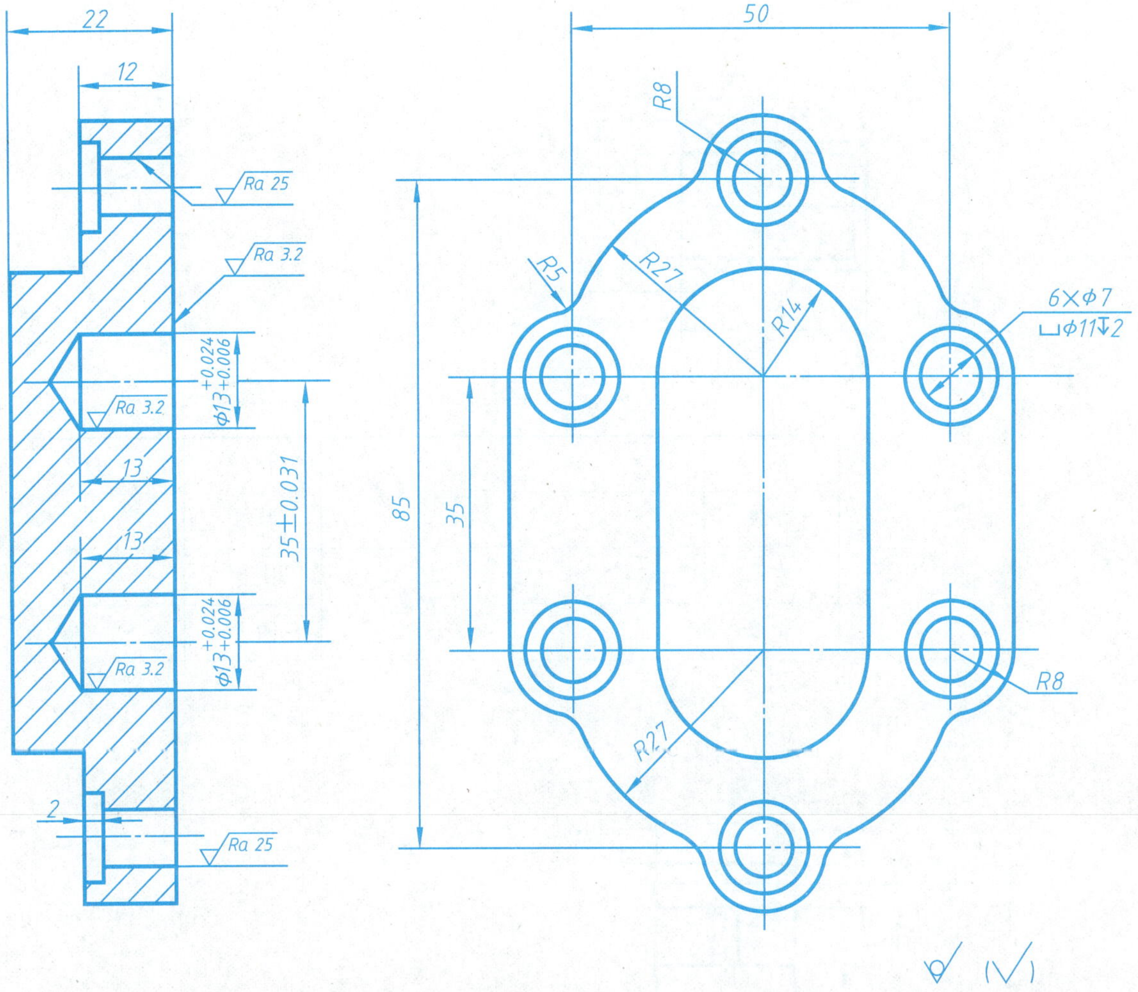

技术要求
全部铸造圆角R3

设计		泵盖	材料	HT150
班级			数量	1
学号		（校名）	比例	1:2
审核			图号	50、R0. 09

（3）

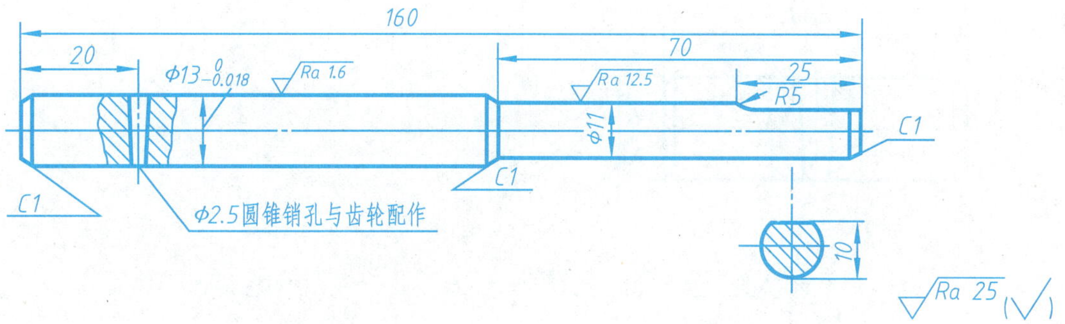

设计		主动轴	材料	45
班级			数量	1
学号		（校名）	比例	
审核			图号	50、R0. 03

（4）

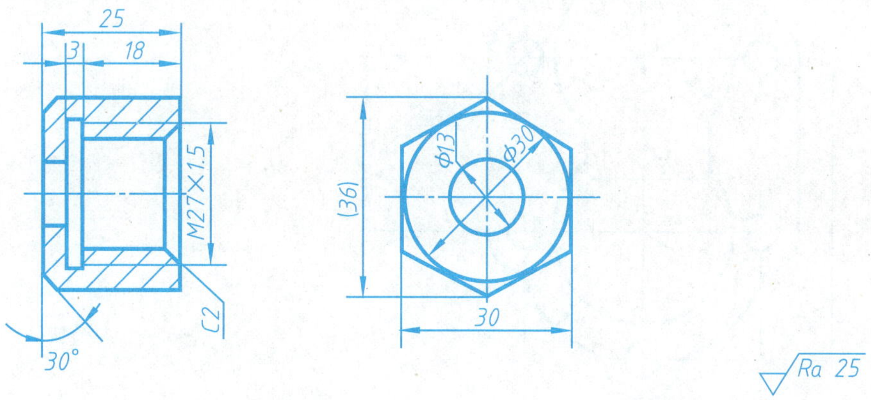

设计		压盖螺母	材料	Q235
班级			数量	1
学号		（校名）	比例	
审核			图号	50、R0. 01

续 11-1　由齿轮泵零件图和装配示意图，拼画装配图（比例 1:1，图幅 A3）

4. 齿轮泵零件图

（5）

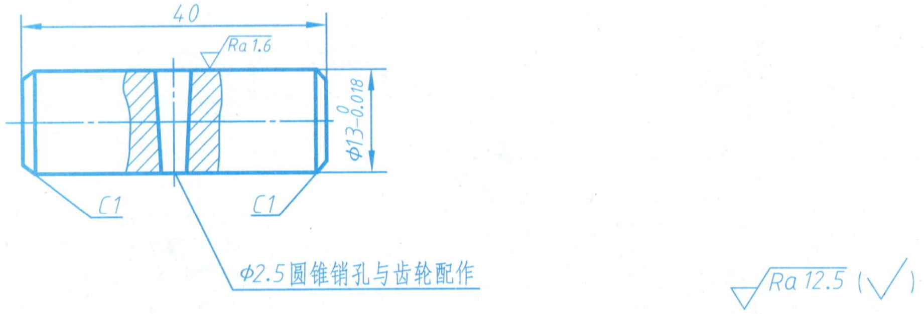

设计		从动轴	材料	45
班级			数量	1
学号		（校名）	比例	
审核			图号	50、R0.08

（7）

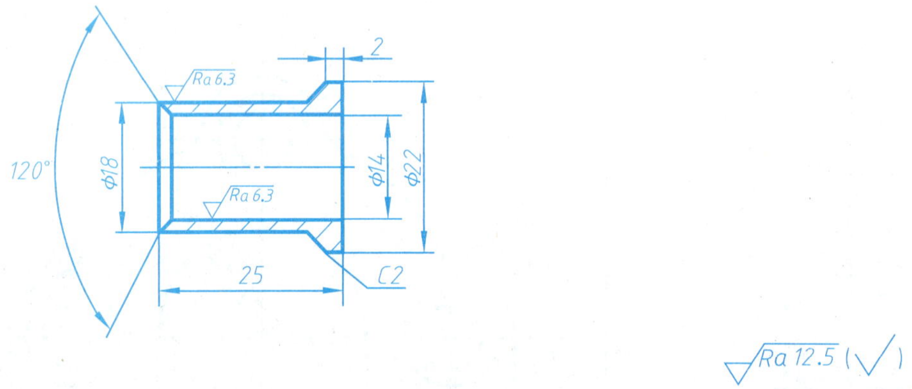

设计		填料压盖	材料	Q235
班级			数量	1
学号		（校名）	比例	
审核			图号	50、R0.02

（6）

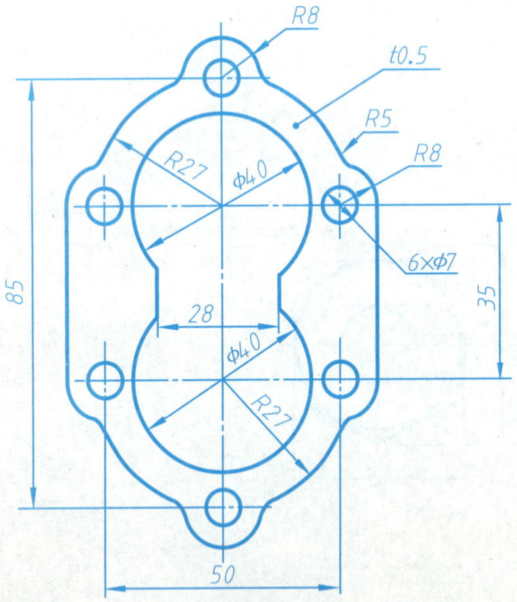

设计		垫片	材料	软钢纸板
班级			数量	1
学号		（校名）	比例	
审核			图号	50、R0.10

（8）

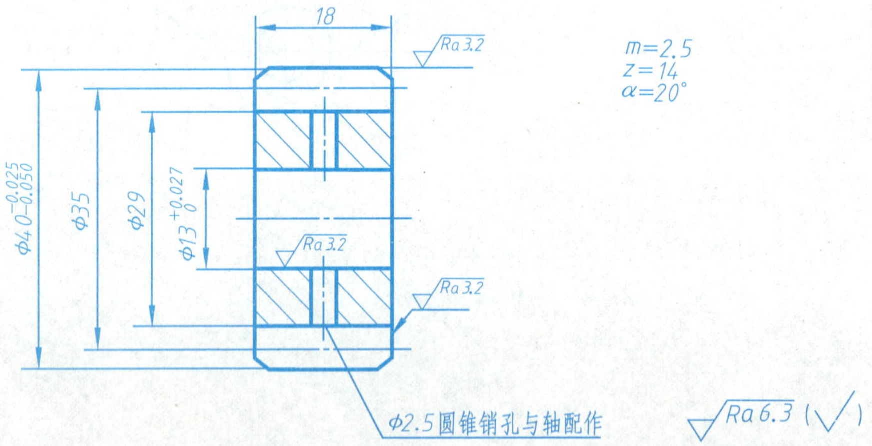

设计		齿轮	材料	45
班级			数量	2
学号		（校名）	比例	
审核			图号	50、R0.05

11-2 由机用虎钳轴测图和零件图，拼画装配图（比例 1:1，图幅 A3）

1. 机用虎钳介绍

机用虎钳是一种装在机床工作台上，用来夹紧零件，以便进行机械加工的通用夹具。

虎钳用螺栓通过钳座上的安装孔装在机床工作台上。

当用方孔扳手套入螺杆右端的方头，并转动螺杆时，由于螺杆的左端已被螺母轴向限定在钳座上，不能移动，故螺杆的转动就带动方块螺母和与之用螺钉相连的活动钳口一起沿固定钳座作直线移动，使钳口合拢或张开，用于夹紧或松开零件。

两块护口板用沉头螺钉分别固定在活动钳口和钳座上，以便磨损后及时更换。同时为了增加其耐磨性和使用期限，护口板经淬火热处理，达到一定的硬度。护口板表面的滚花网纹是用来增加对零件的夹持力的。

2. 机用虎钳轴测图

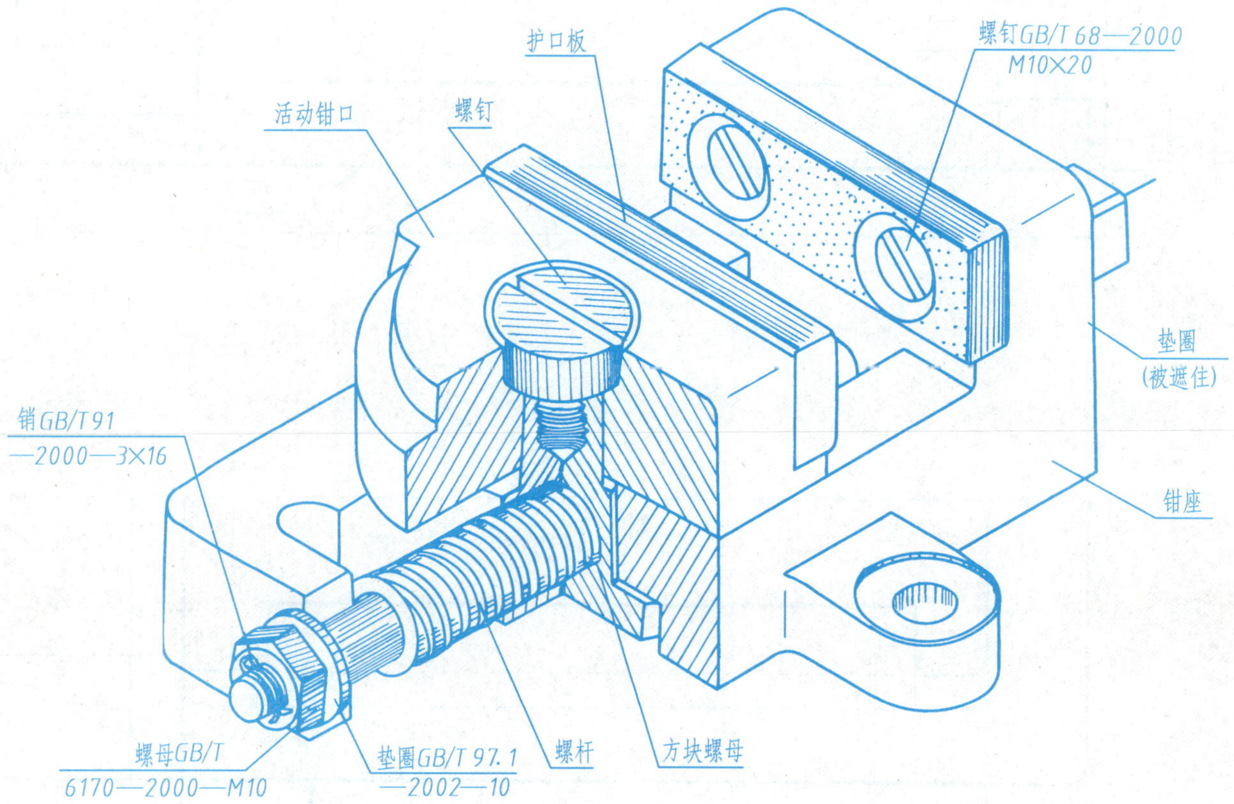

3. 机用虎钳零件图

（1）

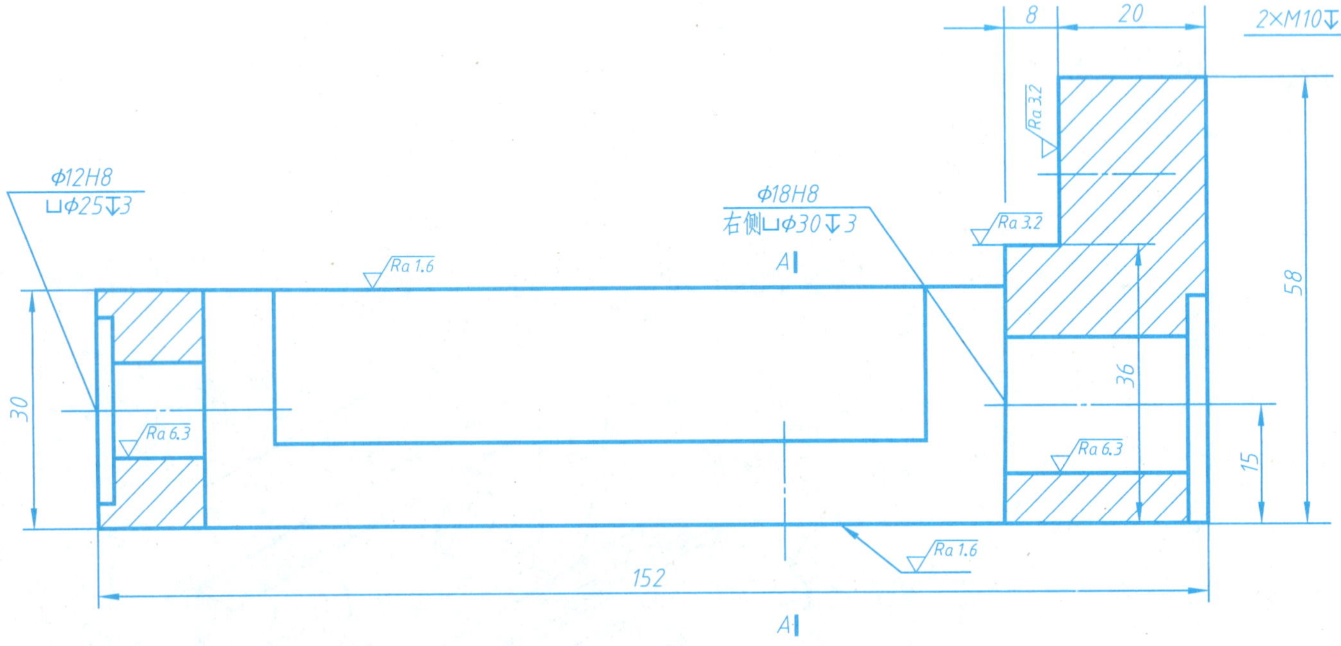

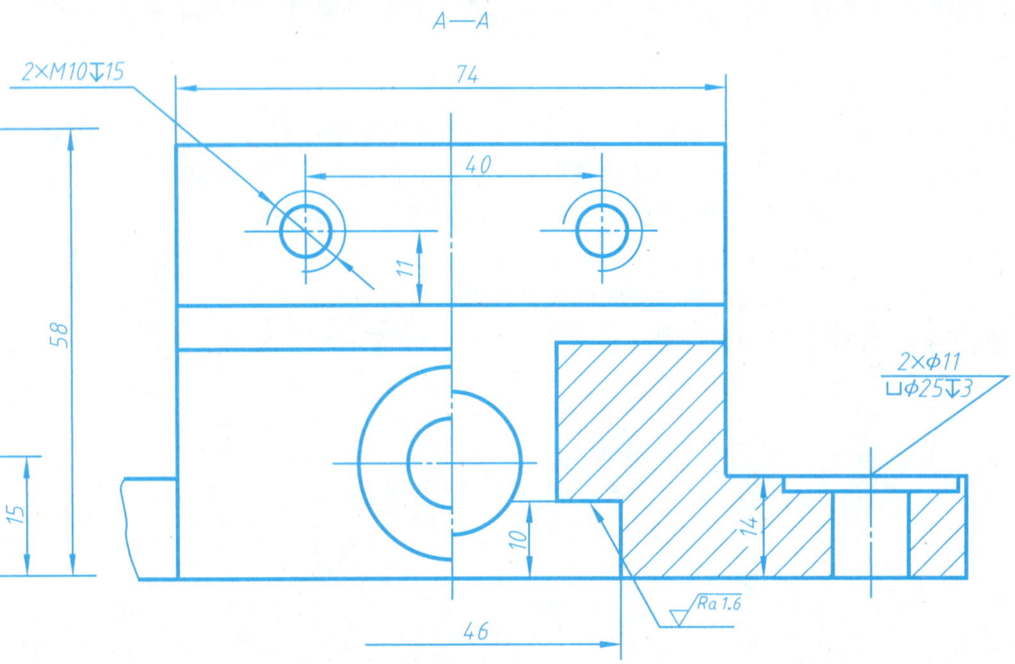

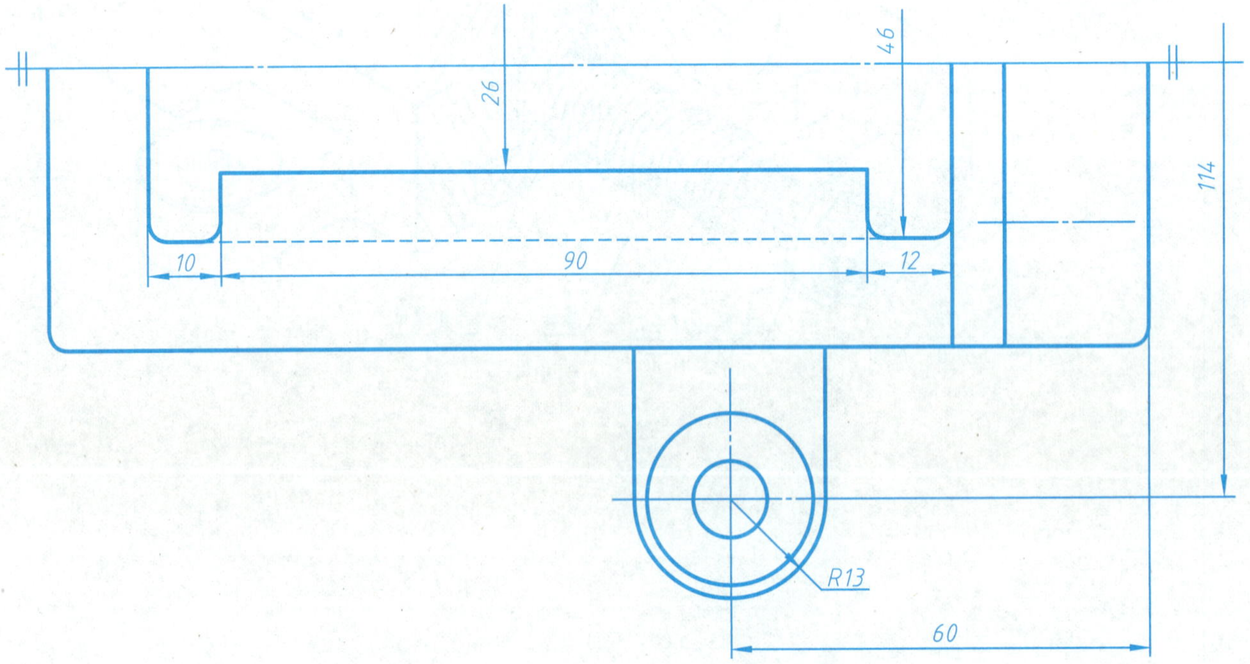

技术要求
铸造圆角R3

设计		钳座	材料	HT200
班级			数量	1
学号		（校名）	比例	
审核			图号	

3. 机用虎钳零件图

（2）

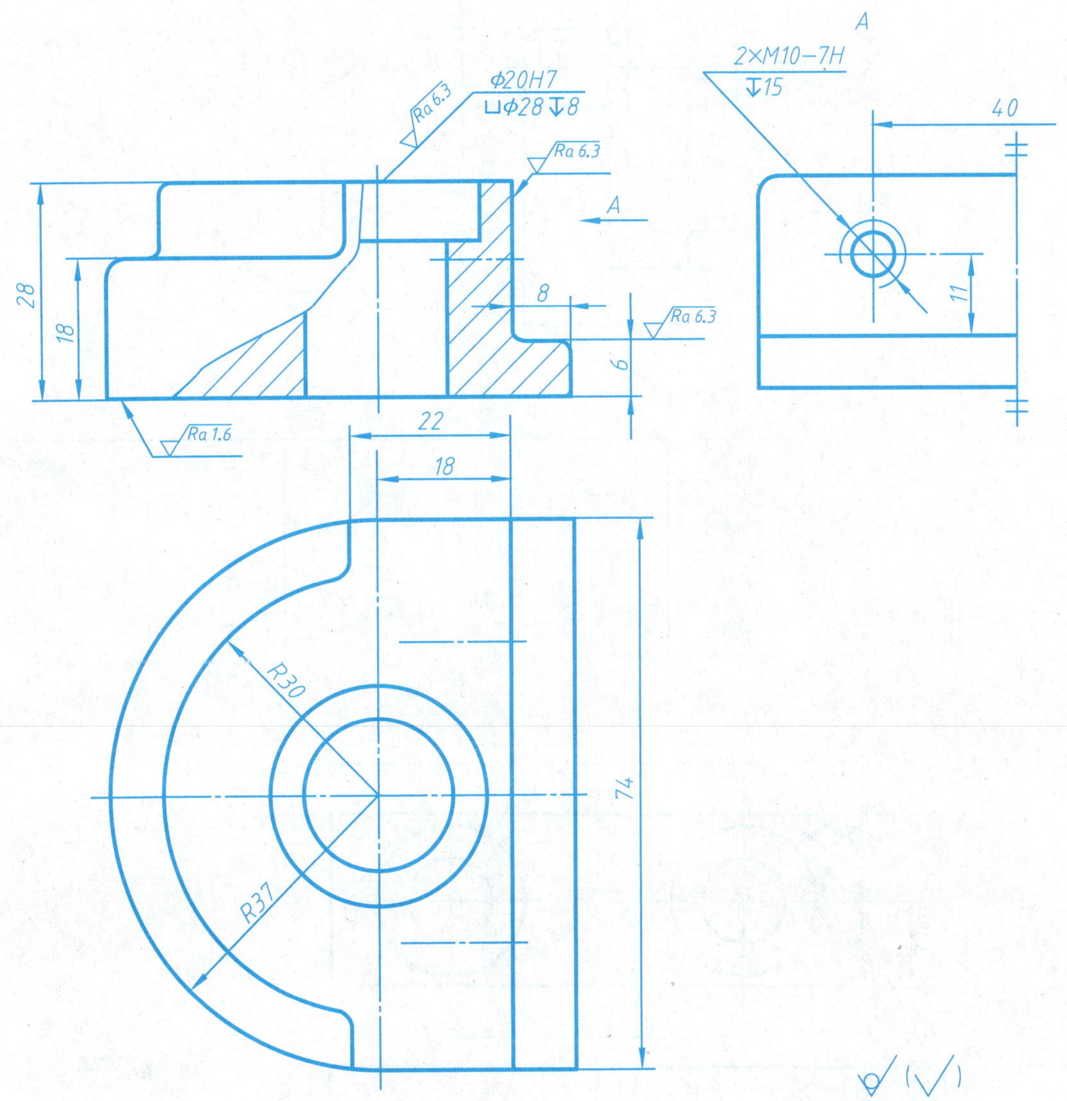

√(√)

技术要求
铸造圆角R3

设计		活动钳口	材料	HT150
班级			数量	1
学号		（校名）	比例	
审核			图号	

（3）

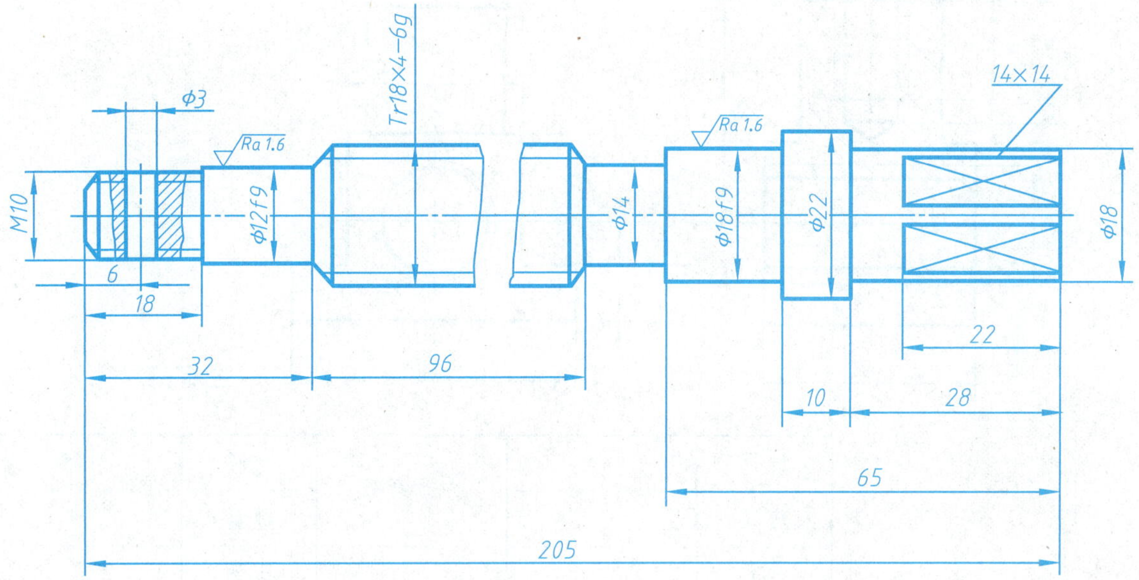

Ra 12.5 (√)

技术要求
倒角C2

设计		螺杆	材料	45
班级			数量	1
学号		（校名）	比例	
审核			图号	

3. 机用虎钳零件图

（4）

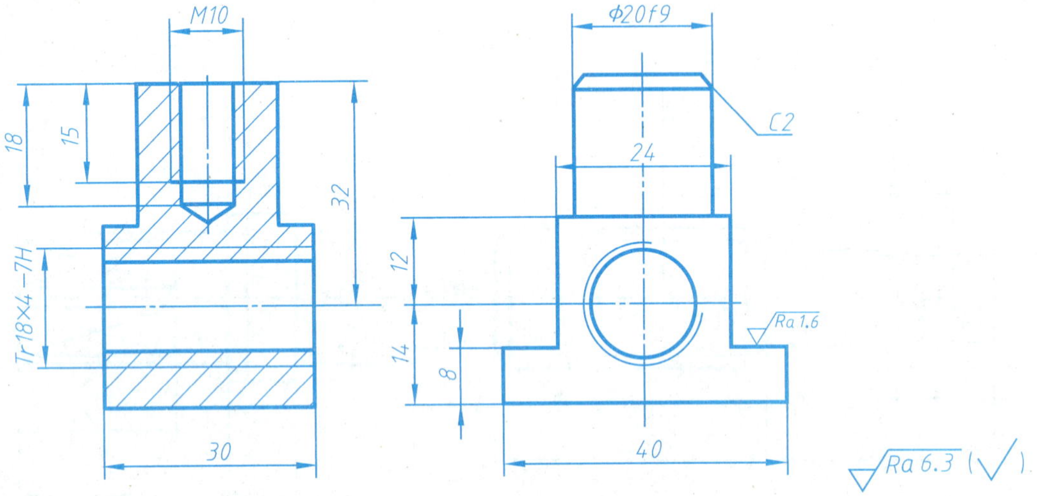

设计		方块螺母	材料	45
班级			数量	1
学号		（校名）	比例	
审核			图号	

（6）

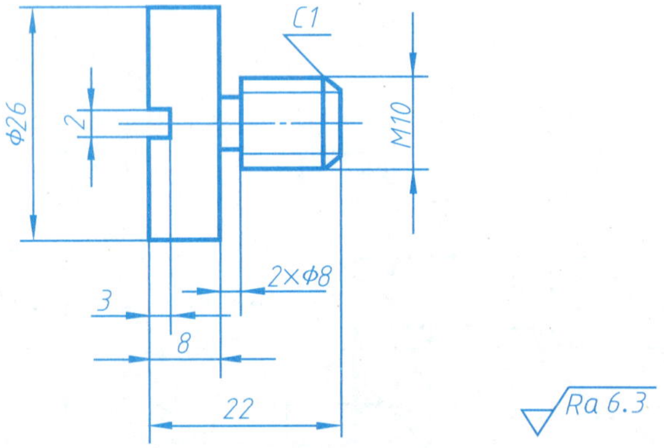

设计		螺钉	材料	Q235
班级			数量	1
学号		（校名）	比例	
审核			图号	

（5）

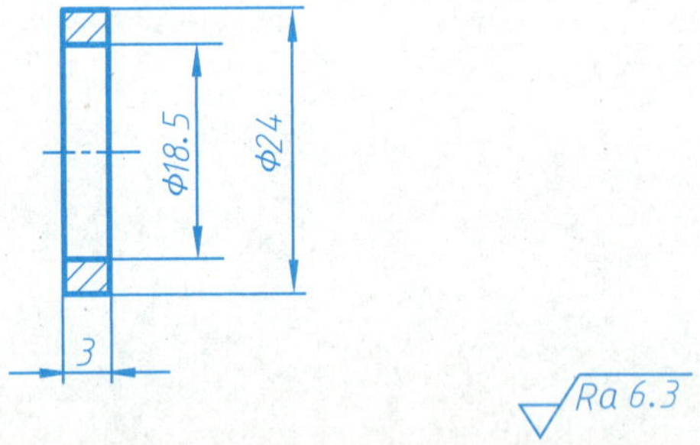

设计		垫圈	材料	Q235
班级			数量	1
学号		（校名）	比例	
审核			图号	

（7）

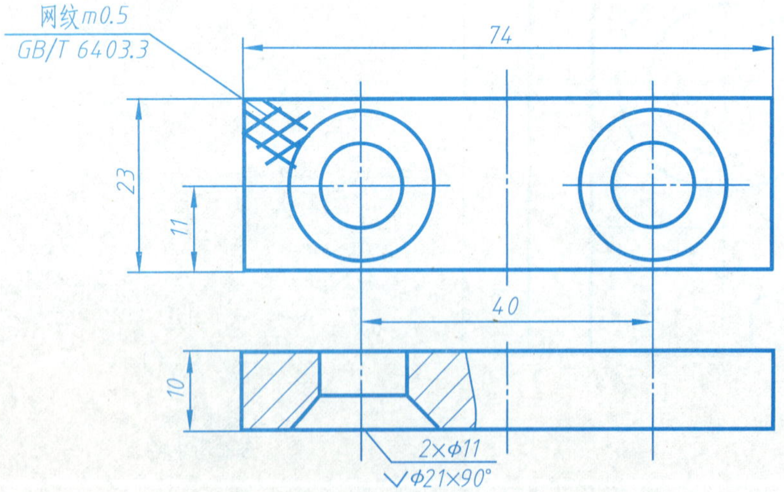

技术要求
硬度为40~50HRC

设计		护口板	材料	45
班级			数量	1
学号		（校名）	比例	
审核			图号	

11-3 读装配图，拆画零件图（见后图）

一、气动阀

1. 工作原理

该气动阀是用于气体（或液体）沿三个方向换位的输送装置。柱塞4上的沟槽仅能同时接通两个孔，关住第三个孔，或同时关住三个孔。该柱塞用手柄扳转，手柄靠弹簧和钢球定位。

2. 读图思考题

（1）柱塞4是如何安装的？在 *A—A* 剖面中，找出柱塞上沟槽的形状，并说明沟槽的两径向线之间的夹角有何要求。

（2）图示位置是关还是通？若将手柄逆时针旋转45°，哪两路接通？

（3）阀体上表面的圆锥形小凹坑有几个？说明什么问题？

3. 作业要求

拆画阀体3的零件图。

二、单柱塞泵

1. 工作原理

单柱塞泵是用来向系统提供压力油液的部件。柱塞5用右端的耳环，通过销钉与主动件相连接（图中未示出）。当主动件带动柱塞5向右移动时，油腔 *V* 的体积增大，形成负压，油液在大气压力的作用下，由油箱通过油管进入进油口，并向上推开下阀瓣14进入油腔 *V*，此时上阀瓣10处于下面的关闭位置；反之，当柱塞5向左移动时，油腔 *V* 体积变小，腔内油液压力升高，推动下阀瓣向下关闭，同时推动上阀瓣10向上打开，油液通向出油口，并通过出油管进入系统中去。这样柱塞5的连续往复运动，就使油液被送到系统中的指定地点。

2. 读图思考题

（1）单柱塞泵的柱塞作连续往复运动时，它是否也连续向系统供油？为什么？

（2）上阀瓣10采用 *B—B* 所示的剖面形状和下阀瓣14采用 *C—C* 所示的剖面形状，这是为什么？

3. 作业要求

拆画泵体1的零件图。

三、滑轮架

1. 结构与工作原理

滑轮架是起重机上的一个部件。滑轮2外圆柱面上开有弧形槽，是放起重钢丝绳用的。

轴销4左端开有一槽，用两个螺钉固定在托架1上的挡板7卡入其槽内，从而使轴销4固定，既不能移动，也不能转动。为了防止螺钉松动，使挡板脱落，轴销活动，造成事故，在两个螺钉的头部钻孔，并穿入保险钢丝，使之固连在一起。

紧定螺钉9装在滑轮2和衬套3的配合面处（俗称骑缝螺钉），使两者不能相对运动。当主动力牵引钢丝绳并带动滑轮和衬套一起绕固定轴销4转动时，即可实现重物的提升或下降。轴销4上加工有轴向孔和径向孔，右端装有压注油杯8，而衬套3的内壁上加工有两个油槽，当向油杯内注入润滑油时，油液从轴销的轴向孔流入径向孔，进入衬套3的油槽内，从而可润滑衬套和轴销的配合面，以减少摩擦和磨损。

2. 读图思考题

（1）衬套3的作用是什么？它上面油槽的形状如何？

（2）润滑油是如何从压注油杯8进到轴销4和衬套3之间的？

（3）挡板7的作用是什么？在工作过程中，轴销4运动吗？

3. 作业要求

拆画轴销4和托架1的零件图。

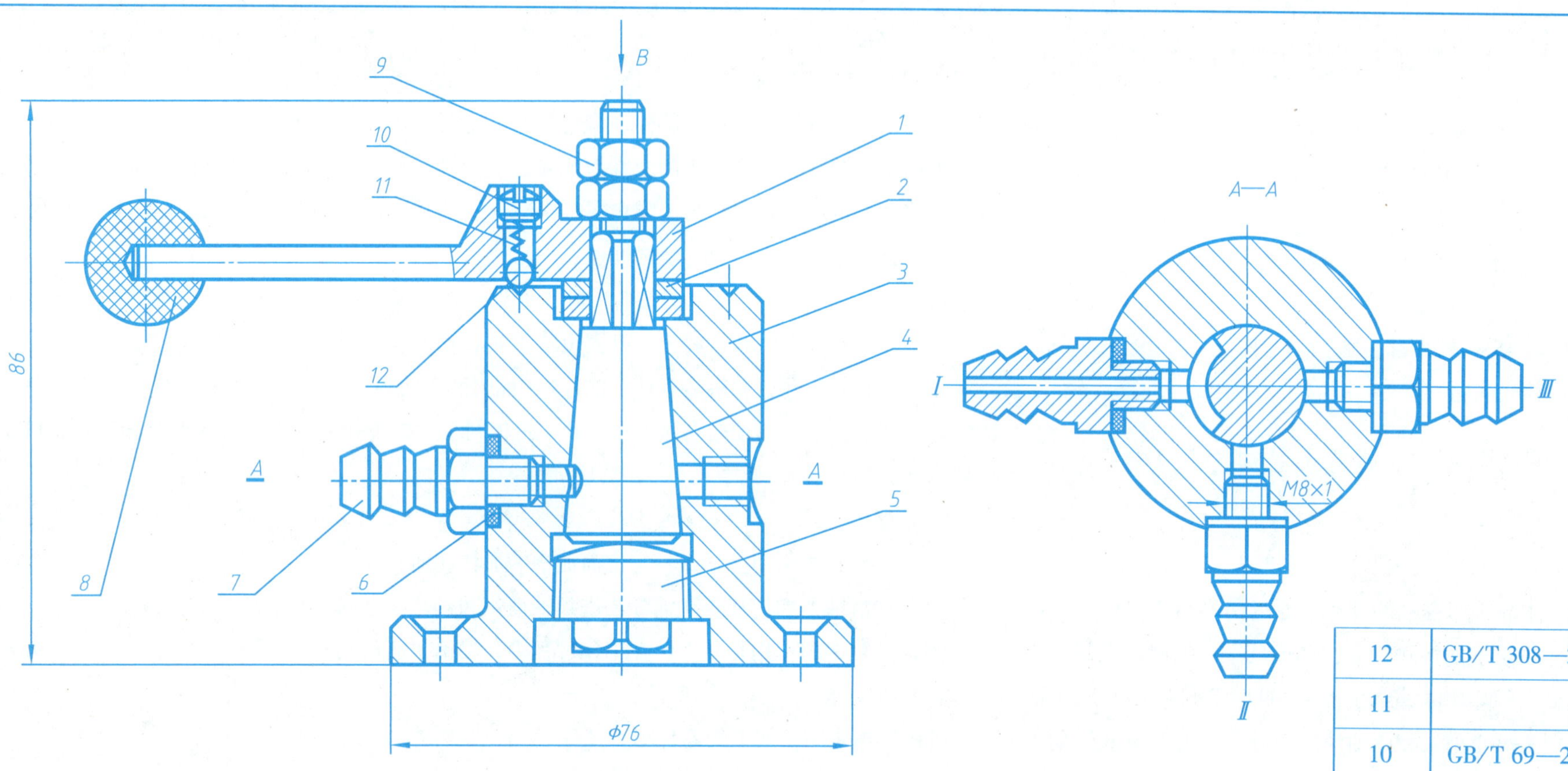

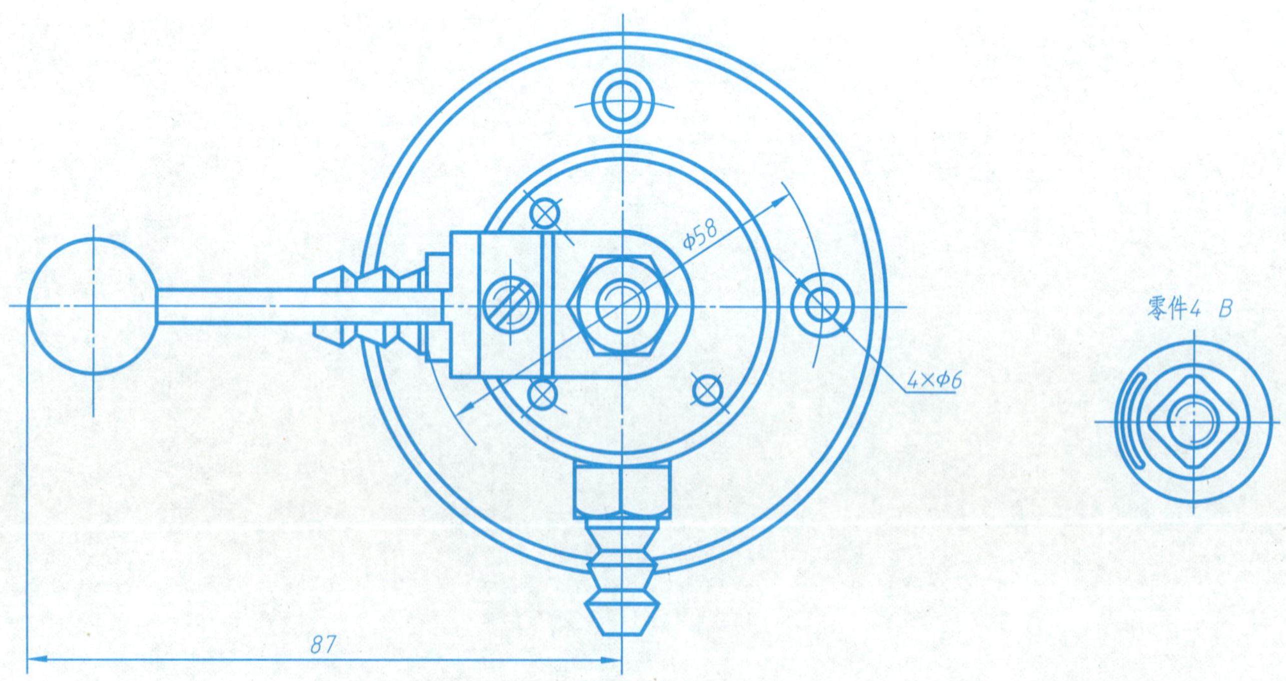

序号	代号	名称	数量	材料	备注
12	GB/T 308—2002	钢球 φ4	1	GCr15	
11		弹簧	1	65Mn	
10	GB/T 69—2000	螺钉 M6×5	1	Q235	
9	GB/T 6170—2000	螺母 M8	2	Q235	
8		手柄球	1	胶木	
7		接头	3	Q235	
6		密封环	3	橡胶	
5		螺塞	1	Q235	
4		柱塞	1	Q235	
3		阀体	1	HT200	
2		垫圈	2	Q235	
1		手柄	1	Q235	

设计		气动阀		
班级			数量	1
学号		（校名）	比例	
审核			图号	

 班级＿＿＿＿＿ 学号＿＿＿＿＿ 姓名＿＿＿＿＿

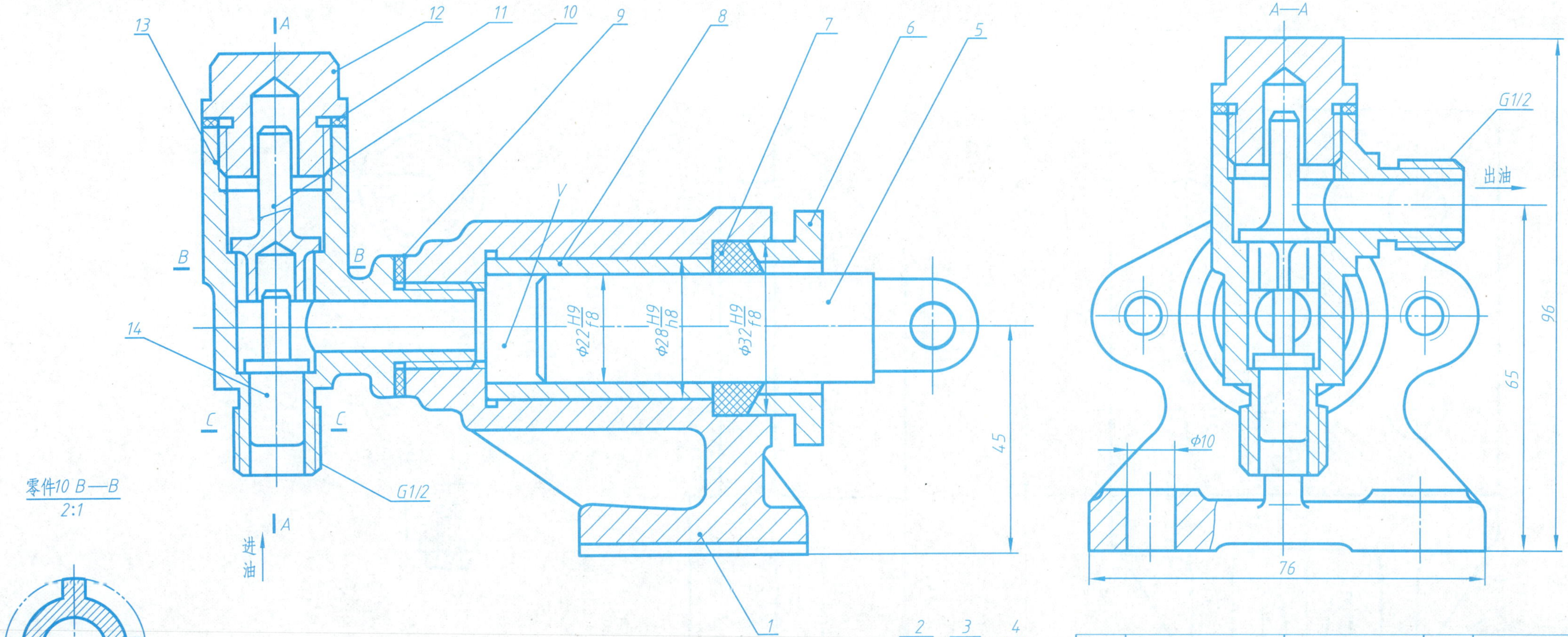

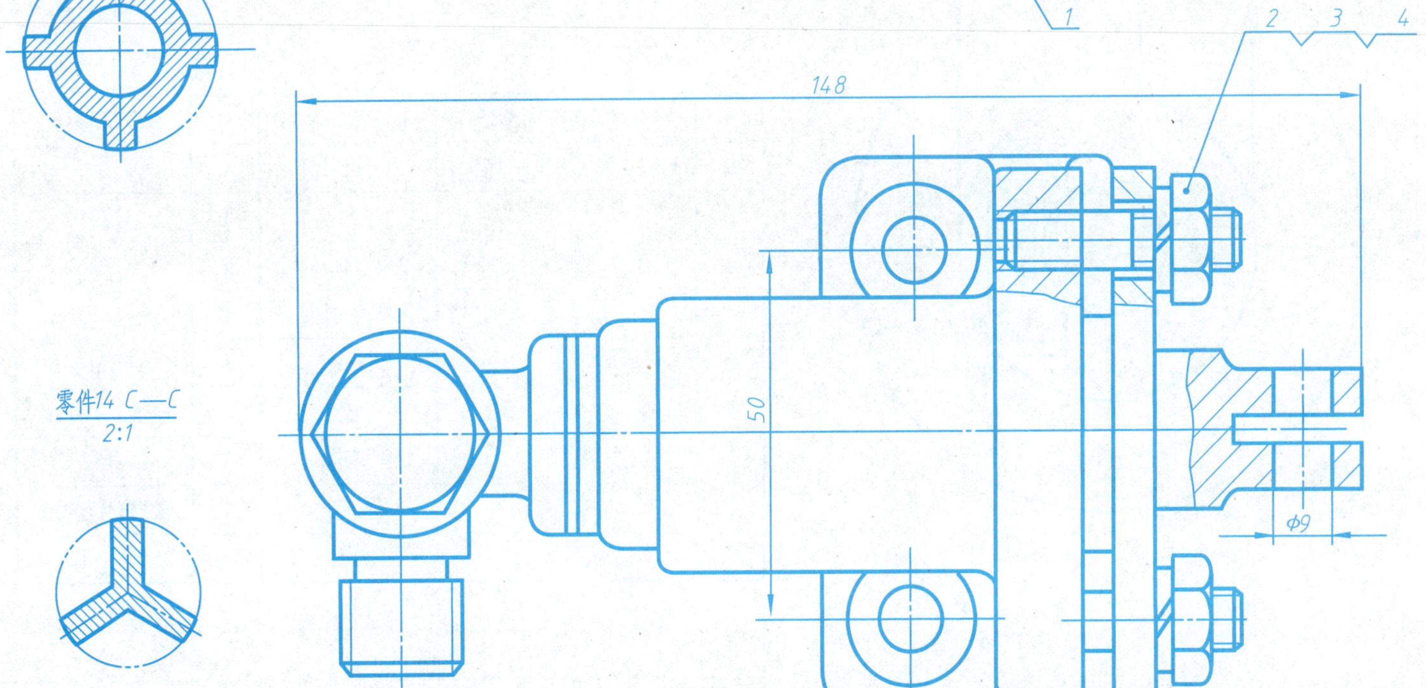

序号	代号	名称	数量	材料	备注
14		下阀瓣	1	ZCuZn38Mn2Pb2	
13		管接头	1	ZCuZn38Mn2Pb2	
12		螺塞	1	ZCuZn38Mn2Pb2	
11		垫片	1	耐油橡皮	
10		上阀瓣	1	ZCuZn38Mn2Pb2	
9		垫片	1	耐油橡皮	
8		衬套	1	ZCuZn38Mn2Pb2	
7		填料	1	毛毡	
6		填料压盖	1	ZCuZn38Mn2Pb2	
5		柱塞	1	45	
4	GB/T 897—1988	螺柱 M8×35	2	Q235	
3	GB/T 93—1987	垫圈 8	2	Q235	
2	GB/T 6170—2000	螺母 M8	2	Q235	
1		泵体	1	HT150	

设计		单柱塞泵		
班级			数量	1
学号		（校名）	比例	
审核			图号	

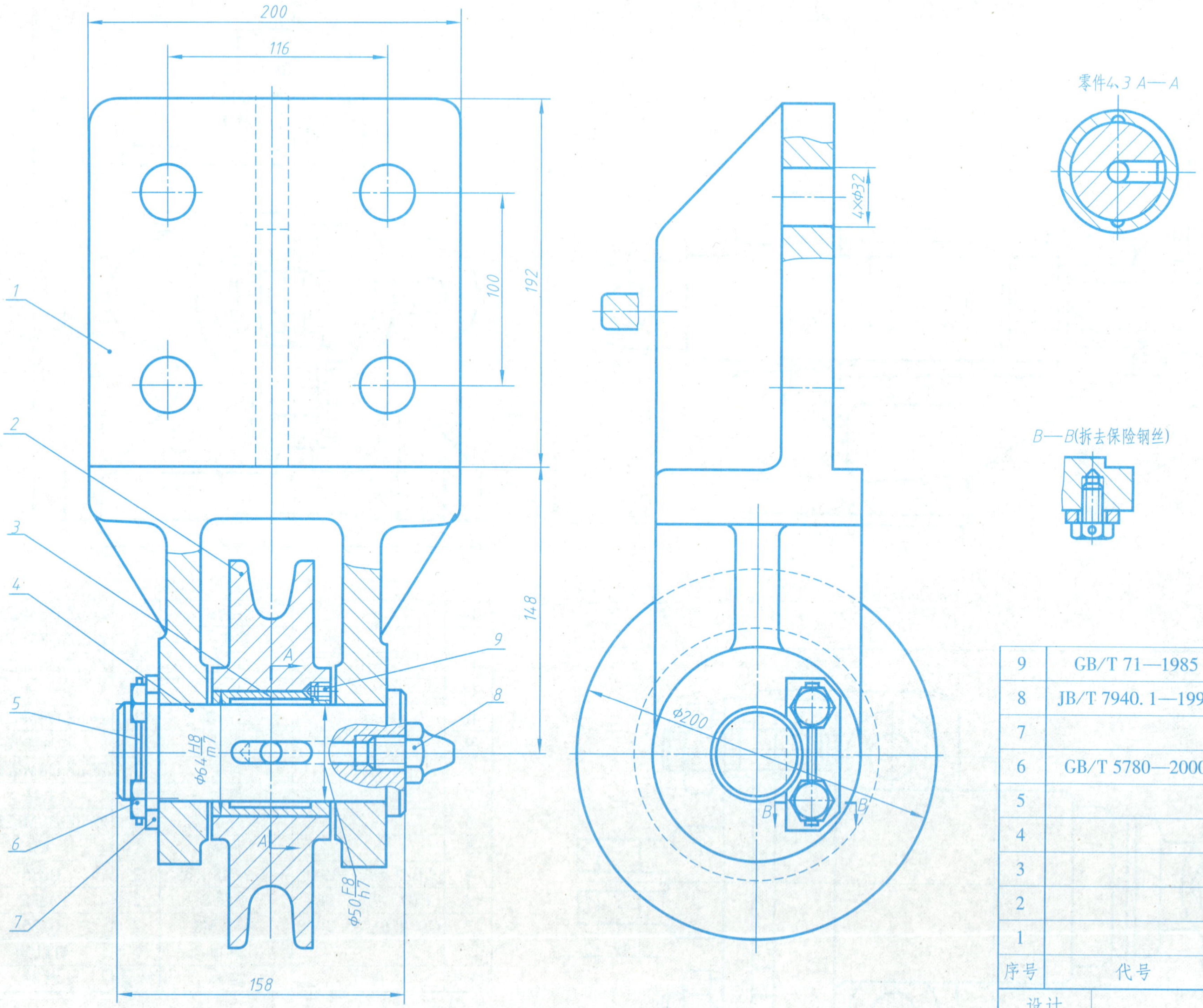

9	GB/T 71—1985	螺钉 M5×12	1	Q235	
8	JB/T 7940.1—1995	压注油杯	1		
7		挡板	1	Q235	
6	GB/T 5780—2000	螺栓 M6×12	2	Q235	
5		保险钢丝	1		
4		轴销	1	45Mn	
3		衬套	1	ZCuSn10Pb1	
2		滑轮	1	45	
1		托架	1	KTH300-06	
序号	代号	名称	数量	材料	备注

设计		滑轮架		
班级			数量	1
学号		（校名）	比例	
审核			图号	

12-1　根据图中尺寸，用实体绘图命令绘制下列平面图形（不要标注尺寸）

1.

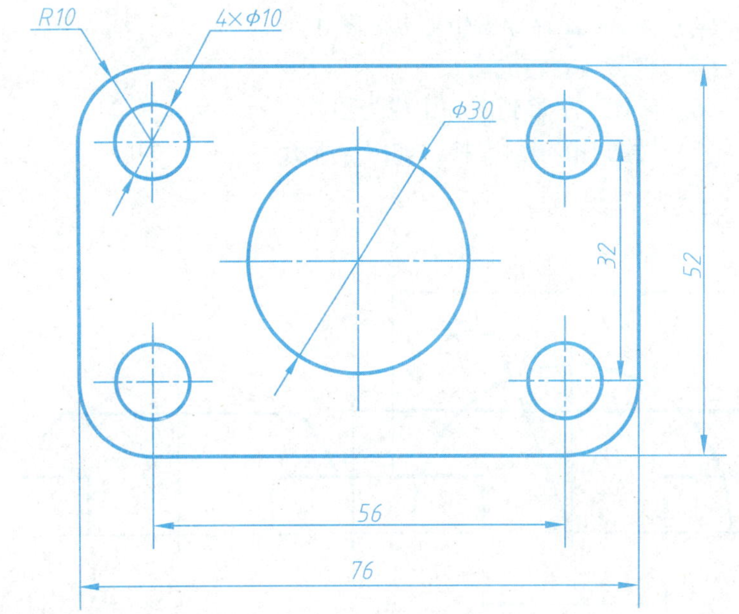

2.

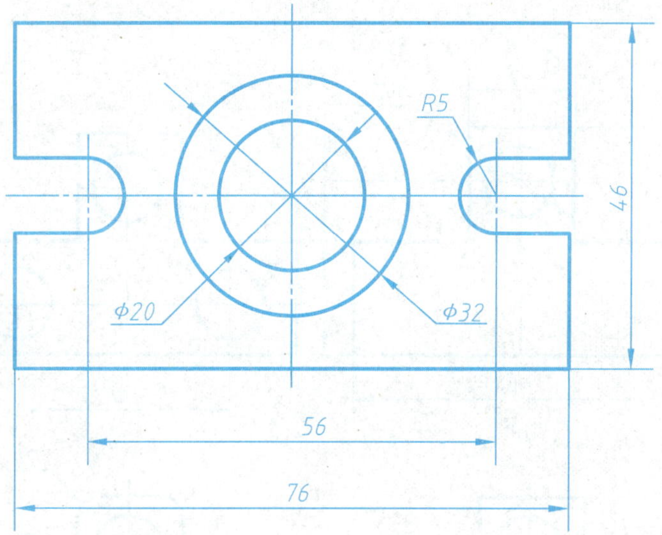

3.

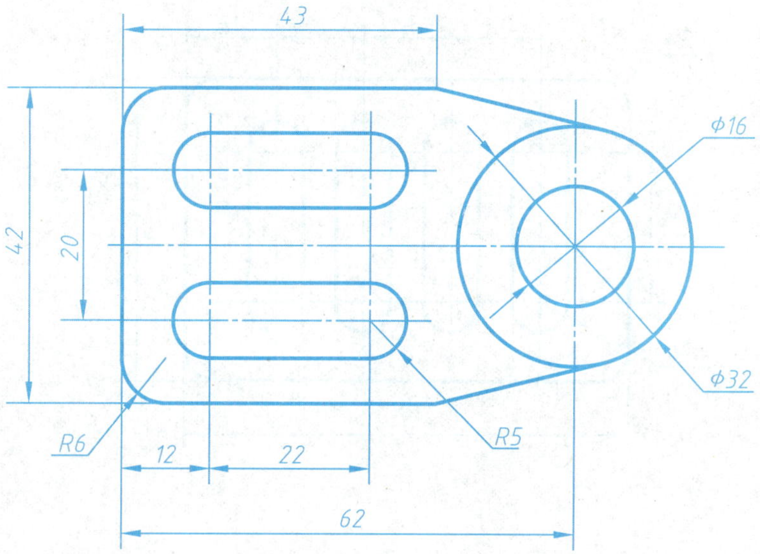

4.

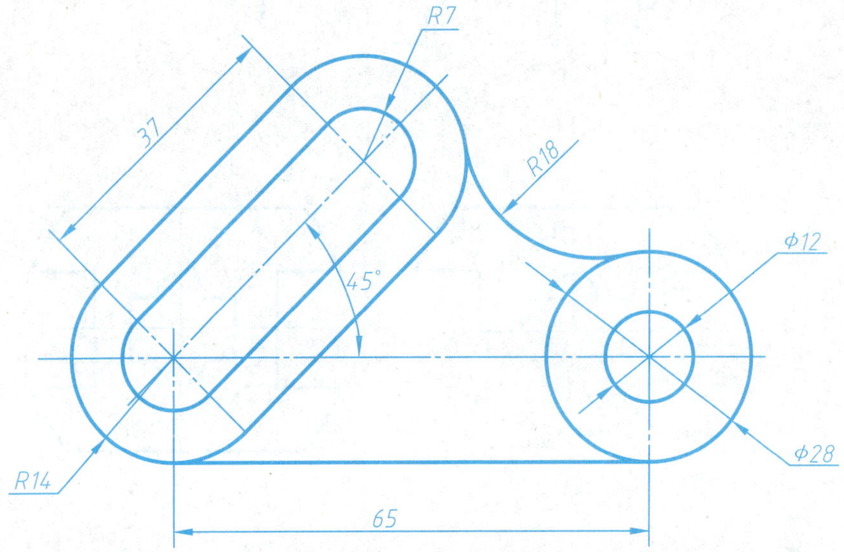

5.

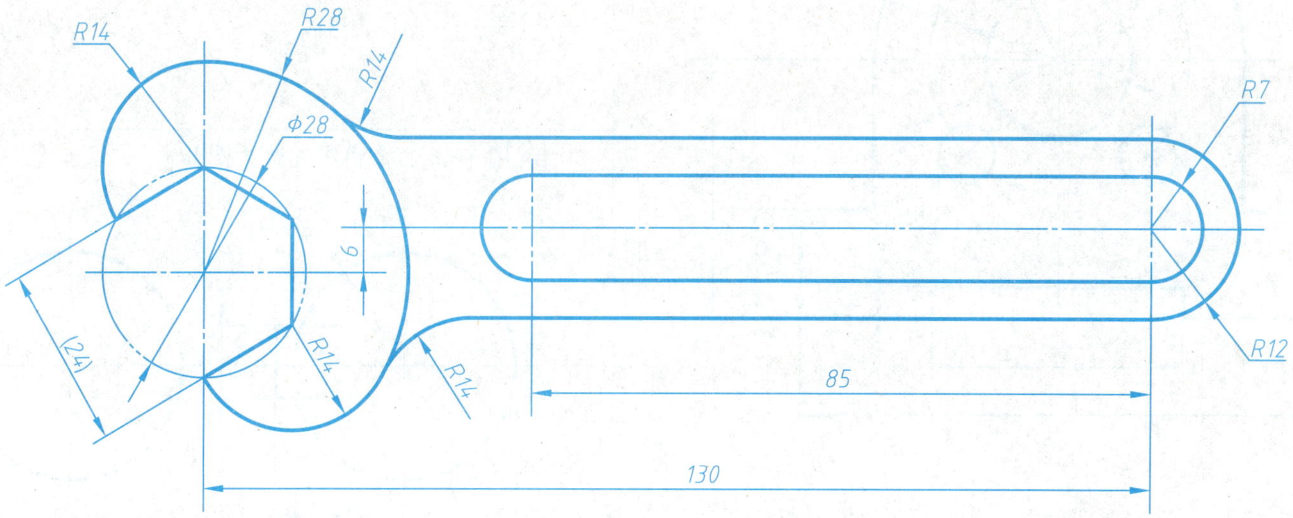

1. 绘制下列图形，分别使用 Copy 和 Array 命令画图中的槽孔和小圆孔

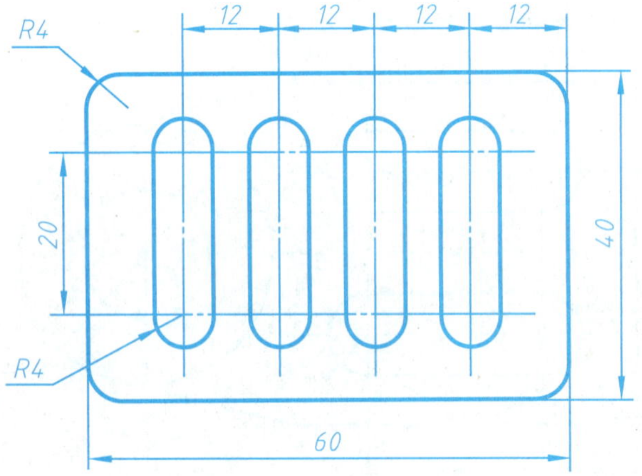

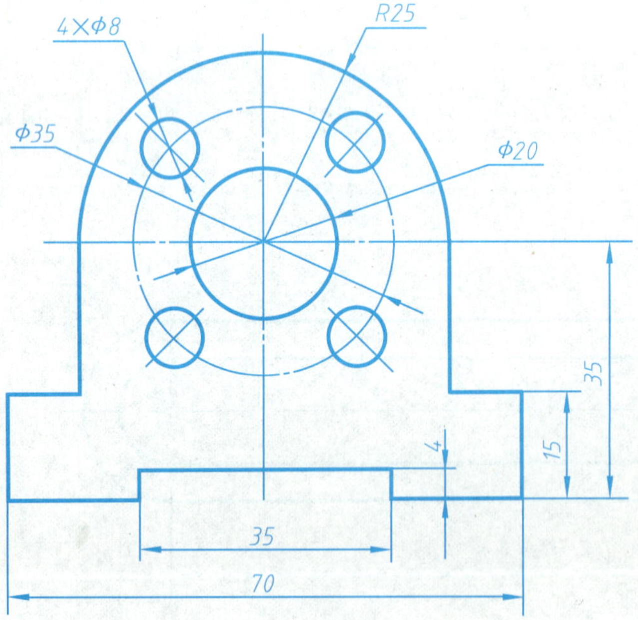

2. 绘制图形 d，要求如下：

（1）画出图形 a

（2）分别使用 Copy 和 Array 命令画出图 b 中的小圆

（3）用 Chamfer 命令倒角，如图 c 所示

（4）用 Fillet 命令倒圆角，如图 d 所示

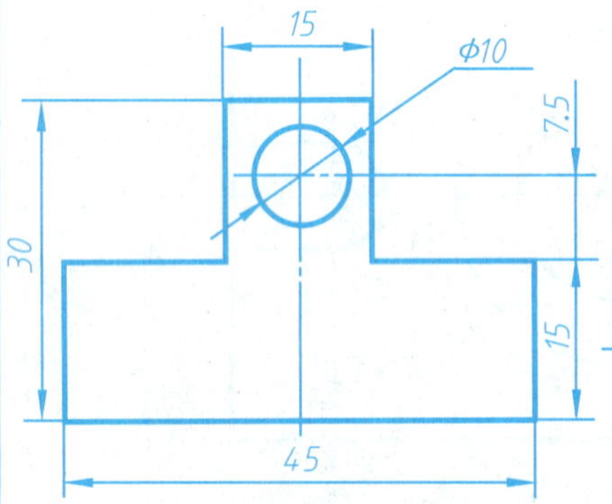

a)

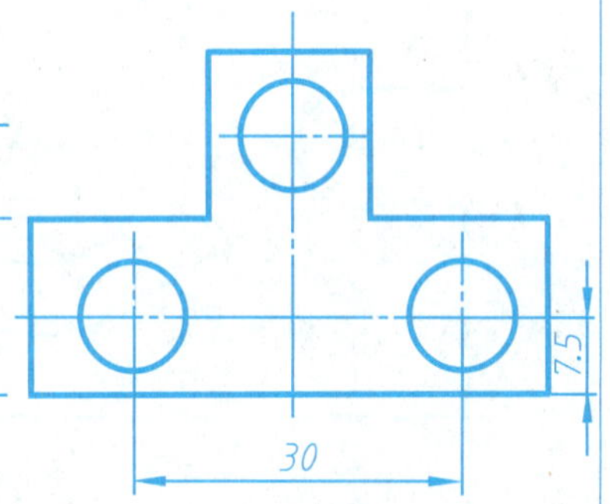

b)

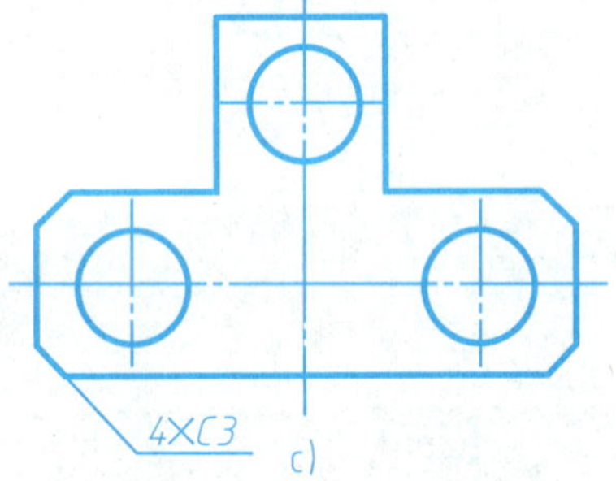

c)

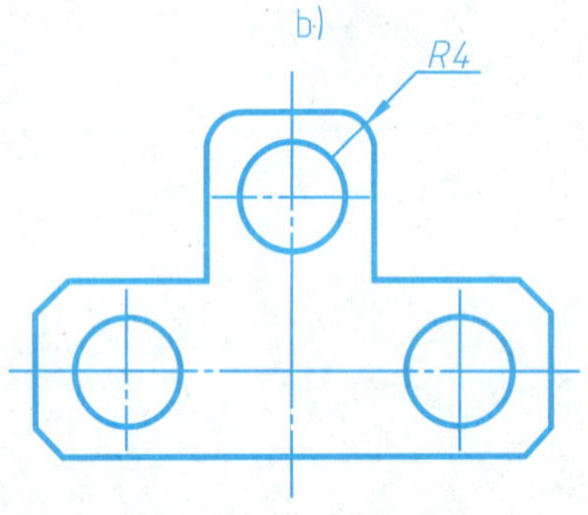

d)

3. 用 Trim 命令将图 a 改为图 b

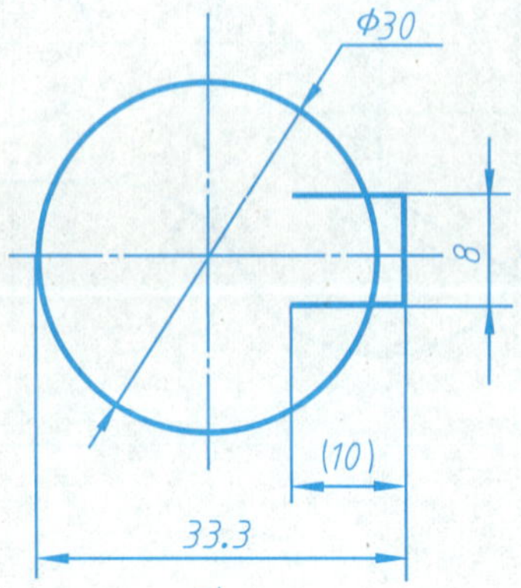

a)

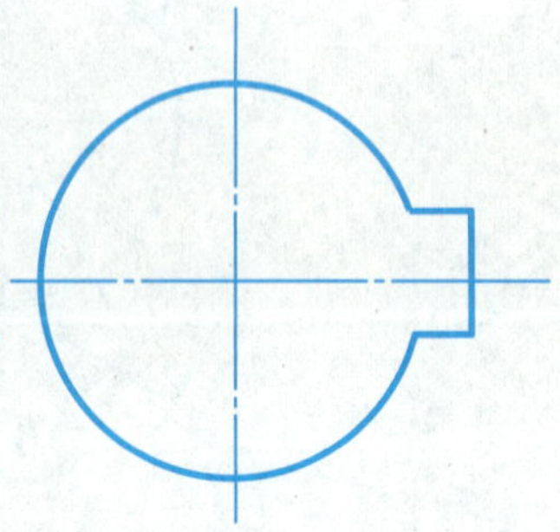

b)

4. 绘制图形 g，要求如下：

（1）运用绘制实体命令画出图 a

（2）用 Trim 命令修剪多余线段，如图 b 所示

（3）画出图 c

（4）用 Break 命令编辑图 c 为图 d

（5）将图 d 旋转成图 e

（6）将图 e 平移到图 b 中成为图 f

（7）对图 f 作镜射变换，如图 g 所示

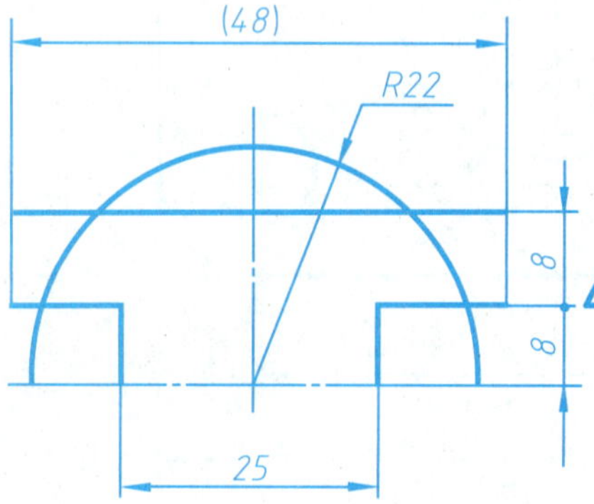

a)

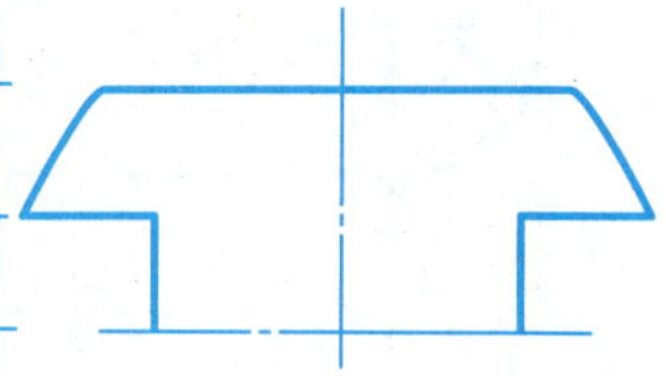

b)

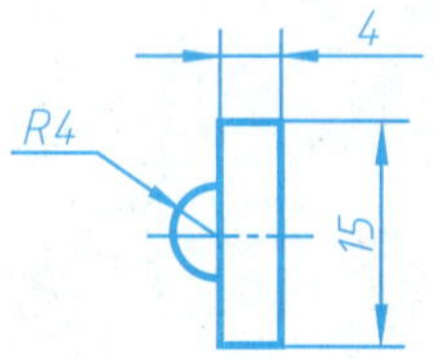

c)

d)

e)

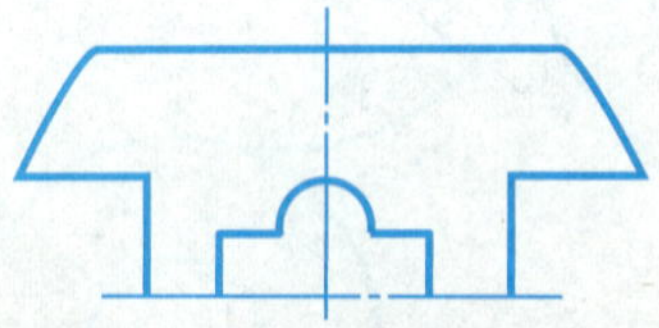

f)

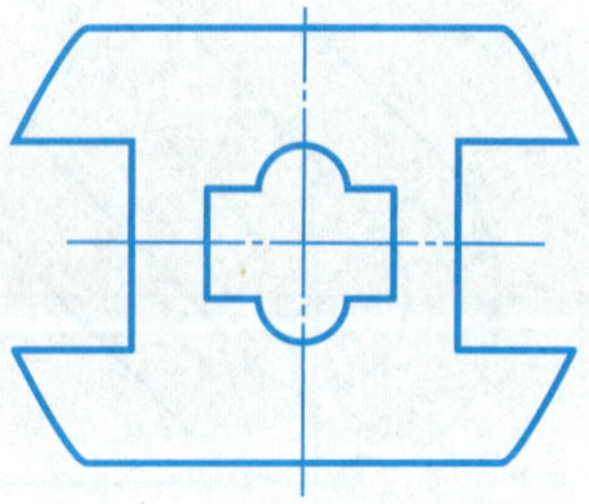

g)

12-3 图层与尺寸标注

1. 绘制齿轮的视图并标注尺寸（要求至少使用三个图层、三种线型、三种颜色）

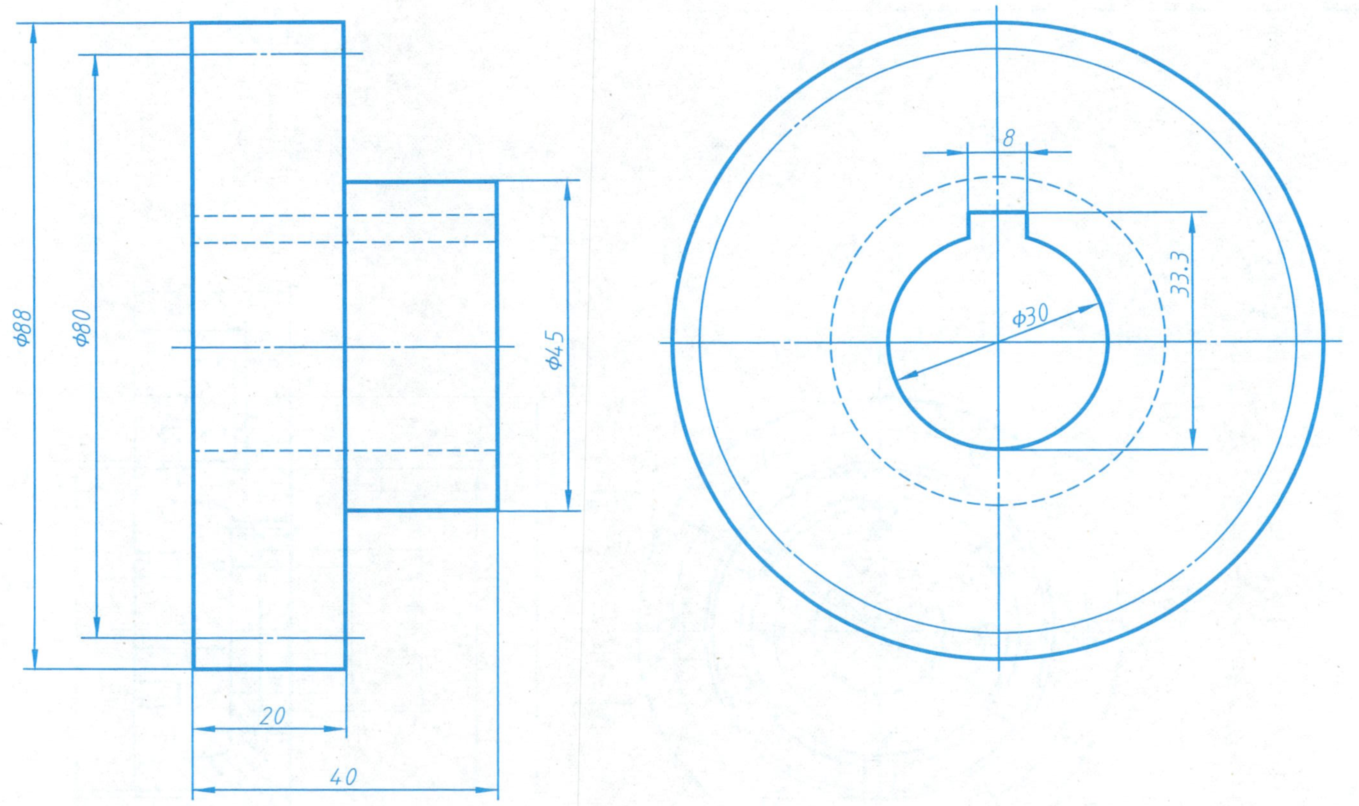

$m=4$　$z=20$　$\alpha=20$

2. 绘制轴承座的三视图并标注尺寸（要求同上题）

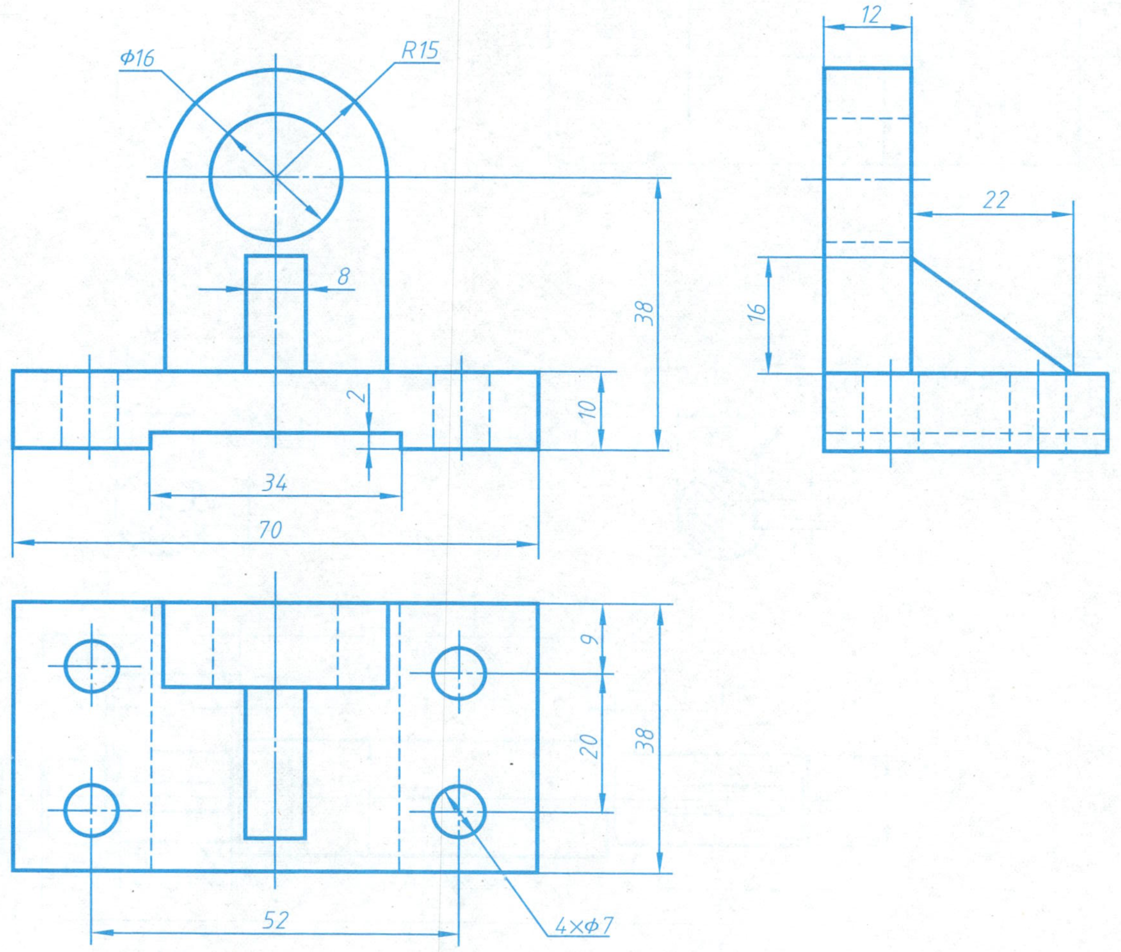

12-4 抄画零件图（比例 1:1）

1.

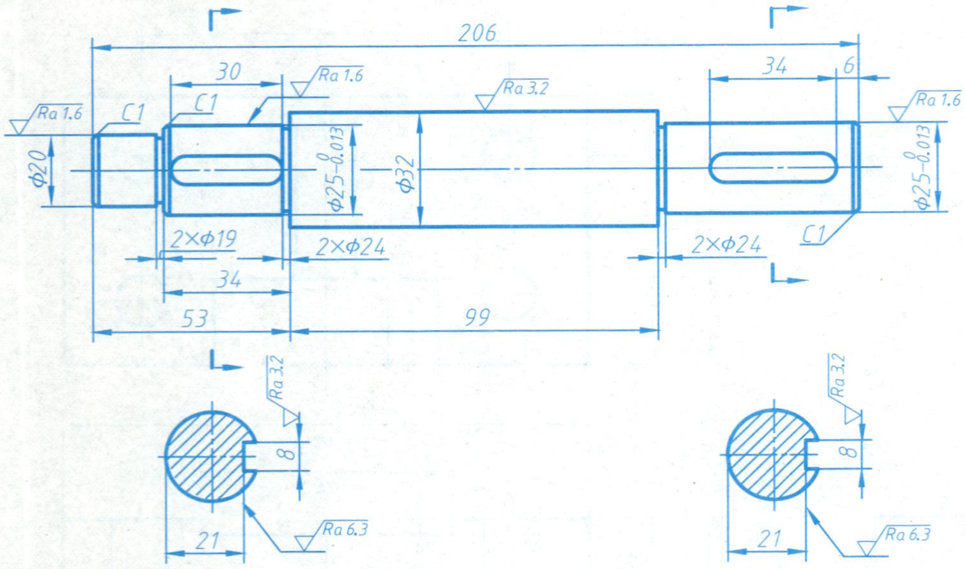

Ra 12.5 (√)

设计		传动轴	材料	45
班级			数量	1
学号		（校名）	比例	
审核			图号	

2.

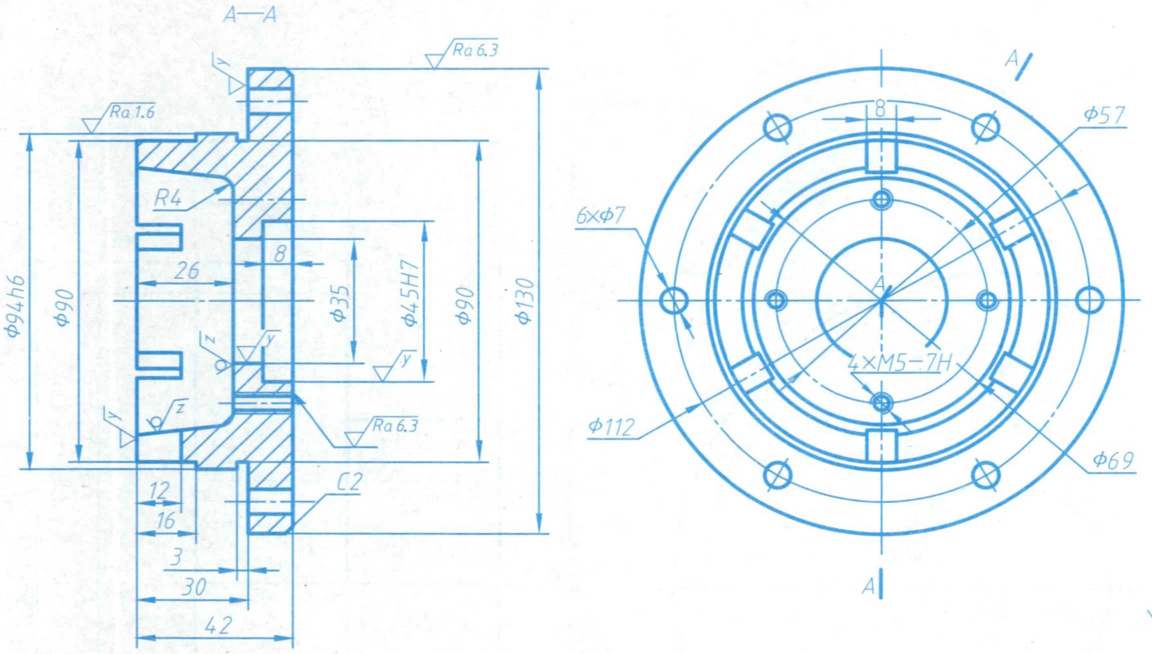

y = Ra 3.2

z = Ra 25

Ra 12.5 (√)

技术要求

铸件不得有砂眼、裂纹等缺陷。

设计		端盖	材料	HT200
班级			数量	1
学号		（校名）	比例	
审核			图号	